職場專門店

成功經理人

下班後默默學的事

主管不傳的經理人必修課

行銷教練 林隆儀・著

書泉出版社 印行

推薦序

　　儘管經營理論與企業實務有些落差，但絲毫不減損相輔相成的價值。企業實務需要有理論做後盾，經營理論需要有實務來驗證，兩者互補，缺一不可。經營理論是先人的智慧結晶，指引企業正確方向，有其不可磨滅的崇高貢獻。企業實務是經營者靈活運用經營理論的成果累積，驗證理論可行性，有其彌足珍貴的策略價值。企業要贏得競爭，需要有高度靈活的思維，也需要有經營理論奠定基礎。在商場上歷練多年，一直秉持這個基本理念，經常和學術界互動，就是在尋求經營理論，強化事業根基。有幸和黑松公司結為事業伙伴，認識一位經營理論和企業實務兼備的優秀專業經理人，他就是林隆儀博士。

　　結識林隆儀先生是在1998年，當時他在黑松股份有限公司服務，擔任企劃處處長，當時企劃處的重點工作之一是負責規劃及興建現在的微風廣場。因為事業上的合作關係，由黑松公司開發位於台北市復興南路的台北廠土地，投資興建一座座落在台北市地理中心的都心型購物中心，由本人所領導的微風實業公司負責購物中心的招商與經營。工程進行過程中經常在一起開會，討論興建進度與日後使用事宜，因而結識林處長。

　　林處長在黑松公司服務三十多年，從基層做起，平易近人，謙虛為懷，能力出眾，名不虛傳。歷任公司要職，盡忠職守，表現優異，深獲董事會賞識，拔擢肩負總廠長、處長等重任，進入經營決策核心，展現專業經理人的專業能力。由於見解獨到，績

效卓著，創下許多優秀且高難度的紀錄，令公司及同業刮目相看。最令人欽佩的是在職中不斷進修，力求上進，先後在中興大學及臺北大學取得企管碩士、博士學位，成為在職進修的最佳表率。

　　林隆儀博士轉任教職後，在真理大學管理科學研究所任教，每星期的經營管理講座辦得有聲有色，佳評如潮，備受肯定。林博士曾經邀請本人及本公司總經理岡一郎先生到真理大學管科所演講，和學生們分享經營管理實務，也讓我們獲益良多。林教授任事用心，觀察敏銳，治學嚴謹，關懷學生，時常帶領國外學生參訪微風廣場，經常看到他和指導學生在微風廣場討論功課，指導論文寫作，是一位負責盡職好老師。每年暑假都帶領碩士生到國外參加學術研討會，發表論文，是一位好學不倦的優良教師。

　　林博士的企業實務歷練豐富，觀察入微，見解獨到，加上學識淵博，文筆流暢，經常在報章雜誌發表精闢文章，簡述經營管理論，輔之企業案例，實務印證，篇篇精彩，是企業人士吸收新知的最佳教材。欣見林教授要將發表的文章彙集成書，收錄70篇文章，提供「經理人實力養成」情境思考問題，分享經驗，啟發思維，智慧結晶，洛陽紙貴，毅力可佩，樂意為文推薦。

微風廣場董事長　　廖　偉　志

2012年6月

推薦序

iii

 作者序

　　世界局勢動盪無常，經濟環境變化多端，經濟自由化，企業全球化，貿易國際化之風吹遍全世界，導致企業經營的腳步越來越快，企業運作的內涵越來越複雜，接踵而來的是競爭越來越激烈，優勝劣敗的現象越來越明顯。最近十年來經營環境變化速度之快、幅度之廣、影響層面之大，遠超越過去五十年來所累積的變化，這是企業家與經營者感受最深的現象，也是他們最感頭痛的事。經營者身負企業成敗重任，每天都在思索突破之道，時刻都在尋求自競爭中脫穎而出的方法，期望為股東創造最大價值，為員工謀最大福利，為社會責任善盡棉薄，為企業永續經營而努力。

　　企業經營是一門複雜化的學科，也是一種多元化的工作，經營者要達成企業目標，除了必須善用企業資源，發揮公司能耐之外，還需要講究策略，在對的時間、對的地點、任用對的人、採用對的方法、做正確的決策，臨淵履薄，輕忽不得。於是紛紛引進各種科學方法，從改善內部管理的品管圈、標準化、5S活動、TQM、TPM、預算控制、內部稽核、策略管理，到追求外部認證，例如GMP、GAP、CAS、MIT、環保標章、安全標章、健康食品認證、ISO系列認證，目的都是在透過活動的深化來改善企業體質，增強公司競爭力。許多標竿公司更致力於爭取公信單位所頒發的獎項，例如台灣精品獎、國家傑出經理獎、國家產業創新獎、國家磐石獎、國家品質獎，期望藉助獲獎的肯定來展

現企業的實力，奠定競爭優勢。

　　企業要贏得競爭需要不斷求新、求奇、求變、求好。求新是要展現經營者的創新思維，無論是產品、服務、製程、流程、管理理念、經營模式，經常展現創新成果，不僅要領先競爭者，還要走在消費者前面，致力於滿足顧客尚未滿足的需求。求奇是要呈現差異化成果，以不一樣的奇特手法滿足顧客追求獨一無二的心理優越感。求變是要迎合時代的消費趨勢，快速回應顧客需求，新時代的競爭不見得是大規模企業才能贏過小型公司，而是迅速回應顧客的公司勝過行動遲鈍的企業。求好是要精益求精，使產品品質更精良，功能更精準，技術更精進，服務更精緻、更親切、更貼心，迎合顧客不斷提升的需求水準。

　　長時間在企業服務的經驗與歷練，養成關心企業經營與解讀公司運作的習慣與興趣。轉任教職後，思索企業競爭模式，觀察公司贏得競爭的策略，成為公餘之暇最感興趣的事，試圖找出企業優勝背後的理論基礎，理出不幸敗陣的主要原因，做為課堂上補充教材及引導討論的題材，並將思索及觀察心得，以淺顯易懂的文字撰寫成文，在工商時報經營知識版發表，就教企業先進與讀者。繼2008年出版「行銷策略的第一堂課」，以及2009年出版「穿破金融海嘯」之後，陸續再發表近百篇經營管理文章，獲得許多企業人士及學校老師的迴響，鼓勵將這些文章彙集成冊之聲不斷。

　　最近整理這些稿件，選出七十篇文章彙編成冊，將書名定為「主管不傳的經理人必修課」，書中的論述以簡單易懂的文字闡述企業原理為經，以切合實際的實例印證為緯，幫助忙碌的企業人士吸收管理新知。企業賺景氣利潤的時代已不復存在，代之而起的是賺管理利潤的時代，企業要贏得競爭，必須從紮根管理下手，引進各種科學管理方法固然可取，更可貴的是要落實執行，使之成為企業文化的一部份，透過PDCA手法在公司內部生根深化，唯有體質良好，管理健全的公司，才有機會成為競爭贏家。

　　全書分為八大單元，第一單元深化管理，收錄八篇文章，旨在論述企業引進科學方法，讓這些方法在公司深化與紮根，才能發揮預期效果。第二單元產品策略，收錄五篇文章，說明公司縮減及延伸產品線的可行方法，其中有二篇論述農產品活路行銷，這是比較少被討論的課題。第三單元品牌戰略，收錄八篇文章，闡釋公司品牌定位與品牌差異化的策略意義與方法。第四單元廣告心法，收錄十三篇文章，討論及驗證廣告訴求及凸顯獨特銷售主張的方法。

　　第五單元競爭策略，收錄十七篇文章，旨在論述企業贏得競爭的可行方法，兼論各種競爭策略的理論基礎及背後的意涵與價值。第六單元競爭優勢，收錄十篇文章，詮釋企業發展競爭優勢的可行途徑與策略。第七單元服務創新，收錄五篇文章，論述服務在經營活動中的重要性，介紹服務差異化的有效途徑。第八單

元顧客至上，收錄四篇文章，闡述與顧客搏感情的行銷，以及奉行顧客第一的行銷哲學。每篇文章之後加入「經理人實力養成」一節，除了提示該篇文章的核心議題之外，也提出管理實務情境思考問題，引導企業主管動腦思考，將文中所論述的構想與方法應用到日常工作上，提高管理績效，增強競爭實力。此外，本書結合管理原理與企業實務的特性，適合做為企業人士讀書會研讀、討論、交換意見的參考教材。

感謝工商時報「經營知識」版編輯群諸位小姐、先生的賞識與厚愛，讓我有機會在膾炙人口的媒體版面上發表文章，分享知識，結交朋友。感謝微風廣場董事長廖偉志先生惠賜推薦文，為本書加持，增光篇幅。感謝真理大學校長吳銘達博士邀約出任國際事務室主任，除了瞭解學校的行政運作之外，在擴大個人的國際視野，增廣國際見聞等方面也都收穫良多。感謝五南圖書出版公司副總編輯張毓芬小姐的鞭策與鼓勵，使本書得以問世，以及提供增列「經理人實力養成」單元的專業建議，使本書更具參考價值。感謝我的家人長期支持，使我得以專心做我最感興趣的事，值此新書出版之際，應該把這一份喜悅優先和他們分享。

林隆儀 謹識

2012年6月

目錄

第一篇　深化管理篇

第二篇　產品策略篇

第一篇
深化管理篇

第一章　向賈伯斯學深化管理

賈伯斯憑著敏銳的眼光與極具前瞻性的思維，主張領先顧客，走在需求的最前端，把平凡的構想做到深化、務實，開花結果，這是最值得我們學習的地方。

賈伯斯（Steve Paul Jobs）是蘋果電腦公司創辦人之一，也是蘋果公司前任執行長，為蘋果公司經營史寫下光輝燦爛的一頁，因為健康關係於2011年8月24日辭去執行長職務，專任董事會主席，不幸於2011年10月5日因病離開人間，享年56歲。他在管理方面的成就獲得全球的激賞，不僅是電腦產業的傳奇人物，也是經營者競相效法的標竿對象，更為當今企業管理樹立最佳典範。

賈伯斯的傳奇不僅是因為他個人與蘋果公司的非凡成就，同時也影響全球電腦與娛樂產業的發展。賈伯斯憑著敏銳的眼光與極具前瞻性的思維，主張領先顧客，走在需求的最前端，他成功的將美學設計理念注入產品中，創造個人電腦的流行風潮，率先洞悉滑鼠的商機，締造多種知名數位產品，改變了人們的生活與娛樂，以至在電腦業界獨創一片大藍天，領導電腦與娛樂業的流行，成為全球電腦與娛樂業指標人物，2007年被Fortune雜誌評選為年度最強而有力的商人。

賈伯斯堅持顧客第一理念，一心一意為人類日常生活的方便而努力，透露出為顧客而經營的決心。《美國新聞週刊》將賈伯斯在管理方面的成就歸納出十大特徵，這十大特徵雖然不是獨創，但是把平凡的構想做到深化、務實，開花結果，這是最值得我們學習的地方。

1.追求完美

　　因為產品使用不順暢，賈伯斯曾要求徹夜加班替換耳機插頭。這顯示賈伯斯「不以善小而不為」，致力於改善產品，追求完美的決心，即使是耳機插頭的小問題，對顧客可能造成大大的不方便，所以務必要徹底改善。顧客的小問題，就是公司發展的大契機，比競爭者更有能力滿足顧客，才有機會贏得競爭。

2.指定專家

　　為了凸顯世界級設計的功力，賈伯斯禮聘世界設計大師貝聿銘設計LOGO；為了使公司經營邁向卓越，賈伯斯力邀Gap的執行長出任公司董事。這種大格局的智慧與開闊的胸襟，透露出蘋果公司尊重專業，信任專家，虛心學習的態度，大公無私的情操，以及邁向世界第一的決心。

3.冷酷無情

　　實踐顧客第一的至高理念，完全站在顧客的立場思考，對於顧客不喜歡的產品，或前景不看好的產品立刻喊停，毫不猶疑，甚至達到冷酷無情的地步。產品猶如公司的小孩，總是有著深厚的感情，縮減產品都顯得依依不捨，遲遲無法拍版定案，這是絕大多數行銷長的心態。賈伯斯認為後市不看好的產品，只是在消

耗公司的資源罷了，毫無貢獻可言，因此主張必須當機立斷，立刻喊停。

4.不信市調

行銷觀念主張顧客導向，以顧客為師，視顧客的意見與需求為經營圭臬，因此市場調查也就成為瞭解顧客不可或缺的一環。賈伯斯主張大幅領先顧客才有贏的機會，公司研發產品永遠要走在流行的最前端，不斷創新，持續改良，主動呈現最先進的產品，因為人們無法預知需求，消費者只有看到產品時才知道自己要什麼，所以不相信市場調查所獲得的結論。

5.處處留心

蘋果公司無論是廣告文案或產品設計，都展現處處用心及匠心獨具的功夫，例如悉心研究Sony廣告文宣字體的設計，傾心研究德國與義大利汽車車身造型的設計。這種時時學習，處處留心，向異業學習的精神，加上以世界級公司做為學習的標竿，造就了蘋果公司膾炙人口的一流產品設計。

6.化繁為簡

產品開發通常會隨著時間演進而走上複雜之路，產品使用複雜將不是顧客之福。賈伯斯一心一意希望提供給顧客方便使用的產品，主張不要按鈕，不要開關，這種化繁為簡的堅持，終於開發出普受歡迎的點按式選盤，使顧客使用蘋果公司的產品充分感受到友善、簡單、方便、信任。賈伯斯把工作改善上常用的「剔、合、排、簡」原則，落實應用在蘋果公司化繁為簡的成效上，值得我們效法。

7.嚴守機密

公司都重視嚴守技術及業務機密，但是常常苦無對策，只能寄望員工的道德良知與心理契約。嚴守機密需要建立機制，賈伯斯採取分散策略，將技術與業務機密切割成細微項目，只讓員工知道份內須知的一部分機密，不怕消息走漏，因為員工只見樹而不見林。一般公司的做法都是要求員工簽署保密協定，這種君子協定若再結合切割策略，將會使嚴守機密更落實。

8.短小精悍

經理人的能力都有一定極限，也就是有一定的管理幅度，超越此一管理幅度，績效會有下降的趨勢。賈伯斯主張管理團隊成員以100人最理想，因為一位主管頂多只能記得100人的名字，超過此一數字就會出現無效率現象。採取精兵主義，短小精悍，人人能做事的扁平式組織才能使公司登上世界第一的寶座。

9.恩威並重

領導是一種科學，也是一門藝術，領導者除了要有領導能力之外，還要有領導魅力，才足以領導員工達成目標。賈伯斯主張恩威並重，兼顧「管、教、養、衛」的用人原則，施展領導權力之餘，也必須給予適當激勵，他的團隊曾經連續三年每週工作90小時，恩威並重策略不僅獲得團隊成員的支持，也傳為一時美談。

10.極致樣品

一般公司都認為樣品只是給顧客先睹為快的產品雛形，還有修正空間，無須刻意講究。賈伯斯認為樣品就是最終產品，馬虎

不得，因此他對樣品的要求極高，不滿意就重做，直到滿意為止，絕對不給顧客留下不完美的印象。這種尊重顧客，力求完美的精神，正是我們要學習的榜樣。

賈伯斯旋風吹遍全球，他創造許多i的知名數位產品，例如iMae、iBook、iPod、iTunes Store、iPhone、iPad，現在他已經iQuit了，雖然離我們遠去，他在管理上所樹立的深化管理典範，不僅為世人所敬重，將一直影響我們的管理思維。

經理人 實力養成

賈伯斯（Steve Paul Jobs）在管理方面的成就獲得全球的激賞，不僅是電腦產業的傳奇人物，也是經營者競相效法的標竿對象，更為當今企業管理樹立最佳典範。賈伯斯憑著敏銳的眼光與極具前瞻性的思維，主張領先顧客，走在需求的最前端，他的洞見改變了人們的生活與娛樂，以至在電腦業界獨創一片大藍天。請思考下列問題：

1. 貴公司最近十年引進哪些新管理技術？為何要引進這些新管理技術？

2. 貴公司所引進的新管理技術發揮什麼效益？哪一項新技術最有效益？

3. 賈伯斯的管理思維給貴公司帶來什麼啟示？

第二章

林來瘋給行銷人的啟示

從坐冷板凳到成為尼克隊的靈魂人物，林書豪在球場上精彩的球技，超水準的演出，締造輝煌的成果，贏得無數掌聲，知名度竄升，成為國際大企業競相邀約的最佳廣告代言人。他在籃球場上的精彩表現給行銷人帶來許多啟示。

林書豪旋風吹遍全球，掌聲四起，賀聲連連，彰化鄉親更是雀躍不已，我們也都與有榮焉。這位23歲的哈佛高材生，從坐冷板凳到成為尼克隊的靈魂人物，出賽的每一場球賽都有超水準的表現。擔任後衛角色，魔瘋全球，前5場先發賽事共得136分，是美國職業籃球賽自1976年合併以來，表現最出色的先發球員。

尼克隊賽程與賽事最近每每成為媒體競相報導的焦點，電視媒體在播報新聞中，總是不忘穿插尼克隊出賽的精彩畫面，每場球賽結束後也都特別製作林書豪最精彩的十球，讓觀眾重溫林來瘋的超水準球技與超級魅力。美國《時代雜誌》正在進行的全球百大最有影響力的名人選舉活動中，3月29日林書豪以72%贊成的超人氣成績，與美國總統歐巴馬等名人暫時名列前十名。

隨著林書豪迅速成為當前潮流和時尚的代表人物，Linsanity、Jeremy Lin、Lin17、林來瘋、豪小子，也成為當今年輕人的最愛，許多年輕女性甚至豪不吝嗇的示愛。林書豪在球場

上精彩的球技，超水準的演出，締造輝煌的成果，贏得無數掌聲，知名度竄升，也成為國際大企業競相邀約的最佳廣告代言人。行銷就是一場永無止境的市場佔有率競賽，需要有縝密的規劃，完備的策略，務實的執行，展開全方位競爭，才有獲勝的機會。林書豪在籃球場上的精彩表現給行銷人帶來許多啟示。

準備好了

休息是為了要走更長遠的路。坐冷板凳觀戰，其實就是在厲行從觀察中學習的真功夫，揣摩一旦上場時如何使出渾身解數，呈現最佳作為，隨時保持「準備好了」的心態，準備上場好好表現一番。因為有萬全的準備，林書豪一上場果然不負眾望，威猛無比，勢如破竹，無可抵擋，令人激賞。

行銷戰爭所費不貲，投入心力、人力、財力、物力，不計其數，目的就是要贏得競爭。打行銷戰必須要有萬全的準備，絕對不是臨時起意的小差事，舉凡競爭環境偵測，競爭者分析，產品規劃，定價策略，通路佈局，促銷活動，廣告心法，員工訓練，顧客服務，消費行為解析…，都必須隨時做好周全準備，模擬演練，才能臨危不亂，從容不迫的因應隨時而來的挑戰。

速度超人

林書豪在籃球場上進攻速度之快，飆到26.7公里，比芝加哥公牛隊最佳後衛Derrick Rose的26.6公里還更勝一籌。進攻速度之快，令對手防不勝防，抵擋不住林書豪的神速衝籃，只好眼睜睜的看著球進籃得分。

兵法有云：「兵貴神速」，速度神速猶如入無人之地，難以捉摸，探囊取物，來去自如，因此速度乃成為戰爭／競爭獲勝的

極為重要因素。速度在行銷上的意涵有二，一則市場機會稍縱即逝，速度稍有遲緩就會被殷切期盼的顧客所淘汰，所以快速回應顧客的需求，成為行銷勝出的重要關鍵。二則競爭對手虎視眈眈，隨時都可能發動攻勢，速度略有遲鈍，馬上就被競爭者捷足先登，因此無論是新產品上市，新市場開拓，交貨服務，顧客關係，行銷諮詢，售後服務…，在速度上都必須大幅領先競爭者，才有獲勝的機會。

精準出擊

　　林書豪神勇上籃得分的鏡頭，以及在三分線外精準投籃進球的精彩畫面，成為媒體競相報導的題材，也是電視媒體捕捉的好新聞。每當林書豪精準投籃進球的那一剎那，球迷們立刻掌聲響起，雀躍不已，歡樂之情意以言表。

　　精準瞄準目標市場，務實鎖定目標顧客，才能使行銷活動做到彈無虛發，進而達成目標。善用STP行銷策略有助於將公司行銷資源做最佳使用，首先是應用區隔變數正確區隔市場，其次是自區隔的市場中精準瞄準目標市場，其三是在所選定目標市場中發展獨特定位。STP雖是三階段的連續動作，但卻是一脈相承，環環相扣，含糊不得，唯有做到正確、精準、獨特，行銷人員才能做到精準出擊，彈無虛發的境界。

掌握機會

　　林書豪所扮演的是後衛角色，縱橫球場，把靈敏的判斷力與精準的傳球功夫，發揮得淋漓盡致，不僅製造最佳機會，讓隊友連連得分，同時也掌握機會，時而勇猛反手上籃得分，時而長射進球，使尼克隊獲得如雷掌聲。

　　行銷活動需要有積極作為，一方面要不斷研究市場特徵，處處營造有利契機，主動出擊，創造行銷機會；一方面要持續洞悉消費行為，時時把握贏的機會，領導流行，創造市場趨勢。行銷是企業競爭的核心功能，也是公司創造利潤的主要活動，行銷單位需要創造及掌握機會，其他單位也需要有行銷導向的新思維，全公司共同致力於營造贏的局面，才能贏得競爭。誠如百事可樂前總裁所言：行銷太重要了，不能只讓行銷單位獨挑大樑。

團隊合作

　　球場上最可貴的莫過於團隊精神，合作無間。林書豪扮演最佳後衛角色，一方面需要眼觀其他四位球員的位置與動態，一方面需要留意教練的指揮與手勢，把球隊的團隊精神與合作協調推到最高峰。正當世人起身為林書豪加油，給予肯定與掌聲時，尼克隊教練伍森（Mike Woodson）頻頻指出尼克隊只有團隊勝利，沒有個人英雄。

　　企業競爭是在打團隊戰，行銷戰爭是在打整合戰，物理學上合力大於各分力總和的定律可以用來詮釋團隊合作的精髓。贏的行銷絕非一人的功績，而是團隊合作共同締造的結果。行銷活動發揮團隊精神，經營團隊營造合作氛圍，目標一致，力量集中，無攻不破的市場。

　　林書豪身高191公分，在籃球場上少有優勢可言，尤其是籃下搶球居於劣勢，但是每一次上場都表現得非常優異，締造令人稱奇的戰績，主要是以其獨特的優點彌補身高上的不足。隨時做好準備，速度超人，靈敏而正確的判斷力，適時而精準的傳球功夫，加上勇猛突破重圍，反手上籃得分，精準長射進球，以及球

隊發揮團隊精神，合作無間，這些優異而精彩的表現，使尼克隊連連獲勝的事蹟，帶給行銷人無數省思與啟示。

經理人實力養成

　　林書豪旋風吹遍全球，尼克隊的賽程與賽事也成為媒體競相報導的焦點。林書豪在球場上精彩的球技，超水準的演出，締造輝煌的成果，贏得無數掌聲，知名度竄升，也成為國際大企業競相邀約的最佳廣告代言人。行銷就是一場市場佔有率競賽，需要有縝密的規劃，完備的策略，務實的執行，展開全方位競爭，才有獲勝的機會。請思考下列問題：

1. 林書豪在籃球場上的精彩表現給貴公司帶來什麼啟示？
2. 尼克隊教練伍森強調：「尼克隊只有團隊勝利，沒有個人英雄」，請評論這句話的行銷意涵。

第三章　卓越領導的八項特徵

　　「用對的人，在正確時間與地點，採用正確的方法，做對的事」，這是組織管理成功不二法則，也是卓越領導的真諦。領導是一種非強制性的影響力，卓越領導者通常都具有某些超越他人的特質，讓部屬打從心裡樂意跟隨其腳步，接受領導為達成組織目標而貢獻心力。

　　領導是經理人影響部屬行為的過程，顧名思義是指經理人引領部屬的努力，朝向組織所期望的目標，進而指導部屬有效達成目標的過程。領導是一種非強制性的影響力，首重領導者表現出足以感動他人的行為與魅力，激發部屬的工作熱誠，激起部屬願意發揮潛能為組織效力。卓越領導者通常都具有某些超越他人的特質，讓部屬打從心裡樂意跟隨其腳步，接受領導為達成組織目標而貢獻心力。

　　領導和管理密不可分，兩者目標一致，相輔相成，但是內涵與做法則不盡相同。管理旨在探討領導者管人、管事、管目標的功夫，透過他人的努力達成組織的目標，所講究的是以有效率又有效能的方式使用組織資源，經濟有效的達成組織目標。組織所要的是兼具管理能力與領導效能，兼顧科學精神與藝術層面的領導行為，因為領導的對象是「人」，領導工作需要透過管理功能

來執行，領導藝術結合管理功能有助於使組織順應環境的變化而不致亂了陣腳，管理功能結合領導藝術可以幫助組織進行必要的變革而永續經營。

「用對的人，在正確時間與地點，採用正確的方法，做對的事」，這是組織管理成功不二法則，也是卓越領導的真諦。卓越領導通常具有許多特徵，因而成為管理實務上競相效法與學習的標竿。卓越領導通常具有下列共同特徵。

1.信任部屬

「信任者，任用不疑也」，這是卓越領導的首要特徵。經理人肩負領導重任，日理萬機，在引領部屬達成目標的過程中，不可能事必躬親，因此有授權賦能之舉。唯有授權才能成大器，只有信任部屬才能大膽授權。信任是一種雙向機制，信任部屬所回饋的是贏得部屬的信任，因而達到互信的境界。在互信基礎上運作的組織，通常都可以令人感受到卓越領導的氣氛，也因而可以創造優異績效。

2.發展願景

組織運作過程中，成員們最關心者莫過於「領導者要帶領我們往哪裡去」。卓越領導者猶如站在航行船隻上的航向觀測員，必須站得高、看得遠，看準組織發展方向，務實提出願景，進而溝通願景，讓部屬「知其然，亦知其所以然」的瞭解組織未來發展方向與願景，讓部屬樂意追隨領導者一起挑戰目標。經理人所發展的願景必須具有邏輯意義與重要性，具有挑戰性，而且可以實現，如此才能贏得部屬的信任，也才能激發部屬的工作熱誠。

3.思慮冷靜

　　經理人的職責是要領導部屬達成組織所賦予的目標，所表現出來的領導作為必須經過深思熟慮，規劃達成目標的各項計畫必須經過冷靜思考。在今日多元文化與複雜環境的社會，領導充滿無數挑戰，加上部屬的水準與能力普遍提高，為領導增添許多變數。領導者必須熟諳領導原理，輔之以領導創意，絕對不是無為而治可以奏效，更不是人云亦云可以竟全功。卓越領導不僅需要思慮清晰的尋求科學方法，同時也需要冷靜沉穩的善用領導藝術，才能為領導創造加分效果。

4.鼓勵冒險

　　領導者所規劃的組織使命、願景、目標與策略，都需要透過部屬的努力來達成，因此激發部屬的工作動機，積極任事，鼓勵冒險，成為領導者必修的重要課程。人們都存在有個別差異，激勵方式不能一成不變，但是鼓勵冒可冒的風險則一。美國3M公司認為任何構想只要不至於使公司蒙受重大損失都值得嘗試，同時也採取Y理論的思維，相信員工都會竭盡所能，努力貢獻，因此在安排工作時都預留15％的餘裕時間，讓員工有自我思考的時間，發揮創意，冒可冒的風險，該公司的便利貼紙就是鼓勵員工冒險的產物。

5.專業專精

　　知識就是力量，專精才能服人。領導者的專業知識與專精功夫，是促成卓越領導的關鍵因素。領導者要引領部屬向前行，除了必須具備專精的領導知識之外，更需要修習廣博的相關學分，舉凡國際動態、經濟環境、產業趨勢、管理知識、技術能力、公

司經營、市場知識、服務理念，都必須比部屬更勝一籌，才能因為專業專精而產生領導魅力。

6.廣納建言

組織是一種開放系統，需要與外界環境互動，才能與時俱進，掌握社會脈動，歷久不衰。唯有持續吸收新能量，不斷注入新構想的組織，才不會被顧客淘汰。卓越領導者必須增闢溝通管道，廣納建言，傾聽部屬的心聲，集思廣益，才能有容乃大。許多公司邀請部屬參與決策制定，讓部屬有參與感與成就感；有些公司透過提案制度，鼓勵員工提供改善建議；另有些公司設置總經理熱線與信箱，直接和員工對話，這些做法不僅贏得部屬的信任，同時也大幅提高員工士氣。

7.化繁為簡

領導要有效，簡化工作最是妙。經理人的主要職責是在領導部屬達成組織的目標，達成目標的方法很多，其中最有效者莫過於化繁為簡，易懂易做。務實診斷複雜的工作，理出頭緒，剔除不必要的作業，合併相關作業，重新排列作業程序，簡化手續，不僅會產生事半功倍的效果，同時也會贏得部屬的信服。許多研究都顯示善於簡化工作的領導者比不注重簡化的領導者更容易贏得部屬的敬重。

8.以身作則

古今中外卓越領導者最明顯的共同特徵就是以身作則，發揮上行下效的影響效果。以身作則有兩層意義，一是關懷部屬，瞭解工作；二是自己站在工作前最前線激勵部屬「跟我來（Follow me）」，以魅力領導感動部屬，而不是坐在舒適的冷氣房裡高喊「快去做（Do by yourself）」。許多研究都證實關懷部屬及瞭解工作的領導者，不僅締造高水準的工作績效，員工滿意度也隨著績效而水漲船高。

　　領導人的素質攸關組織績效至巨，無論是大型組織或小規模企業，都深深體會「瓶頸永遠是在瓶子上方」的道理，組織績效不彰，領導人難辭其咎，因此都積極在培養卓越的領導人。宏碁企業集團放眼全球佈局，很早就提出培養卓越領導人才的2020計畫，意指到公元2000年要培養200位總經理，不僅使企業成功躍上世界閃亮舞台，也成為培養卓越領導人的最佳典範。

經理人實力養成

　　卓越領導者通常都具有某些超越他人的特質,讓部屬打從心裡樂意追隨,為達成組織目標而貢獻心力。「用對的人,在正確時間與地點,採用正確的方法,做對的事」,這是組織管理成功不二法則,也是卓越領導的真諦。領導和管理密不可分,兩者目標一致,相輔相成,但是內涵與做法則不盡相同,然而組織所要的是兼具管理能力與領導效能,兼顧科學精神與藝術層面的領導行為。請思考下列問題:

1. 請比較貴公司主管的領導風格與本文所論述卓越領導特徵,有哪些改進空間?
2. 請比較你的領導風格與本文所論述卓越領導特徵,有哪些改進空間?
3. 請比較貴公司主管與主要競爭對手主管的領導風格,貴公司具有哪些優勢?有哪些值得改進?

第四章 創新構想的來源

創新是企業經營過程中非常重要的一環，生產、行銷、人力資源、研究發展、財務等都需要時時創新，才不至落伍；而創新必須以顧客為中心，從顧客的立場思考，幫助顧客解決問題下手。

創新是企業經營過程中非常重要的一環，舉凡生產、行銷、人力資源、研究發展、財務等各項企業功能都需要時時創新，才不至落伍；規劃、組織、用人、領導、控制等管理功能也必須日日求新，才不會被淘汰。創新標的除了企業的提供物（產品與服務）之外，製造產品的製程需要創新，提供服務的流程需要創新，企業運作模式也需要創新，經營觀念更需要創新。

創新可分為漸進式創新與跳躍式創新，前者是指現有產品或製程／流程僅做小幅度改變，避免顧客在市場上找不到產品，也稱為被動式創新。後者是指突破現狀，顛覆傳統，大膽做革命性的改變，也稱為主動式創新、領先性創新或計畫性創新。無論是哪一種類型的創新都必須以顧客為中心，從顧客的立場思考，從務實幫助顧客解決問題下手，才不至閉門造車，窒礙難行。企業在競爭洪流中尋求生存利基，不創新隨時都會有陷入敗亡深淵的風險。

創新最難的是尋求「構想」，日本人稱為「發想」，意旨探索構想源頭之意。研發單位與行銷部門經常都在搜尋創新構想，經過嚴謹評估及篩選之後，進入實質研發階段，逐步進行後續步驟。構想從何而來？這個關鍵性問題考驗著經理人的智慧，構想越多，越有助於爆出創新火花。企業創新構想有下列幾個來源。

1. 員工

　　員工是公司最寶貴的資源，美國鋼鐵大王Andrew Carnegie曾說，你可以盡情把工廠拿走，只要把員工留下來，幾年後我有信心仍然是鋼鐵大王。員工之所以寶貴，在於他們潛藏有無限的創造力，這就是公司創新構想最直接的來源。

　　員工和公司休戚與共，對公司內部工作瞭若指掌，企業內應興應革的作業與方法比誰都清楚，因此公司都把員工尊為創新的首要法寶。員工的創造力需要有系統的訓練與培養，經過有效的啟發與引導，才能爆發出創新的相乘效果。現代化的公司為營造良好的創新環境，都不遺餘力的形塑有利於創新的企業文化，積極引進許多新作法，例如腦力激盪、自主團隊、目標管理、提案制度、工作改善小組、品管圈活動、5S運動、TQM活動…。

　　3M公司主張尊重員工的創造力，相信員工時時刻刻都在思考改善工作的方法，於是經理人在設計及安排員工日常工作時，刻意預留15%的餘裕時間，一則讓每位員工都有足夠的時間檢討自己的工作，二則讓每位員工都有清醒的頭腦思考創新課題，鼓勵員工要有冒險精神，只要不至於造成公司嚴重的損失都值得一試，舉世聞名的3M自黏貼紙，就是員工創新的代表作，創下世界級創新典範。

2. 顧客

顧客是企業最寶貴的資產，顧客來源越多的企業，顧客忠誠度越高的公司，常在競爭中居上風。顧客購買公司的提供物，也使用競爭者的產品，通常都專精於分析與比較，對廠商提供物之良窳一清二楚，因此常扮演中肯裁判者的角色，他們的意見與建議也成為公司創新不可或缺的一個來源。

顧客購買時通常都會提出與供應廠商想法相左的意見，例如述說產品知名度不夠，功能上有缺失，定價結構不合宜，購買不易，交貨遲緩，維修不便，保障不足，也會不經意或刻意透露競爭者產品與服務的優點與特色，甚至提出拒絕購買的種種理由。這些「忠言逆耳」的意見，常常是供應廠商所不知道、忽略或誤判者，但卻是企業創新的免費來源。

飲料廠商推出茶飲料之初，受到傳統飲料都是「甜口味」刻板印象的影響，千篇一律都是「甜口味」的茶飲料。上市後消費者頻頻反應，人們喝茶傳統上不是都「不加糖」嗎？廠商傾聽顧客的聲音，恍然大悟，於是「無糖」的茶飲料紛紛出籠，既可迎合顧客需求，又可降低成本，何樂不為。

3. 供應廠商

供應廠商是企業創新最務實的導師，他們從產業上游觀點提供國內外經濟情勢，產業發展概況，最新專業技術，競爭局勢等情報，在企業創新中具有舉足輕重地位，也是公司創新構想的重要來源。

供應廠商在向顧客推銷產品過程中，除了努力介紹自己產品的優點與特徵之外，為了討好顧客的歡心，常常會透露顧客產業

之競爭動態，讓顧客知道競爭者已經做了什麼，正在做些什麼，想做些什麼。公司來往的供應廠商很多，接觸到的情報相當豐富，用心分析與研判這些情報，通常都可以理出寶貴的創新構想。

4. 競爭廠商

　　競爭者是企業創新最直接的學習標竿，模仿競爭者的做法再加以改良，往往可以收到後來居上的優勢效果。傾聽供應廠商所透露的情報，偵測及觀察競爭者的行動，潛心研判及解讀競爭者的策略意義，進而研擬因應對策，不失為快速激發創新構想的好方法。

　　研究競爭者的產品是公司創新與研發動力的重心，公司常會購買並拆解、分析競爭者的產品，精心研究，觸發靈感，改進缺失，發展出更迎合顧客需求的產品。豐田汽車進入美國市場時，刻意研究同為小型車的金龜車，訪問使用者找出令他們最不滿意的地方，以及希望如何改進，終於因為認真「向競爭者學習」而成功進入美國市場。

5. 研究機構

　　研究機構或政府機關是企業創新的最佳推手，他們是幫助企業研究發展的非營利機構。研究機構在政府的支持下，擁有豐富的研究資源，堅強的研發團隊，先進的研發場所，精密的實驗設備，專心致力於基礎研究，然後將研發成果移轉給企業使用，例如工業技術研究院、農業試驗所、茶業改良場、食品工業研究所，對提攜企業研發不遺餘力，對國家經濟發展貢獻卓著。

　　一般企業受限於資源與人力，不容易發展基礎研究，因此除

了利用研究機構的研發成果發展後續應用研究之外，也常與研究機構或政府機關接觸，在觸類旁通效應之下，往往是激發企業創新構想的絕佳來源。

　　創新是企業發展不可或缺的途徑，也是公司立於不敗之地的重要法寶。創新途徑很多，構想來源無數，努力學習，勤做功課，發覺創新構想，俯拾皆是。

經理人實力養成

　　創新是企業經營過程中非常重要的一環，企業功能與管理功能都需要創新，企業的提供物、產品製程、服務流程、經營模式、經營觀念都需要創新。創新必須以顧客為中心，站在顧客的立場思考，從務實幫助顧客解決問題下手，才不至閉門造車。創新構想從何而來？這個關鍵性問題考驗著經理人的智慧。請思考下列問題：

1. 貴公司的創新工程如何站在顧客的立場思考？請舉例說明。
2. 貴公司創新構想主要來源為何？各來源所佔比例為何？

第五章　創新企業立於不敗之地

再好的產品都潛藏有走進歷史的風險，企業需要有一股後浪推前浪的創新力量，一波接一波的把經營績效推向另一座高峰，這一股創新力量就是使企業永遠立於不敗之地的原動力。

創新是企業永續經營的基石，在激烈競爭的環境下，不創新隨時都會有敗亡的風險。企業經營猶如逆水行舟，不進則退的現象非常明顯，沒有創新馬上就會落伍，創新的腳步稍有遲緩很快就會被淘汰。創新是在為未來的發展與競爭力奠定基礎，舉凡產品／服務、製程、流程、經營模式、管理觀念，都需要迎合消費脈動，與時俱進，推陳出新，企業才能永續經營。

未來並非過去的延伸，從產業生命週期的角度觀之，今天正值日正當中的產業，並不表示未來仍將繼續蓬勃發展；從產品生命週期的觀點來看，再好的產品都潛藏有走進歷史的風險。因此企業需要有一股後浪推前浪的創新力量，一波接一波的把經營績效推向另一座高峰，這一股創新力量就是使企業永遠立於不敗之地的原動力。

企業經營者的經營理念各不相同，管理風格各異其趣，因此創新作風也互有差異，有些企業展現急驚風個性，凡事都希望搶優先、爭第一；有些公司喜歡緊跟潮流，扮演老二角色；有些經

營者顯現慢郎中性格，篤信穩紮穩打哲學。企業創新風格可以區分為興風作浪、乘風破浪、風平浪靜三種類型。

興風作浪　創造機會

　　興風作浪型創新充滿冒險精神，企圖心旺盛，凡事都要走在時代前端，喜歡顛覆傳統，善於製造機會，做他人不敢做或不想做的事，一旦成功則成為各行各業競相學習的標竿。用現代企業經營的語言來解讀，就是在「創造趨勢，領導流行」。

　　流行與時尚產業專精於研究消費者心理，探索流行新趨勢，所做的盡是消費者從來沒有想到的事，所關心的是下一步要提供什麼給顧客，所推出的都是領先一年以上的新產品、新服務或新構想。巴黎、義大利時尚產品設計，就是最具典型的興風作浪型，這些時尚設計師的想法非常前衛，有時令消費者不敢置信。

　　高科技產品常以興風作浪姿態不斷推陳出新，電腦及智慧型手機就是最好的例子，新產品問世的速度用日新月異來形容一點都不誇張。蘋果電腦前執行長賈伯斯（Steve Paul Jobs）就是興風作浪型創新的代表人物，他不相信市場調查可以問出消費者要什麼，認為消費者只有看到產品後才知道自己所要的是什麼，因此只有挑戰經營者想像力極限，不斷推出功能更豐富、更多樣化，速度更快速，使用更方便，介面更友善，款式更新穎的嶄新產品，繼iPhone、iPad之後，不久前又隆重推出革命性的New iPad，成功佔領消費者嚐新的慾望。

　　汽車雖然已有超過一百年的歷史，而且一部汽車使用年限至少也都在十年以上，製造商仍然本著興風作浪的精神，每年都有新款汽車上市。汽車是典型的耐久財，製造廠商不斷推陳出新，

除了在市場上興風作浪，領導消費趨勢之外，還帶有計畫性淘汰的策略意義，引導消費者勇於換新車。有些藥廠專心致力於開發新藥，一旦成功進入市場，獲利豐厚，又有專利保護，可以獨享研發成果。

興風作浪型創新雖然可以享受先佔優勢，獲取超常利潤，但是也面臨許多風險，諸如研發週期冗長，欠缺專業技術，市場需求不確定，開發成本高昂，推廣費用驚人。創新雖然不是大型企業的專利，但是興風作浪型創新常非小規模公司所能勝任。

乘風破浪　掌握機會

乘風破浪型創新的公司善用產業發展契機，採取跟隨策略，緊緊掌握市場上出現的任何新機會，順勢而為，為公司發展注入新能量。乘風破浪者善於站在浪頭上觀看產業發展與競爭情勢，因為站得高、看得遠、看得廣，可以做正確而精準的判斷，有利於掌握市場先機，適時推出迎合市場需求的新產品，同時也因為蒐集豐富的市場與競爭情報，必要時可以迅速見風轉舵，修正方向，使公司有效掌握市場潮流。

乘風破浪型創新主張採用老二主義，日本人稱為蘋果策略，在看好機會之後，迅速採取行動，適時進入市場，一則掌握最適機會，二則降低風險，是一種比較穩健的競爭行為。

乘風破浪型創新雖然比較穩健，但是可能失去搶佔市場的先機，從獲利的角度言，只能賺取第二層級利潤，比起興風作浪型創新顯然少了一大截。

許多廠商取採靜觀其變策略，緊釘著領導廠商的行動，試圖搶搭競爭者的便車，然後在技術上做改良或修正，雖然比領導廠

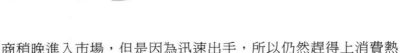

商稍晚進入市場，但是因為迅速出手，所以仍然趕得上消費熱潮，不失為早起鳥兒的本色。

風平浪靜　降低風險

風平浪靜型創新是一種最穩健的做法，公司通常採取穩紮穩打策略，在市場情況明朗之後，才大舉進入市場，和早期進入的競爭者爭奪市場。這些廠商通常是在競爭者領先進入市場，產品銷售與市場發展相當穩定，上市風險降到最低，經評估尚有獲利空間才進入市場，此舉不僅可以大幅降低研發與生產成本，同時也可以節省開拓市場與教育消費者的可觀投資。

許多公司雖然欠缺先進技術與豐富資源，但是企圖心卻從不後人，他們善於搭便車，此時採取風平浪靜型創新不失為明智之舉。新藥品的開發通常都費時甚長，而且需要投入龐大資金，常不是每一家藥廠所能承擔。於是有些藥廠專攻學名藥市場，也就是在先佔廠商的新藥專利到期後，才著手產製已經解除專利保護的藥品，這些藥品已過了專利保護期，單位售價雖然大不如前，但是市場需求仍大，而且銷售穩定，獲利仍然可期。

從策略角度觀之，風平浪靜型創新進入障礙最低，成本最低，風險最小，但是市場與產品都已趨成熟，面對的競爭最強烈，獲利也就相對降低。

企業唯有創新才能旺盛活力，延續生命，創新類型與方法五花八門，各有特色，各有策略意義，只有策略考量，沒有對錯之分，興風作浪型旨在創造機會，乘風破浪型善於掌握機會，風平浪靜型主張降低風險。無論是哪一種類型的創新，都需要經營者

投入智慧與心力，使公司的經營活動與消費環境密切契合，正確研判，適時進入，使企業永立於不敗之地。

經理人實力養成

　　創新是在為未來的發展與競爭力奠定基礎，舉凡產品／服務、製程、流程、經營模式、管理觀念，都需要迎合消費脈動，與時俱進，推陳出新，企業才能永續經營。企業需要有一股後浪推前浪的創新力量，一波接一波的把經營績效推向另一座高峰，這一股創新力量就是使企業永遠立於不敗之地的原動力。有些企業展現急驚風個性，凡事都希望搶優先、爭第一；有些公司喜歡緊跟潮流，扮演老二角色；有些經營者顯現慢郎中性格，篤信穩紮穩打哲學。請思考下列問題：

1. 請舉例說明貴公司的創新文化，這些文化如何加速公司的創新活動？
2. 貴公司的創新屬於本文所論述的哪一種類型？請舉例說明。
3. 你認為哪一種類型的創新最適合貴公司？為什麼？

第六章　行銷長需有管理高度與創意

隨著企業發展的需要及競爭環境的丕變，行銷被認為是企業策略的核心，行銷長被賦予企業策略領航者的角色，必須深入瞭解策略管理在經營活動中所扮演的角色及其重要性，必須熟諳策略行銷方法，發揮行銷創意，不僅要領先競爭對手，還要拉長與競爭對手的距離，創造可長可久的競爭優勢。

從策略管理的觀點言，事業層級策略的核心任務就是在發展事業的競爭策略；從企業功能的角度看，競爭策略就是在研擬以行銷為核心，整合公司資源，善用公司能耐，追求贏的策略。行銷在策略管理中所扮演的角色愈來愈重要，因此也就出現了行銷長（Chief Marketing Officer, CMO）這個新頭銜。

行銷長不僅在策略規劃中扮演重要的角色，同時也被賦予出任策略執行者的重責大任。隨著企業發展的需要及競爭環境的丕變，行銷被認為是企業策略的核心，行銷長被賦予企業策略領航者的角色，也就是理所當然的事了。以往經營環境相對穩定，行銷經理應用行銷管理方法可以創造行銷績效，當今經營環境動盪，競爭激烈，產品生命週期縮短，行銷長需要引用策略管理新觀念，採用策略行銷手法，站在更高處看行銷活動，從整體思維看經營成果。

工欲善其事，必先利其器。行銷長肩負企業策略導向的重大責任，必須深入瞭解策略管理在經營活動中所扮演的角色及其重要性，必須熟諳策略行銷方法，發揮行銷創意，不僅要領先競爭對手，還要拉長與競爭對手的距離，創造可長可久的競爭優勢。要創造這種優勢，行銷長需要比較策略行銷與行銷管理的異同，瞭解其間的原理與奧妙。比較策略行銷與行銷管理的異同可以從下列構面著手。

1. 時間架構

　　傳統行銷管理採用短期觀點，著眼於達成短期目標，所重視的焦點在於每天例行的行銷決策，這些決策通常都不超出一個會計年度的範疇。策略行銷著眼於長期觀點，不僅重視目標之達成，更主張從宏觀及全面性觀點看整個企業經營，以行銷活動為核心，發展具有長期意義的關鍵決策。

2. 決策邏輯

　　行銷管理決策通常採用歸納與分析法，從分析眾多資料中理出共同特點，從所觀察與蒐集到的資料中發展出一般化通則，用來解釋所觀察事實之間的關係。策略行銷決策採用演繹與直覺法，演繹法是應用一般性法則來解釋特定事例，直覺法是在下定決策時加入經營者個人經驗的直覺判斷，直覺雖然是一種主觀的方法，但是卻帶有濃濃的藝術造詣，在決策過程中扮演重要而微妙的角色。

3. 決策程序

　　行銷管理決策的形成主要是由上而下，也就是採用命令式決

策模式，部屬只有聽命行事的份，沒有參與決策的機會，不易形成共識，執行過程容易產生偏差。策略行銷決策的制訂主張由下而上，讓部屬參與討論，充分表達意見，一旦達成共識則全員目標一致，努力以赴，績效可期。

4. 決策範圍

行銷管理決策範圍以傳統行銷組合決策為主，圍繞在4P的操作面決策，範圍比較狹隘。策略行銷除了行銷組合決策之外，擴及整個企業競爭策略決策的發展與選擇，主導企業競爭策略，範圍廣泛，影響深遠，屬於策略層次的決策。

5. 策略導向

行銷管理採取因應策略的成分居多，以把握現在，妥善應用資源，贏得眼前的競爭為主要考量，比較接近操短線的作法。策略行銷主張積極主動，全面思考，不僅要努力鞏固現在的競爭地位，還要積極開創未來，屬於放長線釣大魚的策略。

6. 使命特徵

傳統行銷管理的使命以守成為主，所關心的是妥善應用現有資源，務實經營已經界定清楚的既有事業，為股東創造最大價值。策略行銷的使命著眼於企業的永續經營與發展，重點在於找出公司要永續經營必須要投入哪些新資源，需要發展哪些新能耐，需要開創哪些新事業。

7. 工作本質

行銷管理需要擬定完整的計畫，擁有豐富的經驗，建立嚴密的控制機制，將公司行銷運作導向正確的方向。策略行銷需要具

有高度創造力與原創性，發展全員共識的企業願景，激發全員的工作動機，結合全員的努力達成公司目標。

8. 組織行為

行銷管理所追求的是各個事業單位的利益，常見的利潤中心制度就是最好的例子，追求各自的利益，往往犧牲整體的最大利益。策略行銷所追求的是創造各個不同部門之間的綜效，包括水平部門與垂直部門，因此主張建立責任中心與整體利益相結合的機制，將綜效發揮到最高境界。

9. 領導風格

行銷管理抱持消極因應觀點，行銷經理領導員工因應當前的市場競爭，達成公司所賦予的行銷目標。策略行銷堅持積極前瞻態度，行銷長激勵員工突破現狀，開創新局，不以達成當前的目標為滿足。

10. 機會敏感度

行銷管理重視事後檢討，主張從檢討中理出新機會。策略行銷主張發揮敏銳的眼光，不斷尋求新機會，從一般環境分析、產業分析、競爭分析、顧客分析中尋求新機會，結合公司內部分析資訊，掌握產業成功關鍵因素，發展公司的獨特能耐，建構持久性競爭優勢。

11. 與環境關係

行銷管理假設經營環境具有相對穩定性，只是偶而會有波動現象，基本上屬於相對穩定的局面，公司只要確實掌握內部因素的運作，通常都可以達成行銷目標。策略行銷假設經營環境經常

在改變，而且具有高度動態性，公司要創造經營績效必須兼顧外界環境變化與內部環境的契合。

　　現代企業競爭打的是全面戰、總體戰，公司要以有限的資源因應不斷升高的激烈競爭，必須要重新思考及擘劃不一樣的方法。以往可以行得通的方法，現在不見得還有效，行銷管理可以奏效的環境不再，繼之而來的是充滿不確定性的嚴酷考驗，在這種非比尋常的競爭時代，行銷長需要有策略管理的高度素養，發揮策略行銷創意，才能贏得競爭。

經理人實力養成

　　行銷是企業策略的核心，行銷長出任企業策略領航者，也就是理所當然的事了。行銷長肩負企業策略導向的重大責任，必須深入瞭解策略管理在經營活動中所扮演的角色及其重要性，熟諳策略行銷方法，發揮行銷創意，不僅要領先競爭對手，還要拉長與競爭對手的距離，創造可長可久的競爭優勢。請思考下列問題：

1. 貴公司行銷長在策略管理中的定位如何？這樣的定位足以發揮策略領航者的角色嗎？

2. 如果你是貴公司的行銷長，有哪幾項性格特質與本文所述特質相吻合？哪幾項是你未來最想要強化者？

第七章　行銷長面對競爭一人飾四角

企業參與競爭需要有整體觀，打總體戰，除了要有優越的各種功能部隊之外，更重要的是要整合不同功能的戰鬥力，帶領公司發揮綜效，創造競爭優勢。無論是從企業功能的角度言，或是從管理實務觀之，行銷在企業競爭中扮演策略性角色，行銷若為企業功能的火車頭，行銷長無疑就是站在火車頭上的司機員。

從策略管理的觀點言，事業層級策略的核心任務就是在發展事業的競爭策略；從企業功能的角度看，競爭策略就是在研擬以行銷為核心，整合公司資源，善用公司能耐，追求贏的策略。行銷在策略管理中所扮演的角色愈來愈重要，因此出現了行銷長（Chief Marketing Officer, CMO）這個新頭銜。

企業所面對的諸多問題中，行銷長及其團隊不僅在策略規劃中扮演重要的角色，同時也被賦予出任策略執行者的重責大任。隨著企業發展的需要及競爭環境的丕變，行銷所扮演角色的重要性也不斷在提高，以致行銷策略愈來愈被認為是企業策略的核心，行銷長被賦予企業策略領航者的角色，也就是理所當然的事了。再從企業策略的定義與策略行銷管理的架構觀之，行銷應該且必須扮演更明確的角色。

角色1：策略分析的啟動者

　　行銷所扮演的第一個角色是策略分析的主要啟動者。企業功能中行銷是唯一直接與顧客接觸者，也是真正為公司創造行銷利潤的功能。在研擬事業經營策略時，行銷扮演引導者的角色；在發展整個事業的競爭策略時，行銷位居領頭羊的地位；在為公司創造利潤過程中，無論是在瞭解顧客、競爭者、市場及次要市場、環境與趨勢等方面，行銷都居於最關鍵的戰鬥位置。

　　策略分析的範圍非常廣泛，從外部分析角度觀之，舉凡國際經營環境分析、總體環境分析、產業環境分析、顧客分析、供應廠商分析、競爭者分析，行銷都扮演策略啟動者的角色。透過行銷研究與市場資料分析，可以掌握外部環境分析的許多重要資訊，進而指引公司不同功能部門邁向同一目標。

　　從內部分析觀點言，行銷扮演引導內部行銷的角色，站在企業發展的浪頭上，引領整個公司走向正確的未來，因為行銷掌握有公司重要的策略性資產與能耐，前者如品牌組合與配銷通路，後者如新產品上市支援活動的管控。

　　企業在進行策略規劃時，都由行銷部門率先提出前瞻性的行銷規劃方案，公司在審查年度預算時，也都優先從審視行銷計畫與預算著手，由此也可以窺知行銷扮演策略分析的啟動者。現代企業在複雜而激烈的環境中競爭，所涉及的領域愈廣泛，所需關注的層面愈多元，無論是從外部或內部策略分析觀點言，行銷都必須積極扮演啟動者的角色。

角色2：事業策略的領航者

　　第二個角色是發展事業策略。行銷單位所擁有最重要的事業

策略構面，就是顧客價值主張，舉凡公司的顧客是誰？分布在哪裡？他們有什麼特徵？有什麼需求尚未被滿足？公司要提供什麼價值給顧客？以及如何提供價值給顧客？這些都是行銷最關心的議題，也是事業策略領航的必備要件。

　　事實上，在策略議題的討論中，行銷應該扮演代表顧客的角色，確認公司所提出的價值主張不僅是基於務實的主張，而且對顧客是絕對有意義的主張。事業策略的其餘部分，也都必須以行銷為中心，本著「顧客之所欲，長存在我心」的信念所研擬的策略，才是好的策略；只有迎合及滿足顧客需求的策略，才是公司所需要的策略。至於目標市場的選擇，必須帶有前瞻性的思維，才足以引領行銷策略從現在邁向未來。公司的資產與能耐，諸如品牌權益或顧客關係，都必須以行銷為基礎，所研擬的行銷計畫也必須是引領公司整合整體策略的領航者。

角色3：成長策略的掌舵者

　　第三個角色是引領公司的成長策略。公司成長策略的選擇方案不是以顧客及市場為基礎，就是依賴顧客及公司的市場前景，因此行銷必須扮演成長策略關鍵引導者的角色。Allen Hamilton針對美國2,000位企業主管所做的一項研究發現，在所有有關公司成長的策略階層中，只有少數（9％）公司指出行銷扮演成長的龍頭角色，但是此一數字有逐漸增加的趨勢。

　　公司成長策略以往都以產品與市場的組合為根基，顯然是偏重從靜態的觀點發展成長策略，難免陷入理想與偏頗的巢臼。HamelPrahalad建議企業應該以公司獨特能耐與產業組合的觀點為基礎，發展更具動態性的成長策略，才足以因應當前及未來競

爭的需要。在此觀點之下無論是採取填補空隙策略、黃金十年策略、能耐重組策略、偉大發展策略，行銷都扮演成長策略掌舵者的角色。

角色4：產品功能的諮商者

　　第四個角色是有關產品功能與地理範圍的積極提倡者。產品需要增加哪些功能，需要改良或刪減哪些功能，產品銷售要擴大到哪些地區，或是要退出哪些市場，這些都是非常具有策略性的決策，面對這些決策行銷必須扮演諮商者的角色。雖然公司所有的功能部門和這些決策都息息相關，然而行銷站在市場的第一線，最瞭解市場情況與顧客的心聲，最適合也最容易發揮諮商者的功能。

　　企業的行銷範圍非常廣泛，銷售區域持續擴大，品牌與產品項目不斷增加，但是資源卻是相對有限，此時若缺乏有效的集中管控及正確的引導，勢必會產生無效率與方向不一致的現象，這些現象勢必會削弱公司的戰鬥力。只要機會具有合理性，將行銷所扮演的產品功能諮商，擴及其他事業的行銷計畫，諸如支援活動或配銷通路，都需要積極納入管理。

　　企業參與競爭需要有整體觀，打總體戰，除了要有優越的各種功能部隊之外，更重要的是要整合不同功能的戰鬥力，帶領公司發揮綜效，創造競爭優勢。無論是從企業功能的角度言，或是從管理實務觀之，行銷在企業競爭中扮演策略性角色，不但具有當之無愧的意義，同時也具有當仁不讓的使命感。若把行銷視為企業功能的火車頭，則行銷長無疑就是站在火車頭上的司機員。

　　策略性決策的影響層面非常廣泛，攸關公司當前的競爭能力

與為來的發展，從行銷經理紛紛被拔擢出任高階主管的現象，也可以證實行銷成功的扮演策略性角色。

經理人實力養成

行銷長在企業經營中扮演火車頭司機員的角色，必須站得高，看得遠，練就眼觀四方，耳聽八方的好功夫。行銷長面對競爭必須扮演四種角色，即策略分析的啟動者、事業策略的領航者、成長策略的掌舵者、產品功能的諮商者。請思考下列問題：

1. 貴公司行銷長是否及如何成功的扮演這四種角色？
2. 如果你是公司行銷長，你將如何扮演這四種角色？
3. 你所認識競爭對手的行銷長是否及如何扮演這四種角色？

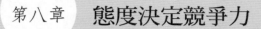

第八章　態度決定競爭力

　　企業人追求新知的風氣非常旺盛，在這股進修風潮中，學習成效的關鍵決定於態度。態度改變，學習成果會隨著改變，學習成果的累積就是職場競爭力的重要基礎。養成積極主動，虛心求教的良好態度，本著「叩之以重，應之以宏」的叩鐘原理，勤於發問，深入思考，提出自己的見解，修正自己的意見，廣納他人的經驗，收穫滿滿當屬意料中的事。

　　鳳凰花開時節之後，接著就是研究所放榜與新生報到的時候。恭喜金榜題名的新生即將進入研究所深造，邁向學習的另一新階段，開創人生更美好的一頁。體驗多采多姿的大學生活之後，你所期待的研究所生活將會是更緊湊，更充實，更有意義，也更具挑戰性。

　　無論是一般研究生（MBA）或在職研究生（EMBA），上研究所的動機、目標與目的都非常清楚而明確，都想要到研究所學習自己所需要的新知與技能，除了奠定學術研究的基礎能力之外，前者無非就是要練就職場所需要的競爭力，後者希望填補當前工作上所不足的學理基礎，為更上一層樓預做準備。

現在，就是開始的時候

　　研究所需要學生發揮積極主動的學習精神，排定為期兩年的

學習時程，決定自己什麼時候要畢業。碩士班課程雖然有兩年的時間，但是當你排定學習時程之後會發現時間真的很緊湊。不要懷疑，不要遲疑，更不要觀望，趕緊行動就對了，金榜題名高興幾天就好，為期兩年的碩士班生活，現在就是開始的最佳時候。現在正值暑假，將近三個月的漫長暑假太好用了，不要浪費這一段寶貴的時間，因為研究所要做的事情很多，趕緊和學校老師聯絡與請益，開始規劃你的研究領域與方向，今天就啟動研究所的新生活。

研究所生活除了修習相關課程，上台報告學習心得之外，最重要的就是要完成一篇碩士論文。撰寫碩士論文是一門非常專業的功課，也是進研究所學習的重頭戲，需要有人傳授方法與指點迷津，需要投入相當多的時間與精神，舉凡題目選定，研究動機與目的之構思，相關文獻探討與整理，研究方法的規劃與設計，資料蒐集方法的思考與模擬，統計分析方法的研擬與應用…，都需要用心思考，專心投入。現在就開始思索這些課題，相信你的研究進程會領先一步，成果也會更豐碩。

開始，就不嫌晚

在職碩士生常覺得離開學校已久，以前所學的都快忘光了，現在要回到學校學習似乎有進修恨晚的感慨，深恐適應不良，而耿耿於懷。「學，然後知不足」，這是人之常情，也是進步的原動力，上班之後再回到學校進修，最是難能可貴。聞道有先後，術業有專攻，做學問和上班年資沒有絕對相關，起步晚不代表會影響學習成效，只要有開始就不嫌晚，沒有開始就會落得永遠太晚的遺憾。進修要及時，練功貴在勤，在職研究生的學習意志與

毅力往往有過之而無不及，學習成效絲毫不遜色，每年考上博士班繼續深造的金榜上不乏在職碩士生。

　　很多公司都把到研究所進修列為拔擢人才的重要參考要件之一，到研究所進修也因此而蔚為一股風氣。在職碩士生職場經驗豐富，實務歷練扎實，分析能力超強，領悟能力過人，加上勤勉不懈的學習精神，不僅學習成效卓著，成為同學學習的好榜樣，在實務工作上的精進與貢獻也令同事刮目相看。

態度，決定職場競爭力

　　學習成效的關鍵決定於態度，如果把英文字母A到Z分別給予1到26的分數，則構成職場競爭力的三大因素：知識（knowledge）、努力（hard-work）、態度（attitude），分別得到96分、98分、100分，由此可知態度決定職場競爭力遠勝過知識與努力。

　　上研究所需要養成積極主動，虛心求教的良好態度，向研究所師長學習各種新知與技能，本著「叩之以重，應之以宏」的叩鐘原理，勤於發問，深入思考，提出自己的見解，修正自己的意見，廣納他人的經驗，則收穫滿滿當屬意料中的事。一般研究生需要調整學習及處事的態度，勇於任事，務求徹底，學習溝通技巧，養成良好習慣，以備將來適應複雜的職場生活。在職研究生需要放空自己，虛心學習，將職場官階暫時擺在一邊，帶著空籃子來會裝得比較多。態度改變，學習成果會隨著改變，學習成果的累積就是職場競爭力的重要基礎。

企業需要會做事的人

　　企業人除了需要具備各種基本能力之外，還要養成有意願，

有企圖心，想投入，肯做事，會做事，講究具體貢獻的人格特質，才能迎合企業之所需。企業競爭激烈，優勝劣敗的現象非常明顯，因此公司在用人與拔擢人才時都格外審慎，他們都深信「人有進步，企業才有發展」的用人哲學。例如日本新力公司（Sony）的用人哲學就特別指出：能力×意願×正面思考＝成果。

　　企業所需要的人格特質很多，不同工作需要有不同的人格特質，不同職位更需要有不同的人格特質，這些特質都需要長時間歷練才能逐步養成，絕對不是一朝一夕就能學得。到研究所學習新知與技能，將來還是要進入職場效力，貢獻所學，發揮所長，所以除了學習做學問之外，還要多和企業接觸，瞭解企業在做些什麼，需要些什麼，有備而來，領先一步，勤練企業所需要的競爭力。

經理人實力養成

　　企業之間的競爭非常激烈，其實職場競爭也相當緊張，因為企業需要會做事的人。積極的工作態度，豐富的工作知識，務實的執行能力，勤奮努力的精神，都是奠定職場競爭力的基本要素，其中尤以態度最具關鍵性。近年來企業人追求新知的風氣非常旺盛，紛紛回學校進修，目的除了要學習自己所需要的新知與技能之外，就是要練就職場所需要的競爭力。請思考下列問題：

1. 貴公司員工進修風氣如何？公司如何鼓勵員工進修？
2. 你平時如何吸收新知？每星期用幾小時閱讀與工作領域相關的書籍？
3. 工作一段時期之後再回學校進修，你認為永不嫌晚或時不我與？為什麼？

第二篇
產品策略篇

第一章　縮減產品考驗行銷長的策略智慧

成功的產品為行銷團隊帶來鼓舞，為公司締造佳績，自不待言。但是市場環境詭譎多變，競爭激烈，加上受到產品生命週期效應的影響，強勢的產品難免也會有走到需要被縮減的地步。此時可以從獲取最大利潤、簡化產品線、忍痛割愛三個方向思考。

開發新產品不容易，縮減產品也有其困難度。開發新產品是行銷經理的重大職責，通常都有各種策略可資遵循，為了滿足顧客的需求，廣、長、深的產品線紛紛出籠，爭奇鬥豔，大型企業如此，小規模公司也不例外，但是縮減產品則到最近幾年才被視為行銷經理的策略性工作。公司擁有及保有多種產品，每一項產品在公司經營活動上都扮演一個重要角色，除了呈現公司擁有豐富的銷售標的之外，更重要的是代表公司在產品上的投資組合意義，然而當產品所扮演角色的重要性衰退，產品績效不佳，和公司的投資組合效益不相符合時，就有必要縮減產品，如何縮減產品常常是在考驗行銷經理的策略智慧。

開發新產品所費不貲，所投入的心力不計其數，成功的產品為行銷團隊帶來鼓舞，為公司締造佳績，自不待言。但是市場環境詭譎多變，競爭激烈，推陳出新，加上受到產品生命週期效應的影響，強勢的產品難免也會有走到需要被縮減的地步。每一項

產品對公司都有一定的貢獻，公司對每一項產品也都充滿感情，絕對不是說縮減就縮減。一般而言，當產品出現某些不良跡象時，就是行銷經理檢討產品的時候，甚至考慮縮減產品，例如獲利大幅降低，前景堪慮；銷售量衰退，市場佔有率下滑，要挽回頹勢需要再投入龐大資源；面臨技術過時而有被顧客淘汰的風險；產品生命週期進入成熟期或衰退期，公司無力可回天；和公司的優勢與使命背道而馳。行銷經理面對不得不縮減產品的困難抉擇時，可以從獲取最大利潤、簡化產品線、忍痛割愛三個方向思考。

獲取最大利潤

獲取最大利潤或稱為收穫策略，就是趁產品還有價值或還有銷售機會時趕快出清，以便獲得最大利潤。獲取最大利潤是一種有計畫的縮減策略，目的是為公司獲取最大現金流量，尤其是在產品銷售量微幅下滑時最有效。行銷經理在執行此一策略時，通常都會減少投資、縮減設備維修、緊縮廣告與研發預算、減少第一線銷售人員，以及在不增加成本的前提之下調高價格，以獲取最大現金流量。

適合採用收穫策略的場合包括，公司所進入的市場呈現停滯不前或衰退的局面；公司的市場佔有率雖然微不足道，但是要維持此一市場佔有率卻所費不貲；既使市場佔有率相當可觀，但是要維護此一市場所需投入的成本愈來愈高；公司無法生產獲利豐厚的產品，甚至所生產的都是無利可圖的產品；公司可以將資源運用到其他更有價值的地方；該項產品並不是公司產品組合最重要的項目；該項產品對公司的產品組合並沒有特殊的貢獻。

公司都會定期檢討產品的生命力與貢獻，有計畫淘汰已經沒有策略價值或沒有發展潛力的產品，趁著還可以賣錢的時候儘速促銷，例如和通路商合作，大量促銷；和其他公司合作，做為搭配其他公司產品的贈品；做為公司推廣其他產品的贈品，不一而足。

簡化產品線

　　簡化產品線是站在整體產品策略的觀點，縮減產品的管理幅度，將公司現有產品線縮減及整頓到可以進行有效管理的數目。簡化產品線是屬於一種防衛策略，目的是在使每一項產品都保有健康而穩定的銷售，當銷售成本愈來愈高，或公司出現資源短缺時，簡化產品線特別管用。產品線經過簡化後，可以為公司帶來的效益包括，確保每一項產品都健康且有利可圖，節省冗長生產週期的潛在成本及減少存貨，集中資源用於更有價值的行銷與研發活動，專心致力於照顧更有潛力的產品。

　　簡化產品線有時也會為公司帶來負面效果，例如行銷組合略加調整就可以注入新生命的產品一旦被縮減，會引起顧客失望，影響公司聲譽；市場活動稍加改變就可以使銷售與獲利為之改觀的產品，貿然縮減恐非明智抉擇，因此簡化產品線需要三思而後行。當公司面臨簡化核心產品決策時，通常都會慎重考量先前的策略承諾，例如高科技產品及耐久財，即使簡化了產品線，替換的零組件及售後服務還得繼續供應，以便取信顧客，為其他產品的銷售繼續鋪路。

忍痛割愛

　　忍痛割愛，放棄回春無望的產品是產品策略最後一個選項，

這是行銷經理從產品策略觀點所做的痛苦抉擇。

公司要忍痛割愛現有產品，通常都會有許多不願意，行銷經理甚至會提出許多反對理由，例如放棄產品表示銷售與資產的負成長；放棄表示產品有重大瑕疵；放棄需要更動人事佈局，外界對公司會產生不利的聯想；放棄產品會影響公司的股票價格與公司的收益；計畫放棄的產品仍然有助於分攤公司間接費用，對公司的收益仍然有貢獻。

公司都不希望看到虧損的產品出現在產品組合中，從策略經營的觀點更會審慎考慮割捨對獲利沒有貢獻的產品，例如計畫放棄的產品對公司不再有策略價值可言；產品銷售持續下滑，將造成產能過剩的後果；無法供給足夠的資源給有成長及發展潛力的產品；放棄沒有發展潛力的產品，可以釋放資源給具有成長機會的產品；忍痛割愛可以改善公司的投資報酬率與成長率；放棄無法回春的產品有助於平衡公司的產品組合；忍痛割愛有助於企業瘦身，活化產品經營。

縮減產品儘管有多少不願意的理由，還是行銷經理必須勇敢面對的痛苦抉擇。縮減產品通常沒有放諸四海皆準的原則可資遵循，此時確實是考驗行銷經理策略智慧的時候。下列問題可做為行銷經理縮減產品線的參考。縮減該項產品會令顧客感到不便嗎？該項產品收益型態為何？該項產品有為公司帶來任何現金流量嗎？該項產品的市場前景如何？該項產品和公司現有其他產品有任何搭配價值嗎？縮減該項產品對公司的銷售有助益或有傷害？該項產品是達成銷售核心使命的關鍵嗎？

行銷經理必須不斷檢討及分析每一項產品的銷售現況、市場

佔有率、成長率、獲利率、現金流量、策略價值與貢獻，適時、適度、務實的面對縮減產品決策，使每一項產品都保持健康與活力，使整個公司運作維持平衡發展。

經理人實力養成

　　當產品出現某些不良跡象時，就是行銷經理檢討產品的時候，甚至考慮縮減產品，例如獲利大幅降低，前景堪慮；銷售量衰退，市場佔有率下滑，要挽回頹勢需要再投入龐大資源；面臨技術過時而有被顧客淘汰的風險；產品生命週期進入成熟期或衰退期，公司無力可回天；和公司的優勢與使命背道而馳。請思考下列問題：

1. 貴公司最近五年曾經縮減產品嗎？基於什麼原因縮減產品？
2. 貴公司縮減產品在市場上引起什麼反應？公司內部引起什麼反應？
3. 貴公司縮減產品後對銷售、資源應用及整體競爭力應用產生什麼影響？

第二章

縮減產品的五種評估法

縮減產品是公司一定會遇到的情境,也是行銷長不可迴避的職責,公司在面對此一現象時,必須具有宏觀觀點,心繫顧客,著眼未來,而不是固守現在,阻礙發展。在評估縮減產品時需要以理性的心態面對,善用各種評估工具,務實分析,客觀判斷,站在策略的高度遠眺未來,為公司產品發展找到最佳組合。

從供給的角度言,隨著企業成長的需要與研發能力的精進,以及基於服務消費者及滿足顧客需求的初衷,公司所開發的產品項目會愈來愈多,但是公司管理產品的能力確有一定的極限。從需求的觀點觀之,顧客所期望的產品品質水準愈來愈高,功能愈來愈多,加上通路商的貨架空間有限,無法無限制的接納所有產品上架。再從競爭的角度言,廠商競相開發新產品,通常都具有直接或間接替代效應,於是再好的產品終有走到必須檢討的一天,績效欠佳的產品甚至會面臨被縮減的命運。

縮減產品不僅是一種痛苦的抉擇,也是一種殘酷的決定,在面對縮減產品決策時,儘管行銷長有多少不願意的理由,基於行銷績效的整體考量,基於有效能又有效率應用行銷資源的思維,基於公司未來發展的策略大計,仍然必須理性面對,進而做出果斷的抉擇。理性面對需要客觀檢討,果斷抉擇需要勇於面對,策

略管理上常用來檢討事業單位績效的五種方法，也可以用來評估縮減產品決策。

1. BCG矩陣法

BCG矩陣根據市場成長率高與低，相對市場佔有率高與低，組合成四個象限的矩陣，可將產品區分為明星產品、金牛產品、問題產品、落水狗產品，其中問題產品與落水狗產品是檢討的重點標的。問題產品屬於渾沌未明，前景未卜的產品，可再細分為有發展潛力與無發展潛力的產品，行銷長必須具有前瞻性眼光，發揮未卜先知的慧根，看見別人所看不見的未來，明智的留下具有發展潛力的產品，給予適當資源，培養成為未來的明星產品；至於前景堪慮，既使投入資源仍然無所指望的產品，行銷長需要有忍痛割愛的決心，勇敢縮減之。

落水狗產品是指陷入困境，對公司獲利毫無貢獻可言，已經淪為扶不起之阿斗的產品，銷售上不僅回天乏術，再繼續下去只是在耗用公司的寶貴資源，這是公司需要優先縮減的產品。

2. GE輪廓法

GE輪廓分析將產品吸引力區分為高、中、低三個水準，將產品競爭地位區分為強、中、弱三個層次，組合成九個方格的矩陣，這九個方格可再區分為三群：贏家產品、選擇性產品、輸家產品。贏家產品屬於健康而銷售良好的產品，值得繼續投入資源；選擇性產品可再細分為三類：利潤製造者、績效普通者、問題產品；輸家產品則是優先檢討與嚴肅評估的重點產品。

利潤製造者猶如BCG矩陣中的金牛產品，只要適度投入維持性資源，就可以為公司產生大量現金流量，當然可以繼續保

留。績效普通者表示目前的銷售還差強人意，甚至還有某些程度的策略意義，可以繼續保留，但是要嚴密觀察其後續發展。至於問題產品則是需要檢討的產品，吸引力雖有可取之處，但是競爭力薄弱，不僅要嚴密觀察其績效表現，甚至要列為審慎檢討的對象。

輸家產品顧名思義是指經常打敗仗的產品，可以再細分為三種情況，一是吸引力屬於中等水準，但競爭力卻非常脆弱；二是吸引力低，但競爭力尚屬中等；三是吸引力低，競爭力弱，這是公司要優先縮減的產品。

3. 產品生命週期法

產品可以按照其生命發展歷程區分為四個階段：導入期、成長期、成熟期、衰退期。每一個階段各有其意義與特徵，公司所採用的行銷策略也隨著產品生命週期之不同而各異其趣，也是行銷長評估產品縮減決策的良好工具。

公司經過縝密評估市場潛力及消費者需求，發現市場前景看好，而且公司比競爭者更能滿足消費者需求，才值得開發及推出新產品。導入期是指新產品進入市場初期階段，成長雖緩慢，但後市看好，公司通常會投入資源，努力照顧新產品。成長期需求強勁，成長快速，公司都會乘勝追擊，大力加碼。成熟期需求持平，加上競爭激烈，甚至有微幅下降的跡象，公司通常會嚴密觀察，只做維持性投資。衰退期銷售明顯下滑，甚至無利可圖，有些公司會打出且戰且走牌，通常都不會再投入鉅額資源，其中有些品項銷售疲弱，成為行銷長考慮縮減的產品。

4. 損益平衡法

損益平衡分析的基本原理是營業額達到損益平衡點時，營業收入剛好足以支付固定成本與變動成本。換言之，產品銷售超過損益平衡點才有利潤可言，未達損益平衡點就處於虧損狀態。

損益平衡分析也可以做為公司評估縮減產品的良好工具。行銷長可以就個別產品進行損益平衡點分析，銷售超越損益平衡點落在利潤區的產品當然值得繼續投入資源，超越損益平衡點的距離越遠越值得投資；銷售未達損益平衡點，顯然是落在虧損區的產品，尤其是距離損益平衡點之下越低的產品，對公司利潤毫無貢獻可言，是行銷長優先要縮減的產品。

5. ABC分析法

ABC分析也稱為80/20原則，其基本原理是少數品項對利潤貢獻具有決定性的影響，社會現象有很多具有這種特徵。

行銷長可以運用80/20原則，將產品區分為ABC三大類，A類產品項目雖少（例如20％，甚至更少），但是卻佔公司銷售／利潤舉足輕重的地位（例如80％）；B類產品項目數與銷售／利潤貢獻都屬於中等；至於C類產品項目雖然很多，但是卻只佔公司銷售／利潤的極小比例。基於重點管理原則，A類產品可以繼續投入資源，乘勝追擊，創造更多利潤；B類產品需要密切觀察其發展與市場需求，適度調整行銷策略；C類產品必須嚴格管理其產銷，甚至開始縮減難有起色的部分產品。

開發產品很重要，縮減產品非兒戲。縮減產品是公司一定會遇到的情境，也是行銷長不可迴避的職責，公司在面對此一現象時，必須具有宏觀觀點，心繫顧客，著眼未來，而不是固守現

在，阻礙發展。行銷長在評估縮減產品時需要以理性的心態面對，善用各種評估工具，務實分析，客觀判斷，站在策略的高度遠眺未來，為公司產品發展找到最佳組合。

經理人實力養成

縮減產品不僅是一種痛苦的抉擇，也是一種殘酷的決定，在面對縮減產品決策時，儘管行銷長有多少不願意的理由，基於行銷績效的整體考量，基於有效能又有效率應用行銷資源的思維，基於公司未來發展的策略大計，仍然必須理性面對，進而做出果斷的抉擇。請思考下列問題：

1. 貴公司基於什麼理由進行縮減產品？這些理由在公司生產、行銷、研發、財務等部門之間的共識程度如何？

2. 貴公司縮減產品採用哪幾種評估方法？

第三章　策略長的二道難題

　　無論公司初次發展策略方向或改變策略方向，最重要的是要站在目標顧客或市場的觀點，思考重要產品、服務或核心技術，致力於滿足顧客現在及未來的需求，若能做到這種境界則公司成長、獲利、永續經營、公眾形象，必然會有所改觀。

　　物理學上力的三要素，包括方向、大小、著力點，其中方向扮演決定性角色。企業經營上策略方向不僅指引企業有效能又有效率的使用資源，扮演各項經營活動之領頭羊的角色，更為企業點亮未來發展的明燈。方向正確有助於使公司經營步上坦途，方向錯誤可能造成企業的大災難，甚至關門大吉。

　　策略方向有不同的意義與解讀，有些公司從滿足不同利益關係人的立場，將策略方向視為公司經營的基本綱領與領導規範，有些企業將策略方向視為一種重大政策宣示，做為策略執行的最高指導原則，有些公司將策略方向視為向員工及社會大眾傳達經營目標及相關訊息的一種聲明。

　　企業呈現策略方向有多種模式，包括（1）有透過經營理念、使命、願景公開揭露者，例如統一公司立志成為世界第一的食品王國，SOGO要成為遠東最大的百貨公司。（2）有在公司廣告文案上公開揭示者，例如日本松下電器公司宣示要為實

現人類理想生活而努力（Idea for Life），韓國樂天世界要滿足人們夢幻（Magic）、歡樂（Fantasy）、冒險（Adventure）的享受。（3）有在公司內部文宣上做為員工行為規範之基本共識者，例如日本三菱電機公司誓言為人類更美好的生活而尋求改變（Changes for the Better）；保力達公司的經營信條中提到只求結果，不說理由；創造健康服務的保力達；把健康分給大眾，把利潤分享員工。（4）有表現在公司的品質政策者，例如黑松公司堅持「用心讓明天更新」；宏全公司宣示「不收不良品，不做不良品，不出不良品」；台積電公司強調「品質是我們工作與服務的原則」。（5）有改變公司名稱，明示或隱約透露公司未來發展方向者，例如宏全公司三度更名，1991年更名為宏全金屬開發股份有限公司，1999年改名為宏全國際股份有限公司，透露出以國際化前瞻性眼光，展開全球佈局的決心。

美國康乃狄克大學Subhash C. Jain教授與New Haven大學George T. Haley教授指出，策略方向對企業有五大助益，包括協助辨識公司發展的最佳配適與需求，分析企業的潛在綜效，降低日常計畫難以回避的風險，增強快速反應的能力，聚焦於尋求新機會與發展選項。美國Dow化學公司七十多年來所堅持的策略方向，主張以低成本與基礎原料，發展成本最低的卓越製程，造就了公司多項傲人的成就，贏得無數掌聲，例如鼓勵創新，追求領先，絕不模仿任何公司的製程；大規模進行水平整合，成功的實現規模經濟效益；追求低成本，把工廠設在接近低成本原料地區；建構進入障礙，成為大規模供應廠商，嚇阻競爭者進入市場；維持大量現金流量，順利實踐企業願景。

黑松公司八十七年來秉持「誠實服務」的理念，實踐「提供

滿意的產品與服務，增進人類的健康與歡樂」的使命，堅持「用
心讓明天更新」的品質政策，締造良好的企業形象，連續十幾年
獲讀者文摘評選為最值得信任品牌的美譽，面對國際知名品牌的
激烈競爭，仍然屹立不搖，創下我國行銷史上光輝的一頁。

　　公司的策略方向與願景會隨著時代背景不同、企業環境變
化、公司成長的需要而改變，以便迎合時代與社會脈動，貼近消
費者的需求與願望，成為名符其實為顧客而經營的公司。例如台
灣電力公司2002年以前所奉行的是「誠信、品質、服務」，2003
年以後調整為「誠信、關懷、創新、服務」，使公司的經營更關
懷民意，更貼近民意。美國Dow化學公司的願景與策略方向也配
合成長的需要做了水平與垂直的擴充，包括宣示進入高附加價值
產業，介入高技術水準的中間商產業及最終使用者產業，積極進
入國外市場，擴大國外業務分權管理幅度。宏全公司於1999年更
名後，重新定位其策略方向，以前瞻性國際化眼光積極拓展國內
外市場，由包裝材料供應廠商，垂直整合進入飲料產業，以非相
關多角化模式進入電子產業，更難能可貴的是創新發展In House
經營模式，除了大幅增加營收，漂亮提高市場佔有率之外，還穩
穩的享有先佔優勢，如今在國內、大陸、東南亞地區共有27個營
業據點／工廠，營業額遠遠超越原來所服務的飲料公司。

　　公司策略方向的發展不應侷限於市場上清晰可見部分，而是
要領先競爭者，領先顧客，發覺具有經濟吸引力的新市場，進而
展開積極部署。改變公司的策略方向需要非常清楚瞭解產業與競
爭的動態性，以及衡量公司的能耐與潛能，此外公司策略方向需
要聚焦於持續強化公司的經濟與市場地位上，具有挑戰性且有可
能實現又可以具體衡量的目標，尤其是引導發展產品、服務與新

事業的策略決策。

　　Subhash C. Jain與George T. Haley教授認為，公司改變策略方向除了思考所要進入的市場之外，策略長必須務實的評估四項決策，（1）進入新市場所需要投入的資金與人力資源及其來源，（2）考量伴隨而來的企業組織型態改變與文化差異，（3）策略長需要提出足以支持新策略方向的獨特貢獻與價值，（4）引導公司往新方向發展需要在時間或空間做某些幅度的改變。

　　建構策略方向不容易，改變策略方向更困難，因為改變往往牽涉到很多因素，需要在企業內部達成高度共識與企圖心；需要公司上下都充分理解改變的理由與必要性；改變需要獲得各部門主管廣泛、熱烈的支持；需要獲得公司內技術部門一致性承諾；無論是委員會所擬訂或執行長所期望的特定方向，都需要有明確的共識；對改變有明確的承諾，並且有適當的主管負責追蹤執行進度及考核成效；公司達成改變新策略方向目標之後，為了永續發展需要繼續進行其他改變。

　　無論公司初次發展策略方向或改變策略方向，最重要的是要站在目標顧客或市場的觀點，思考重要產品、服務或核心技術，致力於滿足顧客現在及未來的需求，若能做到這種境界則公司成長、獲利、永續經營、公眾形象，必然會有所改觀。未來絕不是現在的延伸，固守以不變應萬變的企業，勢必會被顧客淘汰，只是時間早晚的問題罷了。

　　策略長在發展及改變公司的策略方向時，可參考Subhash C. Jain與George T. Haley教授所提供的五個準則，（1）以可衡量的指標指出公司目標及達成方法；（2）策略方向必須具有獨特性，和其他公司有明顯的差別；（3）策略方向必須清楚指出公

司要成為什麼樣的公司；（4）策略方向必須和公司的利益關係
人有密切關聯；（5）策略方向必須有助於激勵員工士氣，激發
更強烈的工作動機。

經理人實力養成

　　企業呈現策略方向有多種模式，策略方向對企業也有多種助
益，包括協助辨識公司發展的最佳配適與需求，分析企業的潛在
綜效，降低日常計畫難以回避的風險，增強快速反應的能力，聚
焦於尋求新機會與發展選項。建構策略方向不容易，改變策略方
向更困難，公司要改變策略方向，策略長需要審慎評估。請思考
下列問題：

1. 貴公司利用什麼管道呈現策略方向？如何呈現？

2. 貴公司曾經改變策略方向嗎？改變內容如何？

3. 貴公司認為現在的策略方向足以和消費大眾溝通嗎？如果你
是公司策略長，你認為公司策略方向還有哪些改變的空間？
為什麼？

第四章

農產品活路行銷的基本功課

> 農民擅長於生產作業，努力提高產量，改善產品品質，比較無暇兼顧行銷作業；產品商品化可將傳統大宗物資的形象，透過商品化過程與技巧，賦予農產品新形象與新活力，開啟農產品活路行銷之路。

　　這是一個超競爭的時代，來自國內外的競爭對手接二連三的出現，各行各業都感受到激烈競爭的壓力。面對市場開放的衝擊，以往的市場保護傘不見了，不只是工業產品如此，農產品也不能倖免。大多數國家的農業產值都很大，佔國家經濟產值的比例也都很高，長久以來受到農產品特有特性的影響，演變成生產容易行銷難的複雜局面，因此如何有效率又有效果的行銷產值龐大的農產品，已經成為現代政府及農民必須嚴肅面對的新課題。

　　農業生產技術隨著科技發展，不斷與時俱進，成果豐碩，有目共睹。但是農產品行銷就相對顯得力道不足了，這一點還需要向工業產品看齊。唯有將農產品商品化，勇敢的走產品精緻化路線，為農產品行銷注入一劑強心針，為農業經濟開創一條新活路，才有助於繁榮農村經濟，留住農業建設人才。由於精緻農業政策的成功，造就了農產品價值差很大的結果，這種可喜的現象需要行銷功能來接棒，凸顯產品及地方特色，使農產品不再只是單純的農產品，而是價值高昂且有特色的精緻商品。

農產品的特色

以往常將農產品歸類為大宗物資（Commodity），意指尚待加工的初級產品，其實現在的許多農產品都已經改頭換面，躍升為精緻的產品（Product）。農產品的範圍非常廣泛，涵蓋利用各種自然資源、農用資材及技術，從事農作、森林、水產、畜牧等活動，所產製可供儲存、銷售，直接滿足消費者需求與慾望，以及做為食品加工原料的各種產品。從需求面觀之，農產品消費者和一般商品消費者並沒有太大的差別，有直接消費／使用者，有轉售求利者，有做為加工原料者，不一而足。從供給面來看，農產品經營者是指從事生產、加工、分類、分級、分裝、進口、流通、運輸、儲存或銷售農產品，以及農產加工品的業者。

工業產品有工業產品的特色，農產品的特色比工業產品更明顯、更獨特，這些特色有些是得天獨厚所形成的，無可取代，例如凍頂烏龍茶、日月紅茶、新竹米粉、宜蘭鴨賞、埔里茭白筍等；有些是人為因素所塑造出來的，彌足珍貴，例如黑鑽石蓮霧、拉拉山水蜜桃、帶有水果風味的甜玉米等，如果妥善、巧妙加以活用，往往是行銷上最有利的利基點。

農產品的特性包括季節性（不同季節有不同的產品，只有此一季節才有這種獨一無二的產品）；易腐性（保存期限短，但是只要做好鮮度管理，正可以凸顯產品的新鮮度）；地區性（地形、氣候、土壤及水質等因素所造成得天獨厚的特色）；產程有一定時間（典型的農業生產過程，不像工業產品可以加班製造，因為限量供應，可以塑造高級、稀有的形象）；價格相對不穩定（豐收與減收都會影響產品價格）；受到氣候的影響（雨量、乾旱、天災等因素都會影響收成）；生產成本高漲（農業人口銳

減，人工、肥料、病蟲害防治等成本提高）；容易受人為操縱（農產品需求孔急，供給量與價格容易受人為操縱）。

農產品形象與選購準則

農業社會時代，農產品行銷以地區性為主，行銷手法沒有受到重視，因此留給人們的印象總是離不開笨重、粗糙、廉價的大宗物資。近年來隨著人們生活水平提高，以及精緻農業觀念興起後，農業生產技術有著長足的進步，品質佳，產量多，農產品行銷不再局限於地區性，而是跨出地區的界限，甚至行銷到國外去。例如我國許多水果在大陸市場不僅大受歡迎，而且還賣得好價錢。又如埔里名產茭白筍（俗稱水筍或美人腿），將科學方法導入栽種技術中，不但產期得以控制，病蟲害減少，產量大幅提高，茭白筍可食用的部分長得更長、更漂亮，產品品質更好，整體賣相更佳，成為家庭主婦所鍾愛的重要蔬菜。

現代消費者對農產品逐漸有深刻的認知，對農產品的形象也產生大幅度的改變，消費者所需要的不只是單純的農產品，而是在精緻的前提之下，帶有濃濃地方特色的現代化產品。消費者對農產品形象的改變可歸類如下：

1. 由大宗物資改變為精緻產品。
2. 由初級包裝改變為精美包裝。
3. 從沒有品牌改變為講究品牌。
4. 由單一品味改變為多樣選擇。
5. 由常溫保存改變為冷藏新鮮。
6. 由廉價產品改變為高檔商品。

消費者選購農產品時，所考量的選購準則和工業產品不盡然相同，有些產品甚至有很大的差別。消費者選購農產品時主要的考量因素不外乎新鮮、自然、天然；有機、健康、安全；品質佳、衛生好、賣相良好；產地特色（如藍山咖啡、加州葡萄、麻豆文旦、凍頂烏龍茶、三星蔥）；品種特色（如阿薩姆紅茶、黑珍珠蓮霧、中山品種芭樂、黑毛豬肉）；品牌形象（如鄉長紅茶、天仁茗茶、三好米、中興米、越光米）；無農藥殘留、無重金屬殘留、無其他有礙健康成分（有CAS與吉園圃認證）；容易攜帶、搬運、儲存；消費後容易處理。

農產品商品化的途徑

　　產品商品化是站在消費者的立場思考，使生產者所生產的產品更貼近消費者的期望，將靜態的產品賦予商業價值的過程。更具體的說，產品商品化是指產品上市前的一系列活動，包括產業環境分析、競爭態勢分析、產品特性、產品命名、產品定位、品牌名稱、包裝設計、產銷協商、通路安排、上市時機、價格訂定、行銷策略研擬、績效評估等準備工作。

　　產品商品化是農產品行銷的先期工作，產品商品化的途徑很多，有些是屬於核心功課，從產品本身著手，目的是增進消費者對產品的認知，提高產品的價值感，有些屬於輔助措施，目的是為下一階段的行銷鋪路。在目前的供需與競爭環境之下，農產品商品化可以朝下列幾個方向思考：

1. 迎合需求的產品概念：發展嶄新、務實，滿足現在及未來需求的產品概念。
2. 創意的產品命名：產品命名需要有創意，而且要和消費者的

期望相結合。

3. 產品規格標準化：嚴格執行分級包裝，可以簡化行銷，方便消費者選購。

4. 發展產品品牌：品牌是產品凸顯獨特定位與差異化的重要利器。

5. 創造產品特色：具有地方產業及文化特色的產品，才是消費者要的產品。

6. 改變產品包裝：走現代化、精緻化的包裝路線，可以凸顯產品的價值感。

7. 提高產品價值：讓消費者務實的感受到所購買的是物超所值的產品。

8. 開闢適當通路：讓消費者可以很方便的在市場上買到精緻化的產品。

9. 舉辦推廣活動：藉助推廣活動，讓消費者認識及喜愛精緻化的農產品。

10. 訂定合理價格：農產品商品化必須輔之以消費者容易接受的合理價格。

11. 規劃售後服務：售後服務是農產品商品化及凸顯差異化很重要的一環。

12. 降低行銷成本：尋求低成本的行銷方法，低成本永遠是競爭的有效利器。

農產品產銷大都屬於小規模作業，甚至是自產自銷，農民擅長於生產作業，努力提高產量，改善產品品質，比較無暇兼顧行銷作業，因此農產品商品化及後續的行銷工作，有賴政府農政單

位的專業輔導。唯有政府策略性的輔導，加上農民作業性的配合，上下一心，方向一致，才能開啟農產品活路行銷之路。

　　產品是行銷的重要標的，產品商品化是行銷規劃的首要工作，將傳統大宗物資的形象，透過商品化過程與技巧，賦予農產品新形象與新活力，為後續的行銷工作奠定良好的基礎，是農產品活路行銷的基本功課。

經理人實力養成

　　農業產值佔國家經濟產值的比例很高，長久以來卻演變成生產容易行銷難的複雜局面，因此農產品行銷需要向工業產品看齊。唯有將農產品商品化，勇敢的走產品精緻化路線，為農產品行銷注入一劑強心針，為農業經濟開創一條新活路，才能繁榮農村經濟，留住農業建設人才。請思考下列問題：

1. 如果貴公司是從事農產品行銷的業者，目前遭遇到哪些難題？哪一項難題讓貴公司最感困擾？
2. 貴公司在農產品商品化方面有哪些具體做法？成效如何？
3. 有關農產品商品化議題，貴公司對政府有何建議？

第五章

開啟農產品活路行銷之路

農產品特色之多不勝枚舉,有些是得天獨厚,無可取代;有些是人們塑造出來的;有些和地方文化有密切關係,有歷史淵源;有些和人文因素有關,有著濃濃的鄉土味等,不一而足。行銷人員運用過人創意,將這些特色轉換為行銷利基,進而利用靈活的行銷手法加以發陽光大,就能為農產品開啟行銷新活路。

農產品的範疇相當廣泛,項目非常繁複,和人們的日常生活密不可分。農產品通常是由眾多生產者(本文統稱為農民)所供應,行銷活動通常都由中間商提供集散、分類、分級、分裝、儲存、運輸、銷售、服務等行銷功能,完成經濟學上所稱的交換,達到行銷的目的。不同的中間商提供不同的專業功能,創造不同的交換價值,因此得以滿足顧客的不同需求。

農產品行銷對象和工業產品一樣,可區分為一般消費者與組織市場兩大部分。農產品的一般消費者和工業產品消費者相同,他們的消費行為也很相似,大家也比較熟悉,例如一般消費者或家庭購買蔬菜、水果、肉品、魚貨供個人或家庭享用。農產品行銷過程中,中間商扮演非常重要的角色,本文將討論焦點集中在農產品組織市場的運作。

組織市場及其特徵

　　農產品的組織市場可區分為製造廠商（以農產品作為原料的加工業者）、中間商（轉售求利的買賣業者）、服務性組織（協助農產品行銷活動順利進行的相關業者）、政府組織（政府機關也是農產品的大客戶）、非營利機構（非以營利為目的而購買農產品的業者）。農產品組織市場成員雖然有許多不同的類型，但是都具有下列的共同特徵，包括（1）購買數量龐大：儘管組織購買農產品的用途不一，但是購買數量都很龐大。（2）購買廠商家數少：購買者不像一般消費者那麼分散，某一項產品的購買廠商相對少數，也就是購買者相對集中。（3）購買者集中在某一地區：受到產地文化及產品特色的影響，不只是購買廠家數集中，購買者通常也都集中在產地附近。（4）買賣雙方的關係密切：由於購買數量龐大，買賣雙方通常都建立有密切關係，例如長期供應關係、策略聯盟、互惠採購等。

　　農產品組織成員購買農產品通常不是供自己使用，所以他們的購買行為和一般消費者的購買行為有很明顯的差別。一般消費者或家庭只要產品品質良好，有所需要，價格可以接受，經過東挑西撿之後，通常都會很快做購買決策。農產品組織成員的購買行為有下列的特性：（1）專業採購：購買數量龐大，通常都由專人負責專業採購。（2）多人參與採購決策：循著組織層級的採購權責，採購通常都由多人參與決策。（3）直接向生產者採購：直接向生產者採購，取得第一手市場資訊，掌握貨源，降低成本。（4）以人員銷售為主：農產品帶有地方特性，比較少透過大眾媒體進行全國性推廣工作。（5）互惠採購：買賣雙方基於建立長期關係，通常都會進行互惠採購。（6）契約採購：為

確保供應不至中斷，以及降低成本與風險的考量，通常都會簽訂採購合約。（7）契作採購：有些特殊農產品供給量少，又是廠商重要的加工原料，於是由政府提供輔導，協助廠商與農民簽訂契作合約，農民負責栽種，廠商保證收購，達到雙贏的境界，雲林縣農會就曾輔導縣內芭樂、楊桃產銷班，和黑松公司簽訂契作合約，長達二十年以上，此一契作合約使農民得以安心、專心栽種「中山拔」及「軟枝楊桃」，快樂、歡樂的慶收成；黑松公司也因此而掌握充裕的貨源，得以整年供應味道香醇，膾炙人口的芭樂汁及楊桃汁。

農產品具有季節性、易腐性、地區性等特性，其銷售通路和工業產品不盡相同。常見的農產品銷售通路有直銷、超市、量販店、餐廳、團購、地方特產店、網路銷售、食品加工業者、農特產展售會（配合地方節慶活動所舉辦的各種展售會）、發展觀光休閒農場（寓教於樂，讓消費者親自體驗農場生活的樂趣）。

農產品的活路行銷

受到時代背景及民風保守的影響，農產品行銷一直都不若工業產品的活絡。其實農產品數量之豐，產品品項之多，產品品質之精，行銷對象之眾，銷售區域之廣，都已經到達毫不遜色的境界，該是行銷人員發揮專業行銷長才，進行活路行銷的時候了。

我們常說商人是在做「生意」，生意就是要「產生創意」，有創意才做得到生意。農產品行銷除了需要有創意之外，還需要結合產品特質及地方文化特色，才容易開啟活路行銷之路。農產品特色之多不勝枚舉，有些是得天獨厚，無可取代，例如麻豆文旦、埔里茭白筍、田尾花卉、竹山蕃薯；有些是人們塑造出來

的，彌足珍貴，例如黑珍珠蓮霧、愛文芒果、越光米、甜玉米；有些和地方文化有密切關係，有歷史淵源，例如萬巒豬腳、大村葡萄、關廟鳳梨、白河蓮子；有些和人文因素有關，有著濃濃的鄉土味，例如新竹米粉、坪林包種茶等，不一而足。如果能充分活用行銷人員的過人創意，將這些特色轉換為行銷利基，進而利用靈活的行銷手法加以發陽光大，為農產品開啟一條行銷新活路就指日可待了。

行銷工作範疇廣泛且複雜，加上農產品有其行銷上的優勢與弱點，行銷人員必須先辨識你所行銷的農產品有哪些優勢，以及了解潛藏有哪些弱點，深諳發揮優勢及防止暴露弱點的技法，做到四兩撥千斤的境界，則農產品行銷將會是很有趣的事。農產品行銷可以朝下方向努力：

1. 重視研究發展，了解市場需求：從研究中發展出農產品行銷的新方法。

2. 引進新技術，改良現有產品：產品品質需要改良，行銷手法更需要創意。

3. 應用科學方法，發展新產品：新產品永遠為顧客所企盼，也是形成差異化，領先競爭者的重要法寶。

4. 地方特色轉換為產品獨特性：將地方特色、文化特色融入產品的特色中，所行銷的不只是一項農產品，而是具有獨特性的精緻商品。

5. 活用策略聯盟，開發新市場：結合其他業者及通路業者，合作開發新市場，為產品尋找新出路。例如和便當業者、餐廳、學校、工廠合作，優先供應品質精良的便當素材。

6. 共同運銷，確保業者利益：團結業者的力量與資源，實施共同運銷，降低成本，確保業者的利益。

7. 共同品牌，塑造良好形象：農民每天忙於栽種及農園管理工作，一般都屬於小規模經營，無暇發展屬於自己的品牌，此時最有效的辦法就是透過政府的輔導，採用共同品牌行銷，創造集體績效。例如雲林縣政府所輔導的「雲林快樂豬」、「雲林綺雞」，土庫養豬合作社的「台灣珍豬」，都是共同品牌成功的典範。

8. 嚴守分級制，確保產品品質：嚴格及落實執行分級分裝制度，保證品質，方便選購、簡化行銷。

9. 落實衛生安全，為顧客健康把關：無論是生產或行銷階段，都必須把消費者的健康擺在第一順位。

10. 聯合促銷，以提高產品形象：配合政府的輔導，共同舉辦聯合促銷活動，增加消費者對產品的認知，提高產品形象。例如參加農特產品展售會、地方節慶展售會，把優良的產品介紹給廣大的消費者。

11. 關懷社會，爭取消費者認同：關懷社會，回饋社會，農產品行銷需要爭取社會的認同與支持。

12. 政府明智輔導，提升競爭力：政府提供政策性及方法的輔導，不僅可提升競爭力，也是鼓舞農民士氣的最有效的方法。

創意＋特色＝新活路

農產品帶有容易腐壞的特性，這是大多數工業產品所沒有的特性，因此農產品行銷人員必須格外謹慎處理此一特性，設法將

此一特性轉換為無可取代的優勢。行銷人員在研擬行銷策略時，需要特別掌握「快」、「準」、凸顯「特色」、加入「創意」等原則。所謂「快」就是速度要快，也就是縮短行銷通路，讓消費者盡快享受到新鮮美味的產品，進一步打響「新鮮的農產品，永遠是最好吃」的口碑。所謂「準」就是要確實了解消費者的真正需求，第一次就把正確的產品品項、品質與數量，在對的時間交到顧客手上。

此外還要凸顯產品特色及地方文化的精髓，讓消費者感受到他所買到的是有特色的精緻產品，而不只是一般的農產品。創意沒有上限，好點子不嫌多，行銷工作要做得出色，需要行銷人員發揮創意，想出別人沒有想到的方法，提供別人做不到的服務，請記得「生意」是「產生創意」的結果。

農產品的生產是典型的農業過程，需要假以一定時日，而且同類產品的收成往往集中在同一時期，這種類型的行銷正考驗著行銷人員的智慧。所幸人們的日常生活不能一天沒有農產品，人們反覆購買同一農產品的機率非常高，此一現象也給行銷人員帶來無比的信心。只要熟練以上的方向，掌握上述原則，農業產值大，需求多，農產品行銷大有可為。

經理人 實力養成

　　農產品行銷活動中，中間商扮演舉足輕重地位，完成經濟學上所稱的交換，進而達到行銷的目的。不同的中間商提供不同的專業功能，創造不同的交換價值，因此得以滿足顧客的不同需求。請思考下列問題：

1. 貴公司若是從事農產品行銷的業者，提供哪些行銷功能？成效如何？

2. 貴公司認為現行農產品行銷存在哪些問題？對農產品活路行銷有何建議？

3. 從旁觀者的立場觀之，貴公司對開啟農產品活路行銷之路有何高見？為什麼？

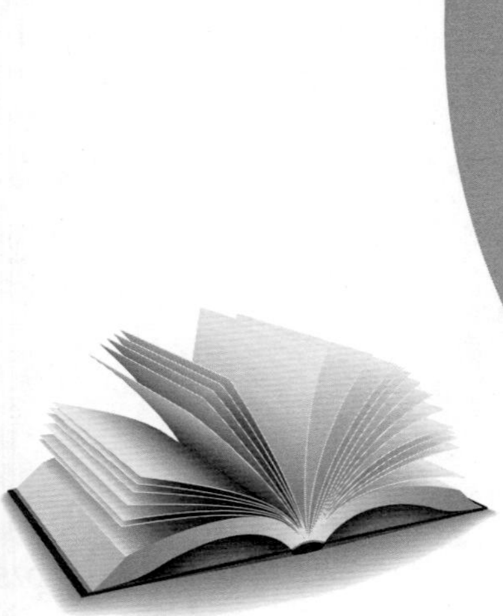

第三篇
品牌戰略篇

第一章

活化因子凸顯品牌魅力

> 品牌是企業的第二生命，要使品牌散發魅力，發揮影響力，除了需要發展差異化因子，凸顯其獨特個性之外，還必須不斷注入活化因子，消極方面可以防止品牌老化，積極作為是要展現品牌魅力。

品牌差異化因子是主品牌提供物的一部分，和品牌或產品內容、成分有關，足以凸顯品牌差異化特徵的任何要素。品牌活化因子則是指標示有品牌的產品、推廣活動、贊助活動、符號、計畫，或和標的品牌有強烈的聯想，可以強化品牌與增強品牌活力的其他實體或活動。公司在和消費者溝通與接觸時，品牌活化因子是展現品牌魅力的最佳利器。

品牌活化因子的特性

品牌是企業的第二生命，品牌的生命通常都比產品生命更長久。大多數產品都有走入歷史的時候，唯有品牌魅力不減，在廠商銳意經營之下，將此一魅力轉換為品牌權益的案例屢見不鮮，這也是企業致力於經營品牌最重要的動機。

企業建立品牌之後，要使品牌散發魅力，發揮影響力，除了需要發展差異化因子，凸顯其獨特個性之外，還必須不斷注入活化因子，消極方面可以防止品牌老化，積極作為是要展現品牌魅

力。因此品牌活化因子必須具有下列特性才足以展現品牌魅力：
必須具有能量與活力，明顯有別於毫無生氣的品牌；必須和主品
牌有密切而強烈的聯想；必須能夠明顯的強化與活化標的品牌，
不應該有「和品牌不相關」或使顧客覺得不舒服的現象；管理內
部品牌活化因子所遭遇到的問題，引導公司重視組織外部環境；
必須有助於詮釋企業的長期形象與承諾。

　　品牌活化因子有許多不同的形式，本文僅論述其中最常使用
的創意廣告、創造話題、名人背書，其餘容後再述。

創意廣告

　　創意是展現品牌活力最重要的途徑，也是最有效的方法，一
篇具有創意的廣告不僅給消費者留下深刻的印象，同時也為品牌
注入活化因子，發揮品牌魅力及影響效果。所以廠商在發展廣告
活動時都特別講究創意，廣告公司在企畫廣告方案時也都竭盡
「賣創意」的能事，期望以最佳創意的廣告打動顧客的芳心。

　　綠洲果汁上市時推出一篇十秒鐘的「新鮮果汁篇」廣告影
片，全程以無聲的廣告呈現，靜悄悄的畫面上只見一顆帶有水珠
的新鮮芭樂，一滴清澈的水珠由頂端順著芭樂果實的邊緣緩慢往
下滑動，當水珠滴進水面發出「咚」的聲音那一瞬間，才出現
「綠洲果汁」四個字的旁白，短短十秒鐘的廣告，發揮豐富的創
意，給綠洲品牌增添無比的活力。

　　歐香咖啡的「巴黎鐵塔篇」廣告，遠赴法國拍片，代言人葉
璦菱在巴黎鐵塔前輕飄轉身的美妙舞姿鏡頭，至今仍然讓人記憶
猶新；人來人往的巴黎街頭不遠處情人擁抱接吻的畫面入鏡，把
「熱情、浪漫」的氣氛表露無遺。歐香咖啡把「浪漫注入品牌個

性」的創意廣告，大手筆與大膽的作風不僅引起膾炙人口的話題，也震撼了廣告圈，最重要的是使「歐香」品牌更展現其活潑、生動、浪漫的活力。

創造話題

創造話題也是展現品牌活力的重要法寶。公司形塑品牌形象的途徑很多，其中尤以創造具有新聞價值的正面話題最具有震撼性，對於活化品牌，增添品牌魅力最有加分效果。媒體對新聞價值的定義都非常嚴謹，在取材新聞事件時也都十分審慎，沒有新聞價值的話題或事件，絕對不可能登上「新聞」殿堂。

黑松公司為形塑畢德麥雅杯裝咖啡品牌的「頂級」形象，大陣仗的邀請十四位媒體記者遠赴中南美洲的牙買加研究咖啡，同時也和東森電視台合作製播八集「漫步在咖啡館」系列新聞報導，於每天新聞播報時段各播出一集。畢德麥雅杯裝100％藍山即飲咖啡上市時，邀請牙買加咖啡局局長賀南德茲先生來台參加造勢活動，這一系列的品牌造勢活動都充滿話題性與新聞性。最重要的是一杯240cc的畢德麥雅100％藍山咖啡賣75元，創下我國杯裝即飲咖啡售價最高紀錄，當時造成一陣轟動，許多電視台都把此一創舉當作重要新聞，搶在新聞時段播報。

高雄大八日本料理推出「一元吃到飽」促銷活動，引來大量顧客，造成轟動，電視台紛紛派出採訪車採訪報導；接著推出「週三淑女日五折優惠」及「黑鮪魚吃到飽」等多項促銷活動，成功的把單純的促銷活動轉換為具有高度新聞價值的話題，引起許多電視台的刮目相看，兩家知名電視台也當作重要新聞處理，在當天的新聞時段播出此一訊息，除了吸引大量顧客惠顧之外，

更重要的是活化了「大八」品牌，拉近和顧客的距離。

名人背書

品牌可能缺乏能量，但是卻潛藏有許多現代化、附著在品牌上、充滿活力與興趣的特質，透過名人背書可以把特定名人的特質注入到品牌個性中，使品牌更凸顯人格化、現代化、生活化，達到活化品牌的目的。

名人的範圍非常廣泛，包括各領域的知名人士，從政治領袖、演藝人員、運動明星、企業主管，不一而足。名人背書顧名思義就是要創造名人的「背書」效果，為品牌與產品加持。

麥可喬登、老虎五茲、王貞治、王建民，都以高知名度的運動選手聞名，他們的體能與形象都代表許多品牌的勝利者，包括運動器材、運動服飾、保健食品、金融服務、臍帶血銀行等。有些運動品牌和運動明星建立良好的關係，並且用他們的名字做為產品名稱，例如Messi Adidas F50.9足球鞋，就是以足球明星Messi的名字命名。

林志玲為中華航空公司代言，創下「和林志玲一起遊東京」的美好形象，為華航所拍攝的月曆成為當年最搶手的月曆。孫芸芸代言日立家電產品，為日立品牌做了最美麗的背書，也為原屬硬體家電的日立品牌產品注入生動、活潑、美麗的朝氣。克萊斯勒汽車透過執行長艾科卡的背書，成功詮釋其「反敗為勝」的品牌活力。光陽機車副總經理柯俊斌代言該公司機車，除了給人留下「專業」、「信任」的形象之外，結合機車生動的演示畫面，更凸顯品牌的活化與魅力。

背書品牌所要考量的因素很多，代言人通常需要具備許多要

件，例如具有強烈吸引力的形象，與品牌有豐富的正面聯想，具有長期聯想關係，具有成本效益與可行性，避免品牌被稀釋。

　　所有的品牌都需要有充沛的活力，新品牌與既有品牌都不例外，知名的傳統品牌被認為是值得信賴、誠實、可靠的品牌，但是也常常給消費者有一種老舊、退流行、了無新意的印象。企業要永續經營，活化品牌是很重要的一環，尤其是在重要的新興市場及未來所期望的市場，更需要活化品牌，展現魅力。

經理人實力養成

　　品牌活化因子可以強化品牌，增強品牌活力的其他實體或活動。公司在和消費者溝通與接觸時，品牌活化因子也是展現品牌魅力的最佳利器。活化品牌消極方面是要防止品牌老化，積極作為是要展現品牌魅力。品牌活化因子有許多特性與不同的形式。請思考下列問題：

1. 貴公司目前擁有幾個品牌？這些品牌具有哪些特性？哪些特性最有助於發揮品牌魅力？

2. 貴公司最近五年應用哪些方法活化品牌？成效如何？

第二章

活化品牌拉近與顧客的距離

品牌需要有充沛的活力,才不會被顧客所淡忘,才能在競爭中勝出。廠商要充沛品牌活力,需要不斷注入品牌活化因子,而活化品牌也是拉近與顧客之距離的良方。至於活化活動與品牌的相關性,以及與競爭者的差異化,則是活化品牌成功的基礎。

　　無論公司賣的是什麼產品或服務,目標對象都是消費的人群,即使是寵物食品,購買者也是人,所以廠商在發展行銷策略時都把顧客擺在第一順位,努力拉近與顧客的距離,其中尤以活化品牌,貼近顧客最受矚目。

　　消費者在購買產品或服務時,都會認真辨識品牌,以品牌做為購買決策的重要依據。廠商熟諳其中的奧妙,除了努力建構品牌,塑造品牌形象之外,更致力於經營品牌,活化品牌。活化品牌最有效的方法之一就是透過各種活動,貼近顧客,和顧客互動,爭取顧客的認同與青睞。企業最常採用的活化品牌活動包括贊助活動、推廣活動、社會活動。

品牌贊助活動

　　正確的贊助活動如果執行得宜,可以活化品牌及和顧客建立強烈的關係。贊助活動通常著眼於廣告價值,以置入性行銷手法活化品牌,藉由贊助活動的高度曝光率拉近與顧客的距離,創造

良好的品牌形象。大型活動或國際性活動雖然所費不貲,但是贊助廠商趨之若鶩,甚至成為活化品牌必爭之地,就是因為曝光點佳,曝光率高,廣告價值高,對企業及品牌形象都有正面的增強效果。

贊助活動的價值端視活動規模、性質、關係、投入成本等因素而定。規模大小和接觸到消費者的多寡有直接關係,規模愈大的活動,接觸到的消費者愈多,拉近與顧客的距離之機會愈高,貼近顧客的效果也愈大,例如全國性體育、音樂、藝文、展覽等活動,可以接觸到數十萬人、數百萬人、數千萬人;奧林匹克運動會,世界棒球錦標賽,國際性博覽會等活動甚至可以接觸到數億人、數十億人。

贊助活動和品牌的結合,是一種絕佳的外部品牌活化因子。活動性質和廠商的產品屬性有密切的關係,廠商在選擇贊助活動時都會將活動性質納入考量。例如體育競賽活動場合,就是體育用品廠商活化品牌的最佳舞台。中性產品廠商操作空間之大,幾乎達到無役不與的境界,例如各種大型活動場合都可以看見汽車、電腦、家電產品、清涼飲料、速食店等廠商贊助的蹤跡。

贊助活動的主導權掌握在主辦單位手中,廠商不見得具有操作空間。活動主辦單位為確保活動的秩序與品質,對廠商的贊助都有嚴格的規範,同類產品往往具有排他性,所以贊助活動本身也非常競爭。關係良好、形象優良的廠商,在爭取贊助活動時往往略勝一籌。有些沒能順利向主辦單位爭取到贊助的廠商,利用和主辦單位的良好關係,轉戰次一層級的贊助,讓品牌照樣在活動場合曝光。

贊助活動的成本效益是廠商考量的重點之一,廠商投入龐大

的贊助成本，都希望在活化品牌上有所斬獲。有些場合的贊助需要投入龐大的資源，常非一般廠商所能承擔，於是由多家廠商共同贊助者屢見不鮮。

英國的O2行動電話公司利用贊助活動，和音樂會會場的所有權人合作，設計一套非常獨特的顧客體驗活動，鼓勵消費者在觀賞音樂會之前先參觀O2公司，結果參觀者絡繹不絕，除了大幅提高O2品牌的知名度之外，顧客和品牌也因為有深度的互動，使該品牌躍升為英國最受歡迎的品牌。

品牌推廣活動

推廣活動五花八門，令人眼花撩亂，加上推廣活動之多幾乎已經到達氾濫的境界，廠商為了要突破推廣活動的重圍，經常在思索近距離與顧客互動的品牌推廣活動，使品牌洋溢出更活潑生動的氣息。

利用品牌做為推廣活動工具的案例不勝枚舉，例如汽車廠商常舉辦「香車美人」及「新車試乘」等推廣活動，前者利用美女青春活潑的氣質來活化品牌，後者透過試乘的互動與體驗，拉近與顧客的距離。更有廠商出其不意的在捷運車廂上推廣產品，甚至大打美女牌，利用模特兒在捷運車廂內走秀，這種近距離推廣活動不僅創造行銷話題，更重要的是為品牌增添活潑的氣息。

英國Innocent公司的思慕席飲料使用品牌做為推廣活動的工具，其中最有名的是牛車「大車隊」，將車身漆成乳牛的顏色，每一部車子都有長長的睫毛與左右擺動的尾巴，而且不斷發出哞哞的叫聲。同時也使用覆蓋有草皮，會跳舞的草皮車，當車子停放時還會跳舞。車身一邊設有窗戶，可以直接遞送飲料給顧客。

這種刻意打造的汽車每天執行遞送飲料與收回容器的任務，每當公司舉辦事件行銷活動時，頻頻製造出與品牌有關的獨特氣氛，兼具有活化品牌及拉近與顧客的距離的功效。

品牌社會活動

品牌的社會活動或稱議題行銷，也是拉近與顧客距離的絕佳方法，尤其是社會顯著性高、活動持續度高、有執行保證的議題，往往可以激起消費者的熱烈參與，達到活化品牌的目的。品牌的社會活動可以在信任與尊重的基礎上，建立穩固的顧客關係，也可以因為產生有趣的構想與計畫，往往激發出有形的結果，促成顧客參與的機會，因而使品牌充滿活力。

品牌社會活動符合下列六項原則成效會更豐碩，（1）支持企業策略：凸顯公司的資產與能耐，強化品牌形象。（2）具有可信度與有效性：韓國的三星企業捐贈篩選設備給歐洲乳癌防治計畫，主要是鎖定關心三星公司目標市場的顧客群，顯示公司除了產品之外，也重視和顧客的關係。（3）賦予品牌名稱：活動若有高能見度的品牌做後盾，人們比較容易學習與記憶。惠而普利用其強勢品牌，和Habitat for Humanity建屋計畫的連結，主張使用較少的家具，贏得社會好評。（4）創造與情感的連結：情感的連結比事實與邏輯更有效，可以強化所要推廣的品牌與顧客的關係。多芬「真正美麗」促銷活動的線上廣告影片，強調全球事業對年輕女孩與婦女的影響，迅速引起強烈的情感回應。（5）溝通活動方案：溝通意味著使用正確的工具，包括網站、社交技術、公共關係、積極活躍的員工，溝通活動不宜太複雜、太冗長，簡單的使用容易瞭解的符號、標籤、必要的故事，都有

助於提高溝通效果。（6）鼓勵顧客參與：鼓勵顧客參與是贏得支持與擁護的高招，Marks & Spencer所舉辦的A計畫，提供給顧客許多不同的活動，讓顧客也可以對改善環境有所貢獻，贏得連連的掌聲。

　　品牌需要有充沛的活力，才不會被顧客所淡忘，不被顧客淡忘的品牌才能在競爭中勝出。廠商要充沛品牌活力，需要不斷注入品牌活化因子，而活化品牌也是拉近與顧客之距離的良方。至於活化活動與品牌的相關性，以及與競爭者的差異化，則是活化品牌成功的基礎。

經理人實力養成

　　活化品牌的目的就是要避免品牌老化，期望以更活潑、更現代化的方式貼近顧客，進而與顧客維持良好關係。品牌所延伸的品牌權益為公司帶來無形的價值，廠商熟諳其中的奧妙，除了努力建構品牌，塑造品牌形象之外，更致力於經營品牌，活化品牌。請思考下列問題：

1. 貴公司採用什麼方法活化品牌？最近五年成效如何？
2. 貴公司最近五年投入在活化品牌各種活動的比重為何？未來將朝哪些方向發展？為什麼？
3. 請分析貴產業主要三家競爭者最近五年活化品牌的做法與成效？

第三章　差異化因子凸顯品牌的獨特性

品牌差異化因子是指將標示有品牌名稱的提供物，積極管理品牌特徵、要素或技術、服務，以及創造有意義、有影響力之差異點的詳細計畫。擅長於掌握品牌差異化因子的公司，往往都是品牌經營的贏家。

品牌不僅為企業所重視，也是人們日常生活的一部分。企業每年投入龐大的推廣費用，目的就是要和消費者溝通企業的理念與產品特色，進而塑造、維護及提升品牌權益；消費者每天都和品牌為伍，以品牌做為購買決策的重要指引。品牌使人們的生活多采多姿，這是無庸置疑的事，沒有品牌將使人們的生活退回到黑白的時代。

品牌不只是賦予公司提供物一個名稱、符號或標誌而已，如今品牌已成為企業的核心價值與權益，更是凸顯產品個性的利器，不僅可以贏得顧客的信賴，同時也可以加速顧客的購買決策。從品牌管理的角度言，品牌需要擴大其意涵，需要提高管理層次，更需要用心經營。擴大意涵是說品牌不只是單純的品牌而已，實際上已經超越品牌的意義；提高管理層次是指要把品牌當做重要資產管理；用心經營是要創造品牌的差異化效果，方便顧客的辨識與喜愛；長期經營是要持續溝通及維持一致性形象，永

續經營企業及產品的識別系統。

品牌差異化因子

品牌之所以會產生獨特的個性，是因為品牌潛藏著有別於競爭者的差異化因子。品牌差異化因子是指將標示有品牌名稱的提供物，積極管理品牌特徵、要素或技術、服務，以及創造有意義、有影響力之差異點的詳細計畫。擅長於掌握品牌差異化因子的公司，往往都是品牌經營的贏家。

品牌要素或稱組成要件或技術，是指構成品牌差異化的基本元素，例如茶花抽出液、茄紅素、CLA苦瓜分解素等，即使顧客不一定瞭解這些要素的功用，但是也都充分發揮提高可信度的功效，因為很多消費者都認為含有這些要素的品牌是值得信賴的品牌。

品牌差異化因子不是單純在產品特性上賦予響亮的名稱，最重要的是品牌差異化因子需要擁有滿足顧客的期望，讓顧客購買或使用產品後打從心裡發出「哇！」的讚賞聲。也就是說品牌差異化因子需要有意義（顧客很在意），而且具有影響力（遠勝過無關緊要的差異性）。電腦微處理機製造廠商Intel深諳其中奧妙，利用要素品牌原理推出「Intel Inside」標誌，許多電腦廠商紛紛在各自的電腦上標示「Intel Inside」標誌，消費者在選購電腦時也都會指名要標示有「Intel Inside」標誌的產品。去年飲料市場最受喜愛的茶花飲料，拜要素品牌「茶花抽出液」差異化因子之賜，創造非凡的成功，成為飲料市場的新寵兒。愛之味蕃茄汁成功的操作「茄紅素」的差異化因子，在飲料市場獨享一片大藍天。

品牌的策略功能

　　產品標示品牌名稱具有許多策略功能，第一、品牌有助於消費者辨識產品，加速顧客的購買決策。Benz、IBM、Nokia、Sony、Acer、三菱、統一、味全，不僅讓消費者很容易辨識，而且可以加速下定購買決策。第二、品牌可以提高可信度，使公司可以進行合理化的訴求。品牌可以具體的宣稱具有所宣稱的價值與利益，不只是有意義而已，同時還具有影響力。許多有關品牌屬性的研究都明白指出，品牌具有提高產品可信度的能力。至於品牌屬性的內容如大金空調的「日本第一」，Lexus汽車的「專注完美，近乎苛求」，統一公司的「瑞穗高優質鮮乳」，萬家香的「一家烤肉萬家香」，都非常明顯的影響顧客對高價格品牌的偏好，即使消費者不甚瞭解該屬性的優越性，也都因為品牌屬性而認同高價格。

　　第三、品牌名稱使公司更容易和消費者進行溝通。品牌特性如歐樂B的行動杯，提供牙齒潔白特性的詳細資訊，使消費者容易瞭解與記得該特性。三菱汽車的三個菱形所組成的品牌標誌，讓消費者「望圖生意」，一望即知其意義。可口可樂的品牌名稱配合其流線形英文字體的設計，不僅巧妙的傳達了清涼飲料的概念，更讓消費者有一種年輕、活潑、歡樂的感覺。

　　第四、差異化所延生的品牌權益，可做為持久性競爭優勢的基礎。品牌權益使廠商理解品牌名稱在回應消費者對產品或服務的需求上，可以產生正面的差異化效果，擁有強烈權益的品牌是企業一項非常有價值的資產。競爭者或許有能力複製產品的特性、要素或技術、服務、計畫，但是產品若標示有品牌名稱，競爭者就會明顯的感受到品牌威力的存在價值。這股威力轉換的結

果就是品牌權益，品牌權益有助於在動態目標市場創造品牌差異化效果，使競爭者更難以模仿。

凸顯品牌獨特個性

差異化是企業競爭的重要策略之一，差異化同樣也適用於品牌管理上。至於品牌差異化的途徑很多，需要行銷經理發揮品牌管理的創意，從下列方向發展差異化因子，凸顯品牌差異化個性與效果，為強化企業競爭助一臂之力。

引領消費者。卓越的企業都是永遠走在消費者前面的公司，引領消費者所關心的差異化因子，才能夠在競爭激烈的市場上掀起陣陣漣漪。以消費者觀點所發展出來的差異化因子，才容易引起顧客的共鳴，創造叫好又叫座的行銷效果。例如統一公司的AB優酪乳，第一家獲得我國健康食品認證，成功的引領消費者的需求，在市場上大放異彩。

領先競爭者。領先競爭者的品牌差異化因子，可以凸顯品牌的獨特個性，使公司享有先佔優勢，例如黑松公司領先競爭者推出畢德麥雅「冰釀」咖啡，在即飲咖啡市場享有「頂級」的寶座。

簡單而有意義。簡單明瞭一向是品牌溝通的最高指導原則，消費者沒有義務記得廠商產品的品牌名稱及特性。簡單而有意義的差異化因子才容易引起顧客的共鳴，更重要的是這些意義必須能夠贏得消費者的關心與喜愛，才不至於落入廠商自己唱獨腳戲的圈套。

一致性的觀念。廠商與消費者溝通是一種長期性的工作，溝通過程中必須傳達一致性的觀念與形象，好讓廠商的品牌差異

因子得以深植於顧客內心深處，在顧客心目中佔有穩固的地位。

　　品牌差異化因子需要積極管理，用事實證明公司在建構品牌上所做的努力都是為顧客創造最大的價值。在管理品牌差異化因子時，公司更需要不斷提高目標水準，才能迎合顧客的新需求，以及滿足尚未滿足的需求。

經理人實力養成

　　消費者每天都和品牌為伍，品牌已經成為消費者購買決策的重要指引。品牌不只是單純的品牌而已，實際上已經超越品牌的意義，因此品牌管理需要提高管理層次，需要用心經營，需要方便顧客的辨識與喜愛，需要長期經營。請思考下列問題：

1. 貴公司採用哪些差異化因子凸顯品牌的獨特個性？這些獨特個性如何傳達給消費者？
2. 消費者對貴公司品牌的獨特個性認同程度如何？和貴公司的預期相吻合嗎？

第四章　品牌聯想四方向

品牌聯想是指直接或間接和顧客對品牌記憶有關的任何東西，也就是消費者一聽到品牌名稱或看到品牌標誌立刻聯想到的事物或印象。品牌聯想的範疇非常廣泛，最常見的是朝字彙聯想、顧客利益、產品特徵、國際化等方向思考。

品牌是廠商刻意塑造供顧客辨認與記憶的符號，希望留給顧客美好的印象，進而創造豐碩行銷效果的無形資產，絕對不是僅供廠商孤芳自賞的字詞。品牌命名的要領中，除了容易書寫、容易發音、容易辨識、容易記憶、具有特色…，以及國人所重視的吉祥筆畫之外，更重要的是要有正面的意義與聯想。顧客對公司與品牌的聯想，是公司很重要的持久性資產，可以反應出品牌的策略性地位。

品牌聯想是指直接或間接和顧客對品牌記憶有關的任何東西，也就是消費者一聽到品牌名稱或看到品牌標誌立刻聯想到的事物或印象，例如朋馳汽車（Mercedes-Benz）代表尊貴與地位，富豪汽車（Volvo）給人聯想到堅固與安全，凌志汽車（Lexus）「專注完美，近乎苛求」就是品質的最佳保證，法拉力賽車（Ferrari）展現出利基市場專家的本色，亞瑪遜（Amazon）以產品線寬廣聞名。

品牌定位和品牌聯想不同，但卻有著密切的關係，前者是公司品牌策略的一環，藉助品牌策略的運作，希望在顧客內心深處佔有一席之地，後者是消費者的聯想，將公司的品牌和某些事物連結在一起。品牌定位操控權在廠商，刻意型塑期望的品牌定位，然後透過傳播技術傳達給顧客；品牌聯想的思考範圍比較寬廣，廠商雖然也有操控權，但是消費者想像空間之大往往超乎廠商的操控，以致常常出現消費者的品牌聯想遠超過廠商原意的現象。

　　品牌聯想的範疇非常廣泛，各顯神通。公司在發展品牌聯想時，最常見的是朝字彙聯想、顧客利益、產品特徵、國際化等方向思考。

字彙聯想

　　字彙聯想是指消費者聽到品牌名稱或看到品牌標誌時，腦海裡最先浮現的字彙，這就是字彙聯想的效果，例如麥當勞使消費者聯想到金色拱門、麥當勞叔叔、漢堡、薯條、速食、歡樂、小朋友、慶生餐。迪士尼給人留下的第一印象是新奇、刺激、冒險、夢幻、歡樂、新科技。屈臣氏給顧客聯想到「便宜」（我發誓我最便宜）；全聯社的廣告訴求讓消費者聯想到「省錢」；消費者聽到遠東愛買立刻聯想到「最划算」；家樂福給消費者聯想到「天天都便宜」；「別家買不對，這裡可以退」則是大潤發給人印象最深刻的聯想；頂好超級市場使家庭主婦聯想到「新鮮、好鄰居」（頂新鮮的好鄰居）。

顧客利益

　　公司發展品牌聯想必須站在顧客的立場思考，型塑顧客所關

心且殷切期望的聯想，因此通常都會把焦點鎖定品牌屬性與顧客利益的連結，因為這是最容易使得上力，也是最容易迅速看到效果的著力點。屬性是指最先留給顧客第一印象某些特徵，利益則是指將屬性轉換為功能性或情感性的利益。品牌屬性與顧客利益是行銷最重要的精髓，因為兩者都明顯的呈現消費者購買的理由，同時也是品牌忠誠最重要的基礎。7-Eleven已經成為人們每天必須惠顧的商店（非常便利，包括產品、服務、時間、地點）；Starbucks則是人們談公事，會見朋友，同學聚會及打發時間最理想的地方（第三個好去處）。

產品特徵

　　產品是企業發展品牌聯想的重要標的，公司除了宣稱產品迎合顧客方便的需求之外，也強調公司的提供物在某些重要構面表現得非常優越，發展這些優越特性更是站在顧客的立場思考，以及積極實踐顧客價值主張的結果。例如可口可樂宣稱是任何食物的好搭檔；黑松沙士是最受國人喜愛的清涼飲料（消暑解渴）；可果美蕃茄汁是倒出速度最慢的蕃茄汁（濃度最高）；大同電鍋是家庭主婦最可靠的好幫手（堅固耐用）；桂格大燕麥片有助於降低膽固醇（持續吃、不中斷、更有效）；佳樂士（Kelloggs）早餐食品強調含有高纖維的穀類食品；現代汽車的Tucson訴求最省油；裕隆汽車的TIIDA標榜具有魔術空間。

國際化

　　國際化的聯想是增進品牌權益的重要策略選項。品牌名稱和公司全球化策略相結合，可以創造許多正面而卓越的聯想效果。全球化不僅代表公司的策略優勢，同時也是一股難以超越的能

耐，表示公司可以生產及行銷具有國際競爭力的產品，例如美國的麥當勞、肯德基、必勝客，日本的Toyota、Sony、Canon，我國的Acer（宏碁）、Asus（華碩）、Benq（明基）、HTC（宏達電）等公司都因為發展出全球品牌聯想而強化其品牌權益。

　　無論是哪一種聯想都有正面與反面效果，公司都希望積極發展並留給顧客具有正面效果的品牌聯想，同時也不忘避免容易被扭曲或誤解的負面品牌聯想。尤其是因為文化差異所引起的品牌聯想，例如以CCI做為機車的品牌名稱，容易給人有不吉利的聯想，以致敬而遠之；在美國暢銷的卡車Fiera，在西班牙語系國家卻落得乏人問津的下場，因為西班牙語Fiera是指醜陋的老婦人。年輕人所慣用的火星文，使品牌聯想又有不同的解讀，公司在發展品牌聯想時必須審慎。

　　公司在發展品牌聯想時，需要留意三個問題，第一、基於某些屬性的定位，在發展創新聯想初期可能非常脆弱，以致讓競爭者有捷足先登的機會。競爭者可能以後來居上的姿態發展更快的速度，更豐富的纖維，更寬廣的產品線。有人將這種現象稱為「搭便車」效應，Regis McKenna則將這種現象稱為「你將永遠會被超越」。第二、當公司開始推出一項宣稱迎合顧客所需的創新產品時，最後可能落得信任感盡失的下場。顧客可能會開始懷疑是否有任何更有效的感冒藥，更清晰的液晶畫面，更便捷的交通工具，更快速的文件傳輸方法。第三、消費者所做的決策並非永遠都以特定的規格做基礎。他們認為某些屬性上的微小差異並不重要，他們只是單純缺乏購買動機，或在這些細節上缺乏處理資訊的能力。

無論正面或負面聯想，消費者對品牌都有某些程度的聯想，行銷經理在品牌命名，<u>型塑品牌個性</u>，發展品牌聯想，管理品牌運作時，需要發揮「眼觀四方，耳聽八方」的功夫，全方位思考品牌的價值與聯想，在顧客心目中佔有一席美好的地位。

經理人實力養成

　　品牌聯想是消費者一聽到品牌名稱或看到品牌標誌立刻聯想到的事物或印象。品牌聯想的思考範圍相當寬廣，廠商雖然也有操控權，但是消費者想像空間之大往往超乎廠商的操控，以致常常出現消費者的品牌聯想遠超過廠商原意的現象。公司在發展品牌聯想時，常朝向字彙聯想、顧客利益、產品特徵、國際化等方向思考。請思考下列問題：

1. 貴公司的品牌給消費者產生什麼聯想？這些聯想是貴公司所期望的嗎？
2. 貴公司在發展品牌聯想時，最常採用哪一種思考方法？為什麼？
3. 若發現消費者對公司品牌有負面聯想，你將如何扭轉此一不利聯想？

第五章　品牌定位的策略與戰術

卓越的品牌定位必須滿足兩個條件，一是具有強烈的競爭優勢，二是足以激發消費者採取購買行動的動機。品牌定位是否充分反應出競爭優勢，定位基礎是否能夠激起消費者購買行動的動機，組合成四個象限的矩陣：徹底失敗者、力爭上游者、為人作嫁者、真正優勝者。

品牌定位是行銷成功的基本要件之一，也是公司傳播決策很重要的一環。公司擁有清楚定位的品牌，才能夠精準的將行銷訊息傳達給消費者，因此品牌定位不只是行銷活動上重要的觀念，也是行銷決策上非常有價值的策略性工具。

品牌定位有兩層意義，第一層是戰術性意義，廠商刻意為品牌塑造特定意義，透過行銷手法將此意義烙印在消費者記憶裡。戰術性意義主要是在凸顯公司的品牌比競爭品牌更優越，強調消費者為何要購買標示有公司品牌的產品與服務的理由。第二層是策略性意義，品牌在消費者心目中和競爭品牌比較結果所產生的差異性，主要是在凸顯品牌的競爭優勢。品牌的競爭優勢讓消費者容易比較公司的品牌和競爭品牌，進而激起顧客選購公司品牌產品與服務的動機。無論是戰術性意義或策略性意義，品牌定位的目的都希望在消費者心目中佔有一席之地。

Clancy與Krieg主張卓越的品牌定位必須滿足兩個條件，一是具有強烈的競爭優勢，二是足以激發消費者採取購買行動的動機。他們將品牌定位是否充分反應出競爭優勢，定位基礎是否能夠激起消費者購買行動的動機，組合成四個象限的矩陣，分別稱為徹底失敗者、力爭上游者、為人作嫁者、真正優勝者，如下圖所示。

徹底失敗者

徹底失敗者是指品牌定位既沒有凸顯品牌的競爭優勢，定位基礎也缺乏激起消費者購買該品牌產品與服務的動機，沒有任何理由可以感動消費者購買該品牌產品，這是最糟糕的品牌定位。

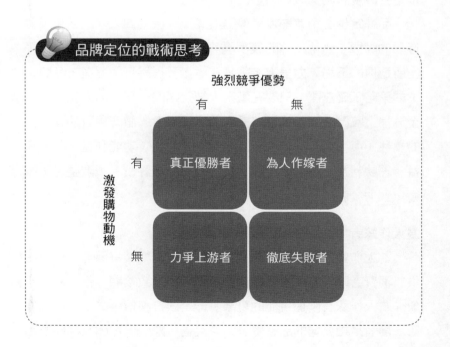

品牌定位的戰術思考

	強烈競爭優勢	
	有	無
激發購物動機　有	真正優勝者	為人作嫁者
激發購物動機　無	力爭上游者	徹底失敗者

品牌定位不能為定位而定位，必須要有豐富的定位內涵與獨特的優勢，否則既沒有競爭優勢又無法感動消費者的品牌定位，比沒有定位更糟糕，勢必會造成反效果。有些公司沒有認清品牌定位的真諦，沒有做好品牌定位的基本功課，匆忙成軍，草率上陣，因而淪為徹底失敗者，這種做法和沒有定位並沒有什麼不同。

力爭上游者

　　力爭上游者是指公司的品牌定位顯示和競爭者比較結果具有競爭優勢，但是卻無法激起顧客購買行動的強烈理由，這是品牌定位顧此失彼的結果。此時行銷經理需要展現逆水行舟的功夫，抱定突破現狀的勇氣與力爭上游的決心。

　　品牌定位必須兼顧競爭優勢與購買動機，如果缺乏激起購買行動的動機，無論品牌的競爭優勢有多強，終將落得功虧一簣，空留遺恨的下場。力爭上游就是在激勵及提醒行銷經理，品牌定位的策略正確無誤，只要在戰術上補上臨門一腳，即大有可為。至於補上臨門一腳必須站在顧客的立場思考，徹底檢討品牌定位的屬性（與產品有關、與產品無關），利益（功能利益、象徵利益、經驗利益），態度（顧客對品牌的整體評價），調整定位戰術，致力於激發消費者購買行動的動機。

為人作嫁者

　　為人作嫁者是指公司的品牌定位沒有凸顯競爭優勢，但是提供有消費者購買該品牌產品的重要理由，以致給顧客留下深刻印象。為人作嫁有兩種可能的現象，一是誤打誤撞，二是品牌傘效應。前者是指公司的品牌定位策略乏善可陳，但卻因為某些原因

意外的贏得顧客的青睞，例如搞笑版的行銷活動。後者常見於公司推出次品牌時，受到主品牌的庇蔭與背書效果等移情作用的助益，次品牌仍然受到顧客歡迎。

為人作嫁常出現在「本公司品牌」定位的思維，沒有為品牌找到獨特定位題材，以致無法使品牌凸顯明確的定位。此時行銷經理所做的努力無異是在暗助公司具有競爭優勢的其他品牌，因而稱之為「為人作嫁」，這絕對不是高明的品牌定位。值得注意的是為人作嫁必須只為「本公司品牌」作嫁，絕對不能淪為為競爭者作嫁的窘境，此時行銷經理需要精研策略性定位的功夫，致力於在定位上創造品牌的競爭優勢。

真正優勝者

真正優勝者是指公司的品牌定位充分凸顯競爭優勢，定位基礎也能有效的激起消費者的購買行動，這是最理想、最高明的品牌定位。成功的品牌之所以登上真正優勢者的定位，都因為公司進行品牌定位時做到客觀而精準的境界，客觀是要站在顧客的觀點思考，凸顯公司精心定位的品牌具有競爭優勢；精準是要務實的傳達正確的定位意涵，利用此一優勢有效激起消費者選購公司品牌的產品與服務。

許多世界知名品牌都因為定位具有競爭優勢，定位因子又能夠感動消費者，除了擁有優異的品牌定位之外，所享有的品牌權益更是價值連城的無形資產，例如可口可樂、Mercedes-Benz、Lexus、IBM、Sony，不勝枚舉。

明確的定位是品牌權益的先決要件，而品牌定位是一種長期性、持續性的工作，需要慎之於始，持之以恆，才能開花結果。

要怎麼收穫，要先怎麼栽。真正優勝者絕對不是憑空而降，也不是幸運使然，而是品牌定位功課面面俱到的成果。力爭上游者需要強化品牌定位戰術，為人作嫁者需要調整品牌定位策略。徹底失敗者必須從新思考品牌定位策略與戰術，脫胎換骨，重新定位。

　　無論公司的品牌定位為何，都會給消費者引發某種或某些聯想，因而形成品牌形象。定位是公司刻意型塑及精心傳播的品牌特性，聯想與形象往往超越公司的預期，有正面的聯想，也有負面的形象，行銷經理在尋求品牌定位時，除了要凸顯品牌的競爭優勢與激起購買行動之外，也需要站在顧客的立場思考可能的聯想與形象。

經理人實力養成

　　公司擁有清楚定位的品牌，才能夠精準的將行銷訊息傳達給消費者。品牌定位有兩層意義，一是戰術性意義，主要是在凸顯公司的品牌比競爭品牌更優越，二是策略性意義，主要是在凸顯品牌的競爭優勢。無論是戰術性意義或策略性意義，品牌定位的目的都希望在消費者心目中佔有一席之地。請思考下列問題：

1. 請從策略觀點描述貴公司品牌的獨特意義。
2. 請從戰術觀點描述貴公司品牌的獨特意義。
3. 請參照Clancy與Krieg的論點檢討貴公司的品牌定位。

第六章　成功品牌十大特徵

> 品牌不只是品牌而已，品牌所代表的是公司提供給顧客的價值主張，是公司對顧客的長期承諾，也是消費者辨識公司及其產品與服務的首要標誌。品牌經營結果會在消費者心目中產生一種價值，就是品牌權益，與公司的成功息息相關。

品牌是企業的第二生命，是公司刻意設計來和消費者溝通的文字、數字、符號、圖案，或以上各要素的組合。品牌不只是品牌而已，品牌所代表的是公司提供給顧客的價值主張，是公司對顧客的長期承諾，也是消費者辨識公司及其產品與服務的首要標誌。品牌經營結果會在消費者心目中產生一種價值，此一價值反應在公司的效益就是品牌權益。品牌經營與公司的成功息息相關，所以公司都願意投入巨資，刻意塑造有利的品牌形象，企盼有朝一日登上成功品牌的殿堂。

許多品牌因為被消費大眾公認為成功品牌，在顧客心目中擁有強烈而正面的聯想與記憶，因而享有價值連城的品牌權益，例如2010年可口可樂的品牌價值高達704億美元，居全球品牌之冠，其次是IBM的647億美元，微軟的品牌價值608億美元，排名第三。

品牌都可以塑造成為成功品牌嗎？成功品牌為何成功？成功

品牌是否有某些共同的特徵？這些都是非常耐人尋味的問題，也是行銷經理很想知道的答案。如同成功的名人都有某些共同特徵一樣，成功品牌之所以成功也有某些共同特徵，Kevin L. Keller 的研究指出，成功的世界級品牌具有下列共同特徵。

1. 傳達顧客所期望的真正利益

顧客選購家電產品時，都希望買到完美無缺，物超所值，經濟省電，服務周到，保固完整的產品。日本松下電器公司熟諳消費者所期望的真正利益，除了透過Panasonic品牌傳達該公司所信奉的ideas for life理念之外，同時也在各種媒體廣告上強調智慧節能科技ECO NAVI，精準的掌握顧客的需求與期望，有效傳達顧客所企盼的利益，贏得非常高的評價。

2. 保持品牌一貫的攸關性

攸關性是指公司經常傾聽顧客的聲音，使公司品牌和顧客喜好的改變、顧客對產品的新需求、顧客對改進產品的期望等，永遠保持務實而密切的關係。例如統一公司精研及掌握消費者對食品口味改變的脈動，不斷推出各種新口味及新包裝的食品，憑著此一專注執著的精神，使該公司贏得食品王國的美譽。

3. 定價植基於顧客知覺價值

產品定價有許多策略可循，有些產品的定價注重反應成本，有些追求最大利潤，有些主張滲透市場，有些採取競爭導向，有些講究顧客的知覺價值，不一而足。相較於其他競爭品牌，Cartier（珠寶）屬於價錢昂貴的品牌，但是其高昂的價格除了和高品質及高可靠性相稱之外，更是地位、尊榮、非凡的象徵。

4. 品牌擁有明確的定位

品牌定位是公司想要留給顧客最深刻的印象，成功的品牌定位使公司的品牌在顧客心目中佔有一席之地。成功品牌都擁有明確而獨特的定位，明確才不至於混淆不清，獨特才足以凸顯與眾不同的差異化價值。例如汽車產業的賓士象徵尊榮與地位，富豪給人留下堅固、安全的印象，Lexus代表品質卓越（專注完美，近乎苛求），福特標榜讓顧客的生活多采多姿（活得精采）。

5. 品牌具有一致性

一致性是指公司的品牌不至於經常改變其定位，也不會輕易的重新定位。消費者信賴某一品牌是因為記得其長期且一致性的定位，這些長期一致性的定位就是品牌權益的主要來源。許多知名品牌如黑松（已有87年歷史）、大同（94年）、郭元益（145年）、黑人牙膏（63年），都因為長期維持一致性定位，不僅是消費者熟悉的品牌，更是人們日常生活的一部分，贏得永不改變的「老朋友」之親切感。

6. 品牌組合與層次有意義

每一個品牌都是公司品牌組合的一部分，採取多品牌策略的公司，通常都會在品牌傘的卓越協調之下，不僅針對不同系列產品賦予不同的品牌名稱，同時也使品牌層次分明，富有意義，各具特色，整體品牌組合最有利於公司創造競爭優勢，絕對不是各自為政或互相衝突的品牌。

7. 品牌可用來協調行銷活動

成功的品牌善於應用大眾傳播媒體做整合行銷傳播，把公司

行銷資源做最有效的應用。一方面和消費者做廣泛的接觸，溝通品牌（產品）的內涵與意義，以品牌為中心協調公司的行銷活動，另一方面可以達到公司品牌定位策略目標。

8. 經理人理解品牌對顧客的意義

品牌是公司和顧客溝通的標的，成功品牌的經理人都理解消費者對品牌的喜好，理解顧客對品牌的核心聯想，因而更有助於掌握公司未來品牌精進方向，以及公司該採取什麼策略行動。瞭解顧客時最重要的是要瞭解品牌對顧客的意義，然後再決定選用哪一種大眾傳播媒體，為品牌作最佳定位與最有效的溝通。

9. 品牌獲得適切而長期的支持

成功品牌為了要永遠保持其成功的動能，經理人必須要有過人的眼光與決心，除了要有足夠資源投入之外，策略運作上的支持也不可或缺。品牌經營是一種長期性的工作，公司需要將資源的使用視為長期投資，例如可口可樂貴為全球最有價值的世界級品牌，每年仍持續投入巨資以維持其世界級的地位。

10. 公司不斷偵測品牌權益的來源

持續不斷的研究是偵測品牌健康的絕佳方法。偵測品牌就和人們每年做健康檢查一樣重要。偵測可以發現公司品牌在消費者心目中的地位是否有所改變，進而採取必要的改進行動。品牌經理偵測品牌運作情況，瞭解品牌權益的變化及潛在問題，可以確認是否需要改變品牌管理策略。

品牌是公司產品決策之一環，品牌管理不僅在公司行銷策略中佔有舉足輕重的地位，同時也躍升為企業競爭優勢的關鍵指標

之一。他山之石，可以攻錯，行銷經理以世界級品牌為師，瞭解成功品牌的特徵，有助於使公司的品牌發展與管理更上一層樓，幫助公司創造更輝煌的績效。

經理人實力養成

　　品牌是企業的第二生命，品牌經營結果會在消費者心目中產生一種價值，此一價值反應在公司的效益就是品牌權益。品牌經營與公司的成功息息相關，所以公司都願意投入巨資，刻意塑造有利的品牌形象，企盼有朝一日登上成功品牌的殿堂。請思考下列問題：

1. 貴公司認為目前使用的品牌有機會塑造成為成功品牌嗎？為什麼？

2. 請參照Kevin L. Keller的論點，評估及說明貴公司目前使用的品牌具備哪幾項成功品牌的要件？

3. 要成為成功品牌，貴公司未來將採取什麼策略？為什麼？

第七章　領導品牌的廣告優勢策略

　　廣告要求有效，訴求的調性必須做到獨樹一格，廣告表現要帶有生活化的濃厚氣息，和消費者的現實生活相結合，創造共鳴效果。廣告主或廣告公司要瞭解公司的喜好，產品與服務的特性，目標消費群的特徵與企盼，競爭品牌的特色與弱點，清楚的闡釋公司品牌的意義，以及和競爭品牌的差異，量身打造屬於自己的廣告。

　　廣告訴求是廣告策略最重要的要素之一，也是決定廣告成功的關鍵因素。廣告訴求也稱為廣告主題，屬於廣告作業中「說什麼」的領域，是廠商用來吸引消費者的注意力，影響他們對產品或服務的態度與情感的誘因。許多研究都證實，廣告訴求對消費者的廣告態度與購買意願都有正向的影響，所以廠商都極盡所能的在廣告訴求上下功夫。廣告訴求隨著分類方式之不同而各異其趣，廠商在發展廣告策略時都會視產品種類與特性，選擇最適合的訴求方式。

　　公司的產品在產業產品類別中所佔地位不同，所選用的廣告訴求方式也各不相同。質言之，領導品牌在尚未有強勁競爭對手的優勢條件之下，其廣告訴求和追隨品牌往往有著明顯的差異。產品類別領袖的廣告訴求方式，通常以選擇產品領袖訴求法與先

發制人訴求法最有效。

產品領袖法

產品類別領袖是指公司的產品在該類產品中享有很高的市場佔有率,而且和第二名有很大的距離。市場佔有率高意味著市場上所銷售的產品絕大部分是公司的產品,此時最明智的做法就是採取擴散策略,擴大該類別產品的市場,把市場大餅做大之後,最大的贏家仍然是位居該類產品領袖的公司。創新類別產品上市初期,先占廠商通常享有先占優勢,因而也擁有很高的市場佔有率,適合採用這種策略。此外還有經過激烈競爭之後存活下來的長銷型產品供應廠商,享有相對穩定的市場領導地位,也常常採用此一廣告訴求策略。

擴大產品市場的方法很多,有產品領袖單一公司默默耕耘者,有少數幾家寡占公司聯手炒作者,也有產業內多數廠商一窩蜂投入者,不一而足。單一公司獨撐大局要擴大市場,在擴散速度上難免有其限制,但是基於肥水不落外人田的策略考量,還是有公司願意默默耕耘,不動聲色的享受大幅成長與超常利潤的美味。此時公司的廣告目標是要擴大該品類產品的市場,因此廣告訴求的重點通常都只標榜產品的創新與利益,不刻意強調品牌。康寶濃湯曾推出「濃湯是很好的食品」,「不要忽視濃湯的影響力」的廣告,訴求重點在於濃湯的優點與利益,不刻意強調「康寶」品牌,就是運用這種廣告策略。

單一公司要擴大產品市場確實不容易,於是廠商基於「戲碼愈多,自然會有愈多人觀賞」的想法,常常結合幾家寡占競爭者的力量,甚至由領導廠商鼓勵競爭者一起投入,共同炒作,試圖

擴大該類別產品市場，所擴大的市場絕大部分仍然由這幾家寡占廠商共享，因此還是會有趨之若鶩的廠商。此時廠商的廣告策略除了訴求產品的特點與利益之外，也各顯神通的強調自己的品牌，試圖在激烈競爭中建立自己的品牌形象，贏得更大的市場佔有率，提高品牌投資的成本效益。罐裝即飲咖啡上市前幾年，領導廠商鼓勵同業一起投入產銷行列，共同擴大市場，就是採用這種策略。

產業內多數廠商一窩風投入時，通常都是產品生命週期已經進入成熟期，競爭已經白熱化，跟隨的廠商為了想分得市場一杯羹，紛紛進入市場，加入共同擴大市場的行列，此時的廣告策略偏重在強調品牌形象，產品的特色與利益並非廣告訴求的重點。但是產品生命週期已經進入成熟期，市場擴大效益有限，以致難免掀起價格競爭。

先發制人法

先發制人策略有點像小朋友玩佔地盤遊戲，有著先佔先贏的味道。任何一個構想、方法、名稱，只要有廠商率先使用，儘管沒有專利權、商標權或獨家使用權的保護，但是既然有廠商率先使用，競爭者都很忌諱跟進，因為跟進的結果無異是在為率先使用的廠商抬轎子。

產品類別領袖因為享有規模經濟優勢，行銷資源相對豐富，常常採用先發制人的廣告策略，以收先聲奪人之效。當廣告主的產品或服務屬於稀有，或產品功能在競爭品牌間具有顯著差異時，採用先發制人策略特別有效。這種優勢訴求可以有效阻止競爭廠商做同樣的訴求，例如畢德麥雅咖啡率先訴求應用「冰釀」

工法產製的咖啡，使得同樣也想要標榜「冰釀」或「冰滴」咖啡的競爭廠商為之卻步。又如日產汽車公司面對同業激烈的競爭，當年推出Maxima型車汽車時，先發制人的將該型汽車定位為「四門跑車」，雖然絕大多數轎車都有四個車門，但是Maxima率先訴求「四門跑車」，先聲奪人的結果使得銷售量迅速竄升43％，而且絲毫不受調漲價格的影響。

先發制人策略所使用的構想、方法、名稱，除了對消費者有意義之外，更需要有獨特的創意，想競爭者沒有想到的構想，做競爭廠商做不到的創意，而且這些構想與創意還必須對產品與服務有強烈的加分效果。以這樣的素材做為廣告訴求才容易塑造獨特形象，產生共鳴效果，進而激起消費者的購買行動。

廣告訴求講究新鮮、新潮、新奇、獨特，最近有幾則廣告採用穿著新潮的美女在捷運車廂內活動，在大馬路紅綠燈前的斑馬線上來回走動，雖然令人看不懂他們在做些什麼，但是這種新奇、大膽的作風確實引起不少話題。從廣告創意與價值言，這幾則引起話題的廣告已經先聲奪人的達到創造廣告效果目的。

廣告訴求的方法很多，廣告要求有效，訴求的調性必須做到獨樹一格，廣告表現要帶有生活化的濃厚氣息，和消費者的現實生活相結合，創造共鳴效果。因此廣告主或廣告公司在發展廣告訴求時，需要瞭解公司的喜好，產品與服務的特性，目標消費群的特徵與企盼，競爭品牌的特色與弱點，然後清楚的闡釋公司品牌的意義，以及和競爭品牌的差異，量身打造屬於自己的廣告，絕對不是人云亦云的盲目跟隨。

產品領袖訴求法和先發制人訴求法並非互相排斥的單一方

法，而是具有相輔相成的特性，產品類別領袖廠商在發展廣告訴求策略時往往同時採用兩種或更多種方法。廣告的目的是要和消費者溝通，幫助公司銷售產品，然而世界上沒有最佳產品，行銷活動所賣的所有產品都是基於顧客或準顧客的認同，獲得顧客認同的產品才是真正有發展潛力的產品，沒有獲得顧客認同只不過是一種幻想罷了。

經理人 實力養成

　　廣告訴求也稱為廣告主題，屬於廣告作業中「說什麼」的領域。公司的產品在產業產品類別中所佔地位不同，所選用的廣告訴求方式也各不相同。領導品牌在尚未有強勁競爭對手的優勢條件之下，其廣告訴求和追隨品牌往往有著明顯的差異。產品類別領袖的廣告訴求方式，通常以選擇產品領袖訴求法與先發制人訴求法最有效。請思考下列問題：

1. 貴公司的品牌屬於產業的領導品牌或後發品牌？
2. 貴公司的品牌若屬於產業的領導品牌，採用什麼訴求策略？為什麼？
3. 貴公司的品牌若屬於產業的後發品牌，採用什麼訴求策略？為什麼？

第八章

延伸與調適：行銷長的策略抉擇

產品決策是行銷策略重要的一環，產品是公司提供給顧客用來滿足需求的標的，溝通則是公司向顧客傳達產品訊息的相關活動，公司必須衡諸競爭環境，評估本身優劣勢與獨特能耐，量身訂做適合自己的產品策略。

公司在發展行銷策略過程中，行銷長與決策當局最關心、最有興趣，也是最困難抉擇的工作項目之一，就是公司所行銷的產品與品牌到底是採取延伸策略（Extension Strategy）、調適策略（Adaptation Strategy）或創新策略（Innovation Strategy）。尤其是在市場上佔有一席之地的公司，更需要在這三種策略方案中做明智的抉擇，因為這三種策略選項都有一定的困難度，也都需要投入相當的資源，所以決策的正確性與可行性，關係行銷成敗至深且巨。行銷視野擴及全球市場的企業，更需要考慮地理、文化、風俗、民情、習慣的差異，在產品與品牌決策中做明確的選擇。

公司的經營目標各不相同，所面臨的市場需求各異其趣，行銷長在發展產品與品牌策略時，通常會面臨延伸或調適的抉擇。延伸策略是指公司將現有產品或品牌延伸使用於新產品，至於調適策略是指公司為滿足不同市場的差異化需求，適度調整產品或

品牌的一種方法。

公司所發展的產品與品牌定位、特性，提供給顧客的利益與價值，需要透過各種傳播媒體和消費者進行溝通。產品與品牌和消費者接觸最直接，互動最頻繁，因此產品發展與溝通方式乃成為產品策略的核心議題。公司在發展產品與溝通策略時，可朝沿用現行策略或發展新策略兩個方向思考，此一思考模式可組成產品延伸及溝通延伸、產品延伸及溝通調適、產品調適及溝通延伸、產品調適及溝通調適四種策略矩陣，如下圖所示，再加上跳脫延伸及調適的桎梏所採取的創新策略，讓行銷長有很寬廣的揮灑空間。

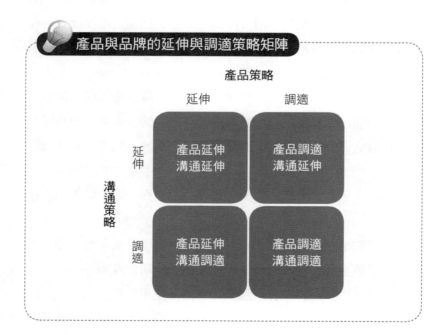

產品延伸及溝通延伸

產品與溝通都享有競爭優勢的公司，通常都會順勢而為，透過延伸產品線，善用既有的良好形象，降低成本，擴大領先競爭者的距離。愛之味公司率先引進無菌冷充填及雙酵微分解技術進入飲料市場，採用產品延伸策略成功的豐富產品線，從愛之味純濃燕麥到快樂健康奶，從鮮採蕃茄汁到雙健蕃茄汁，從油切綠茶、分解茶、山苦瓜茶到雙健茶王。保力達公司藉由延伸溝通策略，發揮廣告綜效，不斷以嶄新題材詮釋「明天的氣力」廣告主軸，成功的鞏固市場領導地位。

產品延伸及溝通調適

不同文化的消費者對某些產品有著相同的需求，廠商採用產品延伸策略通常可以奏效，但是與顧客溝通方式則需要做某種程度的個別調適，才容易發揮溝通效果。戴爾(Dell)電腦的售價在日本強調直銷才有如此優惠價格，但是在中國大陸則強調國際品質本土價格。美國Campbell公司的濃湯產品，在墨西哥採用4～5人份大包裝，在巴西則採用一人份小包裝，因為墨西哥家庭成員人數較多，以家庭消費為主，而在巴西以迎合個人消費為主。我國早期的消費也以家庭為中心，糖果餅乾以大包裝為主，隨著消費習慣的改變，廠商紛紛調整與顧客溝通方式，採用大包包小包策略，大包裝中細分為許多小包裝，迎合個人消費趨勢的需求。

產品調適及溝通延伸

不同文化的消費者對產品有不同的需求，廠商必須開發迎合消費者需求的產品，至於與顧客溝通方式常有許多共通特點，此時採用延伸溝通策略可以廣收綜效。麥當勞在德國供應啤酒，在

法國銷售葡萄酒；在美國銷售牛肉漢堡，在印度不賣牛肉漢堡，在印尼、馬來西亞等回教國家不賣豬肉漢堡而改賣羊肉、雞肉漢堡。7-11在西方國家賣熱狗，在台灣賣茶葉蛋、叉燒包。可口可樂公司在美國賣的果汁稱為Minute Maid，在台灣取名為「美粒果」，在大陸則改稱「美汁源」。許多國外產品進入我國市場後，延續使用在國外成功的廣告影片，不僅迅速進入市場，而且降低廣告製作成本，例如與日本合作的汽車廠商，直接播放在日本廣受歡迎的廣告影片，有助於贏得顧客信任。

產品調適及溝通調適

　　這是比較複雜的一種產品決策，顧名思義是要同時調整產品與溝通策略，雙管齊下，難度雖高，但是卻更有助於迎合顧客的多元需求。進入國際市場的企業，為因應多元文化消費者的需求，無論是產品發展或與消費者溝通方式都需要做某些程度的調適，例如要銷售到台灣的汽車，必須把駕駛座置於左邊；要賣到芬蘭的汽車，必須將車燈開關與汽車引擎連結在一起；要銷售到中國大陸的家電用品，電壓必須是220福特。同樣是結婚禮俗用品，要賣到台灣必須懂得紅色代表喜氣洋洋，要銷售到日本、韓國需要凸顯白色代表純潔無暇。麥當勞在不同國家所賣的漢堡，不僅口味需要迎合當地消費者的需求，廣告表現方式也需要視媒體的可用性而調整。

產品與品牌創新策略

　　企業為了要在激烈競爭中脫穎而出，常常發現儘管在產品發展及溝通方式做了延伸與調適，仍然感到力有未逮，難有突破，於是紛紛採取產品創新的多樣化策略，跳脫產品延伸的思維，不

僅努力在產品上凸顯創新的差異化，品牌命名也走創新概念與多品牌策略，期望以嶄新姿態與高度綜效贏得市場。可口可樂公司推出透明汽水命名為雪碧，橘子汽水稱為芬達，果汁稱為美粒果、Qoo，水飲料稱為水瓶座；黑松公司的果汁命名為綠洲，易開罐即飲咖啡命名為韋恩，杯裝即飲咖啡稱為畢德麥雅，運動補給飲料稱為FIN，水飲料稱為天霖水，這些都是產品與品牌創新的最佳案例。

　　品牌創新有助於使公司跳脫習慣領域的桎梏，可以給顧客帶來全新的感覺，因而建立嶄新品牌形象；此外，多品牌策略容易在行銷上發揮綜效，比競爭者更容易贏得競爭。但是塑造及培養新品牌需要投入龐大資源，常非小規模公司所能承擔，所以公司在發展多品牌策略時需要三思。

　　產品決策是行銷策略重要的一環，產品是公司提供給顧客用來滿足需求的標的，溝通則是公司向顧客傳達產品訊息的相關活動，公司必須衡諸競爭環境，評估本身優劣勢與獨特能耐，量身訂做適合自己的產品策略。延伸與調適策略有多種組合，產品與品牌創新則是一種嶄新選擇，行銷長需要從中做出最佳抉擇。

經理人實力養成

　　產品與品牌到底是採取延伸策略、調適策略或創新策略，一直是公司的困難抉擇，也是考驗行銷長策略智慧的重大議題，因為這三種策略選項都有一定的困難度，也都需要投入相當的資源，所以決策的正確性與可行性，關係行銷成敗至深且巨。行銷視野擴及全球市場的企業，更需要考慮地理、文化、風俗、民情、習慣的差異，在產品與品牌決策中做明確的選擇。請思考下列問題：

1. 貴公司發展新產品時，最常採用本文所論述哪一種策略？為什麼？
2. 貴公司是否營造有利於創新的企業文化？創新策略是否普遍被認同？

第八章　延伸與調適：行銷長的策略抉擇

119

第四篇
廣告心法篇

第一章　幽默廣告的神奇效果

　　良好的廣告創意不僅可為產品塑造令人印象深刻的記憶，為品牌打造高超的知名度，為公司創造可觀的營業績效，更可以使廣告公司贏得喝采。幽默訴求的廣告若具有卓越的創意，足以創造正面的影響效果，則可望帶來神奇的廣告效果。

　　廣告主要是在賣創意，而創意的產生是一種非常專業的工作，需要有超越常人的觀察力，豐富的想像力，卓越的創造力，以及拉近和顧客距離的親和力。廣告創意通常是得力於創意人（Creative Man）所表現出來的創造力，因此創意人是廣告公司的靈魂人物自不待言。良好的廣告創意不僅可為產品塑造令人印象深刻的記憶，為品牌打造高超的知名度，為公司創造可觀的營業績效，更可以使廣告公司贏得喝采。

　　廣告活動通常都需要投入相當可觀的資源，包括金錢、時間、創意與精神，因此廠商在企劃一項廣告活動時都特別審慎與用心，希望藉助廣告活動的優越表現，創造出令人滿意的結果。廠商在設計廣告活動時，都會審慎評估及思索廣告訴求方式，期望選擇和產品或服務特質互相匹配的廣告訴求方式，創造足以讓消費者留下深刻印象的記憶，感動消費者，進而促成採取購買行動。

廣告訴求方式有多種選擇，例如理性、感性、幽默、恐懼、惱人、性訴求等，都是常見的廣告訴求方式。每一種廣告訴求方式各有其理論基礎，也各有其獨特的優點與限制，應用之妙，存乎一心，最重要的是必須和公司的文化、產品特質、目標視聽眾的感受，以及社會的觀感互相匹配，才容易達成廣告目標。

　　幽默訴求的廣告常以輕鬆、風趣、滑稽、詼諧、搞笑等表現方式，耐人尋味，印象深刻。幽默訴求的廣告效果會受到熱情與有趣主題的影響，許多研究都證實年輕、教育水準較高、專業人員、上層社會人士等，對幽默訴求廣告的接受度比較高。

風趣式幽默廣告案例

　　三菱汽車的Lancer Fortis推出一則「加個油吧！」的風趣式幽默電視廣告，配合簡短的一句幽默雙關語，以及微妙微翹的表現手法，獲得很高的評價，成功的為熱戀情侶所企盼的「甜蜜、幸福、滿足」做了「進階」的最佳詮釋，因而給消費者留下深刻的印象。故事情節描述一對熱戀中的情侶開著Lancer Fortis汽車在郊外兜風，途經風景美麗的海邊時，勾起女主角甜美而難忘的回憶，於是興奮的高喊著「你看，我們第一次約會的地方耶！」此時男主角適時掌握求婚的絕佳機會，順口說出「嫁給我吧！」不知是女主角真的沒聽清楚或是故弄玄虛（廣告表現的微妙之處），利用既期待又想確認口吻直問：「什麼？」。男主角更巧妙的利用幽默雙關語回答：「我是說，加個油吧！都開這麼久了，我以為…」。此時只見女主角露出甜美的微笑，慷慨大方的連說兩次「好啊！」。男主角欣見目的已經達到，神情自若的開著車，女主角則溫馨的握住男主角的手，同時將頭靠在男主角的

身上，滿臉露出「甜蜜、幸福、滿足」的笑容。這一則幽默、寫實的「人生進階」廣告，不僅給人留下美好的回憶，也給Lancer Fortis汽車帶來「甜蜜、幸福、滿足」的聯想。

滑稽式幽默廣告案例

　　保力達公司所推出的蠻牛提神飲料，多年來一向採用滑稽式的幽默訴求廣告，在廣告圈引起廣大的回響，所使用膾炙人口的廣告詞「你累了嗎？」也成為人們茶餘飯後的輕鬆話題，給人留下深刻的印象與詼諧的聯想。去年再推出「啤兒綠茶」新產品，繼續沿用滑稽式的幽默訴求，一口氣拍攝三支令人玩味的電視廣告，廣告主題強調「啤兒綠茶」是茶不是酒，輕鬆、詼諧的廣告表現手法，連交通警察、學校教官、法院法官都在電視廣告影片中入鏡，搭配簡單明瞭的「好喝，好喝」廣告詞，博得不少笑聲，也給人留下深刻的印象。

微妙的廣告表現剖析

　　這兩則廣告都採用幽默訴求方式，所不同的是廣告表現手法各異其趣，各有巧思，可貴的是都和產品特徵有著天衣無縫的結合。三菱汽車所廣告的是Lancer Fortis汽車，是屬於高價值的耐久財，採用風趣式幽默手法，成功的詮釋熱戀中的年輕情侶所企盼「人生進階」的意境，輔之以幽默的雙關語為廣告活動劃下完美的句點。保力達公司所廣告的是飲料品，屬於低涉入的便利品，在產品差異性難求的情況之下，選擇透過簡單明瞭的滑稽式幽默廣告，爭取在消費者記憶中佔有一席之地。

　　這兩則廣告也都因為訴求方式及表現手法特殊，因而創造了良好的廣告效果。其中有四個值得喝采的共同點，第一是採用感

性訴求方式，避開產品功能的陳述（因為和競爭產品的同質性很高），而以幽默的手法凸顯廣告的說服效果。第二是採用非名人廣告代言，聰明的把廣告表現焦點集中在產品上，成功的加深消費者對產品的印象。第三是精準的瞄準目標消費群，充分掌握消費者的心理與需求，大幅發揮廣告的影響效果。第四是採用簡單明瞭的廣告用詞，正確的傳達廣告訊息，有效達到與消費者溝通的目的。

　　幽默訴求的廣告通常會搭配誇張的表現手法，以創造幽默、滑稽，甚至搞笑的效果。三菱汽車與保力達公司的廣告也循著此一手法切入，例如Lancer Fortis汽車行駛中，女主角溫馨的握著男主角的手，同時將頭靠在男主角身上，就行車安全言是有點誇張。啤兒綠茶的廣告中交通警察、學校教官、法院法官搞笑的滑稽動作，則屬於很誇張的表現，視聽眾的評價雖然不一，但卻創造了十足的廣告效果。

幽默廣告的表現原則

　　廠商採用幽默訴求廣告，目的是要博取視聽眾輕鬆、愉快、風趣、詼諧的感覺，進而對所廣告的產品產生良好的聯想與深層的記憶，甚至激起購買行動。一般而言，幽默訴求廣告若具有卓越的創意，足以創造正面的影響效果，則可望帶來神奇的廣告效果。但是幽默訴求也不是無往不利的萬靈丹，許多研究都發現幽默訴求廣告的影響力不如直覺訴求方式的強勁有力，因為幽默訴求廣告的說服效果常常比不上非幽默廣告。更有研究指出如果廣告只是在搞笑、好玩，無異是花費高昂的代價購買短暫的笑聲罷了，這種笑聲通常都不會持續太久。

　　在下列四種情況之下，幽默訴求廣告通常難逃廣告效果不佳的命運，（1）幽默訊息對消費者的理解與感受產生負面的影響，（2）幽默訊息曝光幾次後，幽默效果銳減，再也沒有幽默的感覺，（3）幽默訊息雖然可以吸引人們的注意力，但卻無法提高廣告的說服效果，（4）花費不貲，卻沒有幽默感的廣告。

　　最重要的是廠商在創作幽默廣告時，必須要保持一定水準的幽默格調，避免淪為低俗不雅的圈套，同時也必須符合法令及社會公序良俗的規範，不要因為搞笑搞過頭而使廣告效果大打折扣，廠商在選擇廣告訴求策略及廣告表現手法時，必須將這一點銘記在心。

經理人實力養成

　　廣告訴求方式五花八門，表現手法各有巧思，視聽眾對廣告效果的評價也各異其趣。幽默廣告訴求是想要藉助幽默表現手法達到廣告效果，這種廣告創意的發想需要有細緻的觀察力，豐富的想像力，偉大的創造力，極致的親和力，而且需要和公司文化、產品特質、目標視聽眾的感受、社會觀感相匹配。請思考下列問題：

1. 貴公司最近一年的廣告採用哪一種訴求方式？主要思考點為何？

2. 請檢視貴公司廣告創作的觀察力、想像力、創造力、親和力，是否達到你的要求水準？

3. 這些廣告是否和貴公司文化、產品特質、目標視聽眾的感受、社會觀感相匹配？有無引起負面的反應？

第二章　許消費者一個安全的承諾

恐懼訴求是廣告活動常常採用的一種表現手法，目的在藉助廣告訊息的恐懼式表達，喚起消費者的風險意識，同時強調使用廣告中的產品可以有效消除這種恐懼心理。恐懼訴求雖是很有效的廣告表現手法，但是恐懼程度宜適可而止，恰到好處，以免因過度恐懼而引起反效果，造成消費者視而不見的後果。

心理學家馬斯洛（Abraham H. Maslow）所提出需求層級理論的第二層級指出，人們都有安全的需求，當生理需求獲得滿足後，接下來就是追求安全與保障，希望人身有安全，工作有安定，健康有保護，風險有保險，生活有保障。

廠商在洞悉消費者的安全需求之後，都會極盡所能的利用任何可行的方法，激起消費者採取購買行動。激起人們安全需求的方法很多，有正面訴求法，也有負面訴求法。前者採用積極、正面的廣告表現方法，激發人們的安全需求，溫和的說服採取購買行動；後者利用負面、恐懼訴求方法，勾起人們追求安全與保障的急迫感，進而迅速採取購買行動。

恐懼訴求是廣告活動常常採用的一種表現手法，目的就是在藉助廣告訊息的恐懼式表達，喚起消費者的風險意識，同時強調使用廣告中的產品可以有效消除這種恐懼心理。許多研究都證

實，恐懼訴求方式的廣告在激起人們迅速採取行動方面非常有效，因此廠商都競相採用。

　　從廣告媒體的觀點觀之，常見的恐懼訴求廣告可區分為文字式、數字式、圖片式、影片式恐懼訴求，這四種訴求方式也都因為配合媒體獨特特性，而發揮「殺很大」的廣告效果。

文字式恐懼訴求

　　文字式恐懼訴求是指利用文字或語言描述技巧的一種恐懼訴求，指出消費者為何需要廣告中所陳述產品的理由，達到提醒或激起購買行動的目的。文字式恐懼訴求因為受限於文字或語言的表達，通常都採用相對溫和的表現方式，除了在廣播媒體單獨使用之外，通常都結合平面媒體、廣播媒體、電視媒體、網路媒體，做為廣告組合呈現的一部分。例如廣播電台所播出的藥品廣告，通常都詳細描述人們常見的疾病及其症狀，以及廣告中的產品有助於紓解所陳述的病痛，進而激起消費者對廣告產品的需求。

數字式恐懼訴求

　　數字式恐懼訴求顧名思義是利用統計數字或實驗數字，揭示某些事實數據，達到提醒或嚇阻的廣告效果，常見於平面媒體、廣播媒體、電視媒體、網路媒體。例如交通安全宣導就常用交通事故統計數字的揭示，提醒駕駛人注意交通安全，同時也喚起用路人遵守交通規則，共同維護安全。衛生單位常引用全球或全國的權威統計數字，列出十大死亡疾病，呼籲人們重視衛生，注意健康。

　　亞太電信「省小錢才能賺大錢」的廣告，利用簡單的算術

計算數字，述說「你知道講手機花了你多少冤枉錢嗎？每天十通電話，一年3,650通，如果每通多了二塊錢，就多花了你 7,300元…。」（一年不知不覺多花了這麼多錢，確實有點恐懼感），簡單明白的廣告，充分發揮數字會說話的說服效果。

圖片式恐懼訴求

圖片式恐懼訴求是指在平面媒體、電視媒體及網路媒體刊播具有恐懼效果的圖片或照片，激起消費者的安全需求，接著強調廣告產品有助於紓解或消除這種恐懼心理，達到廣告目的。

藥品廣告常常採用真實的圖片，呈現人體某一部分器官發生病變的後果，赤裸裸的呈現人體某一部分器官，已經足以令人產生不舒服的感覺，加上圖片的逼真呈現，更增強廣告的恐懼效果，很容易使消費者對廣告產品留下深刻印象，甚至迅速激起採取購買行動。有一家治療乾癬的專業診所，利用幾幅乾癬的真實照片，電視廣告配合簡單的旁白說：「什麼是乾癬？這是乾癬，這是乾癬，這也是乾癬。」雖然是簡短的廣告，卻達到良好的廣告效果。

影片式恐懼訴求

影片式恐懼訴求或稱動態恐懼訴求，是指廠商利用影片的動態呈現方式，輔之以故事情節、場景安排、文字旁白、數字佐證、音樂效果、色彩應用等技巧，在電視及網路媒體完整的呈現故事情節，達到廣告的傳播及說服效果。由於影片式恐懼訴求兼具視覺及聽覺刺激效果，最能發揮提醒及激起消費者的共鳴效果，但是廣告企劃最複雜，廣告表現困難度最高，投入的廣告預算也最多，所以廠商在企劃廣告時也都特別用心，希望以生動逼

真的訴求題材，發揮最大的廣告效果。

　　中化製藥公司所推出的「百齡護牙周到牙膏」，產品命名就已經充分揭示其主要功效是在預防牙周病，簡潔有力，一目瞭然。電視廣告由該公司研發中心林衛理博士擔任廣告代言人，企業經理人現身說法給人有一種專業信任感。廣告影片由一名女性演員刷牙時發現牙齦有出血現象，牙刷刷毛上沾有血跡及女性演員流露出恐懼的神情開始，配合研發中心林博士專業的旁白說：「你只關心牙齒敏感酸痛，那刷牙流血、牙齦紅腫呢？這是牙周病的徵兆。你需要百齡護牙周到牙膏…。」廣告畫面上牙刷刷毛沾有血跡的恐懼畫面，女性演員恐懼的神情，以及強調產品的特性與功效，成功的把預防牙周病和選擇百齡護牙周到牙膏緊緊的連結在一起，漂亮的激起及說服消費者為何需要百齡護牙周到牙膏的理由。

　　另有一家口腔清潔用品廠商的電視廣告，利用強烈的恐懼訴求影射其產品消除牙菌斑的效果。廣告演出女性演員晚上睡覺時因為滿口細菌鑽動而驚醒的恐懼畫面，尤其是利用細菌在嘴裡鑽動的特寫鏡頭處理，更增添恐懼訴求效果，因而激起消費者對其產品的強烈需求。

　　恐懼訴求方式雖然可區分為文字、數字、圖片、影片等四大類，但是實務應用上很少單獨使用，通常都是採用組合方式，配合廣告所刊播的媒體，做最佳組合運用。廣播媒體受限於視覺效果，只能採用文字與數字訴求，其餘媒體都充分發揮媒體的組合效益，盡情發揮廣告效果。

　　常見的恐懼訴求廣告，所表現的恐懼程度也有輕重之分，有

些公司或產品採用溫和、柔性的恐懼訴求，例如南山人壽的「好險，有南山」；寶島眼鏡的廣告說：「…紫外線會傷害眼睛，容易引起白內障…」；白鴿抗菌洗衣精的廣告提醒：「別把細菌帶回家…」，都採用溫和的恐懼訴求方式，漂亮的達到廣告目的。有些廠商或產品選擇採用積極、誇張的恐懼訴求，例如中化製藥公司的「百齡護牙周到牙膏」廣告，以及另一家口腔清潔用品廠商的電視廣告演出滿口細菌鑽動的恐懼畫面，利用誇張的表現手法，名副其實的發揮恐懼效果。另有些保險公司以「天有不測風雲，人有旦夕禍福」做為廣告題材，利用恐懼的故事情節傳達人們需要有保險的理由。

　　人們都希望過安全無憂的生活，不希望與恐懼或風險為伍。和人們的健康與安全或保障有關的產品生產廠商看準消費者此一需求特性，常常以恐懼訴求方式，呈現公司產品有助於消除人們的恐懼心理，因而達到廣告目的。恐懼訴求方式雖是很有效的廣告表現手法，但是恐懼程度宜適可而止，恰到好處即可，以免因為過度恐懼而引起反效果，造成消費者視而不見的後果。

經理人實力養成

　　恐懼訴求是廣告活動的一種表現手法，目的就是在藉助廣告訊息的恐懼式表達，喚起消費者的風險意識，同時強調使用廣告中的產品可以有效消除這種恐懼心理。恐懼訴求廣告有正面訴求法，也有負面訴求法。恐懼訴求方式的廣告在激起人們迅速採取行動方面非常有效，因此廠商都競相採用。請思考下列問題：

1. 貴公司最近一年的廣告採用哪一種訴求方式？主要思考點為何？
2. 如果有採用恐懼訴求方式，所採用的是正面或負面訴求法？為什麼？
3. 貴公司的恐懼訴求廣告是否達到預期的目標？
4. 若從新思考，貴公司會再採用恐懼訴求法嗎？為什麼？

第三章　動之以情的感性訴求廣告

當消費者難以從眾多產品及成熟的品牌中分辨差異時，以柔性的表現手法，訴諸情感的技巧，和消費者搏感情，無論是在激起消費者的情緒，或是贏得消費者認同，甚至達到廣告目的等方面都有很突出的效果。

　　廣告的呈現通常都簡潔且富有影響力，但是製作過程卻是相當繁複，其中充滿無數的智慧與創意。以電視廣告影片為例，從構想提出、創意發想、訊息構思、腳本企劃、導演、演員、場景、服飾、道具、拍攝技術、實地拍攝，以及拍攝之後的後製作業等，需要花費很長的時間，需要投入很多精神，需要編列很多預算。為了要使廣告發揮預期的溝通效果，行銷經理在思考及企劃廣告活動時都特別用心，而且都非常審慎。

　　無論是刊播在什麼媒體，廣告企劃最先要考慮的有三項策略決策，分別是要和誰溝通（Whom to Communicate），要溝通什麼內容（What to Communicate），以及要如何進行溝通（How to Communicate）。溝通對象不同，所使用的溝通訊息與溝通方法也各不相同。廣告訊息的溝通方式可分為理性訴求、感性訴求、道德訴求三種類型。理性訴求主要是利用硬性訴求手法，訴諸產品屬性的功能，以具體數據或證據做經濟性訴求，激起消費者追

求利益的需求。感性訴求採用軟性訴求手法，以象徵性意義或感人心扉的故事，激起消費者正面或負面的情緒，以感動消費者的方式達到廣告的目的。道德訴求主要是激起消費者的價值判斷，教導消費者分辨是非對錯的方法。

當消費者很難從眾多產品及成熟的品牌中分辨差異時，採用訴諸情感的感性訴求方式是一種明智的選擇。尤其是以提供服務為主的組織，受限於服務的無形性、不可分離性、易變性、易逝性等特性，廣告表現常常採用感性訴求方式，以柔性的表現手法，以訴諸情感的技巧，和消費者搏感情，無論是在激起消費者的情緒，或是贏得消費者認同，甚至達到廣告目的等方面都有很突出的效果。

感性訴求通常是將公司或產品的形象和消費者的期望與感受結合在一起，使公司或產品的印象深深的烙印在消費者記憶中，進而產生情緒上的共鳴。最常見的是應用在企業或產品形象廣告上，例如前幾年全國電子公司所拍攝一連串描述「全國電子，足感心ㄟ」的廣告影片，給消費者留下極為深刻的好印象。南山人壽最近推出「三代同堂篇」的企業形象廣告，述說南山會照顧我們一輩子，柔性表現手法，不僅給人有一種親情溫馨的感覺，更令感受到其負責與承諾的使命感。

大眾銀行最近播出一片由真實故事改編的企業形象廣告影片，逼真、感人，贏得熱烈的回響，成功的傳達該銀行充滿「堅韌、勇敢、愛」的形象。大眾銀行將一位台灣婦人攜帶中藥材到委內瑞拉，要為剛生完嬰兒的女兒補身體，在機場遭到查扣中藥材的真實故事，拍攝成一部非常感人的廣告影片，其中幾個感人的情節表現得扣人心弦，令人感動萬分。例如不會英文，獨自一

個人出國，在機場問路求助等畫面，充分表現出台灣婦人勇敢無懼的精神。在海關遭受查扣中藥材的情景及據理力爭的過程及表情，在機場飲水機喝水，睡在候機室，在候機室的盥洗室梳洗化妝等場景，把台灣婦人堅韌不屈的本質表現得可圈可點。拎著行李在機場走道飛奔快跑的畫面，流露出會見女兒及小外孫的企盼與真愛的情感，令人感動萬分。廣告配合簡潔的旁白，「蔡鶯妹，63歲，第一次出國，不會英文，沒有人陪伴，獨自一個人飛行三天，三個國家，32,000公里，她是怎麼做到的」，然後以「堅韌、勇敢、愛」字幕做為故事的結束，整個廣告把該銀行「不平凡的平凡大眾」的定位，詮釋得扣人心弦，令人印象深刻。

一篇好的廣告，必須把要和誰溝通，要溝通什麼訊息，如何溝通，做最完整的企劃，最完美的呈現。這些工作通常都採用功能分工的方式，分別由專業人才做先期企劃，然後再由行銷經理邀集相關人員進行討論，整合成完整、完美的廣告版本。要和誰溝通需要由行銷研究人員進行消費者行為研究，分析目標消費群的動機、態度、生活習慣等，例如休閒／嗜好／興趣、消費觀、生活觀、工作觀、所得運用狀況、對資訊及科技的態度、現階段充實滿足的事等。掌握目標消費群的行為，知道他們在想什麼，怎麼想，要什麼，想要做什麼，行銷經理有所本的利用這些線索來企劃廣告，才能有效的和目標消費群對話。

溝通什麼訊息牽涉到廣告文案寫作的技巧，通常都由公司或廣告公司的「創意人」擔綱，這項工作包括整體廣告創意的發想，廣告主題及用語的激發，故事情節的寫作，廣告腳本的製作，這是廣告企劃過程中最具挑戰的工作，也是廣告公司最拿

手，最具有貢獻價值的工作。廣告公司顧名思義是以賣廣告創意為主，每一家廣告公司都擁有創意出眾，點子奇特的創意人才，我們每天所看到各種各樣的廣告都出自他們的巧思。消費者研究所獲得的結論，透過創意人員的創意加工，轉換為內容貼切，生動活潑的廣告文案。

　　如何溝通包括兩層意義，其一是前期階段所要思考的是要和目標消費群溝通的內容與方式，其二是製作階段和導演及演員的溝通。廣告拍攝是一門高度專業的工作，是一種高難度的技術，也是一種廣告藝術的呈現，導演以其專業訓練與經驗，通常都會做最好的建議，最嚴謹的執導。此時的重點是要將靜態的廣告文案轉換成為動態表現的廣告，將廣告文案拍攝成生動、活潑、精彩、感人的故事，吸引消費者注目的眼光，進而留下深刻的印象。例如前述大眾銀行的企業形象廣告，利用演員在海關遭受查扣中藥材及據理力爭的過程及表情，詮釋台灣婦人「堅韌不屈」的精神；使用不會英文，獨自一個人出國，在機場問路求助等畫面，把台灣婦人「勇敢無懼」的本質表現得可圈可點；應用婦人拎著行李在機場走道飛奔快跑，急著要會見女兒及小外孫的鏡頭，流露出婦人充滿「真愛」的企盼。這些都是導演把靜態的文案轉換為活廣告的專業技巧，使整篇廣告非常明確的看得到「堅韌」、「勇敢」與「愛」。

　　在知識爆炸的時代，在廣告氾濫的今日，廣告訊息的競爭非常激烈，消費者取得資訊相對容易，廠商要使廣告發揮效益愈形困難。廣告活動所費不貲，廠商為了使廣告發揮影響力，除了以訴諸以理的理性訴求廣告之外，常常輔之以動之以情的感性訴求

廣告，精心設計足以扣人心弦的廣告，感動消費者，贏得消費者的青睞。

經理人實力養成

感性訴求廣告採用軟性訴求手法，以象徵性意義或感人心扉的故事，激起消費者正面或負面的情緒，以感動消費者的方式達到廣告的目的，通常是將公司或產品的形象和消費者的期望與感受結合在一起，使公司或產品的印象深深的烙印在消費者記憶中，進而產生情緒上的共鳴。請思考下列問題：

1. 貴公司最近一年有無採用感性訴求廣告？是否達成預期目標？
2. 貴公司企劃感性訴求廣告時，是否考慮到本文所論述的策略決策？為什麼？
3. 貴公司下次企劃感性訴求廣告時，會優先和廣告公司討論本文所論述的策略決策嗎？

第四章　市佔率與聲佔率的四種謀略組合

市場佔有率與市場聲量佔有率是廠商之間競爭優勢的重要指標，市場聲量較大的公司，通常可以創造部分市場佔有率；市場佔有率愈大的公司，愈有能力投入更多行銷資源。

　　企業競爭目的就是要擴大市場版圖，市場版圖可從兩個指標來衡量，一是市場佔有率，二是市場聲量佔有率。市場佔有率是指在某特定市場中，公司的銷售量（值）佔同類產品市場銷售總量（值）的百分比。市場聲量佔有率是指公司的行銷投入佔同類產品行銷投入總金額的百分比，以廣告聲量佔有率最具代表性。這兩個指標互有因果關係，市場聲量較大的公司，通常可以創造部分市場佔有率；市場佔有率愈大的公司，愈有能力投入更多行銷資源。

　　企業因應競爭的方式五花八門，為了要贏得競爭常會採用競爭導向法，尤其是扮演行銷作戰資源的廣告與促銷投入，除了衡量公司的資源之外，更需要評估競爭對手的動向與資源。行銷是一場持久戰，資源愈豐富的公司，愈有助於打持久戰，公司的戰鬥力持續得愈久，在競爭中勝出的機會也愈大。因此公司在研擬行銷計畫及編列預算時，常採用競爭導向法，緊盯主要競爭者的動向及其所投入的資源。

市場佔有率與市場聲量佔有率是廠商之間競爭優勢的重要指標，也是競賽結果優勝劣敗的評價基礎，市場佔有率大的公司若減少市場聲量佔有率，往往會流失市場佔有率。市場佔有率低的公司若積極發動攻擊，常會迫使領導廠商增加行銷投入，防衛競爭者的挑戰。

　　James C. Schoer提出市場聲量佔有率與市場佔有率的關係矩陣，就是競爭導向的典範策略，可以做為企業思考因應競爭的指導原則。他利用比較結果的相對概念，將公司的市場佔有率劃分為高、低兩個水準，將主要競爭者的市場聲量佔有率區分為高、低兩個水準，這四個水準組合的矩陣分別稱為尋求利基、捍衛優勢、發動攻擊、維持量能，各具有策略意義，如下圖所示。

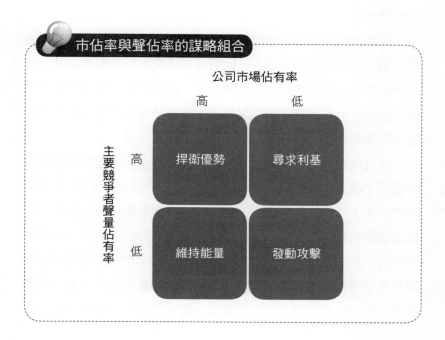

市佔率與聲佔率的謀略組合

公司市場佔有率

	高	低
主要競爭者聲量佔有率 高	捍衛優勢	尋求利基
主要競爭者聲量佔有率 低	維持能量	發動攻擊

尋求利基

　　公司的市場佔有率相對低，主要競爭者的市場聲量佔有率相對高的組合稱為尋求利基。此時公司的市場佔有率低，收益受限，不宜打全面戰，更不宜和大廠商正面競爭，最適合採行的策略是控制行銷投入，將有限資源集中於尋找利基市場，另闢藍海，以及防衛市場佔有率低的其他競爭者的攻擊。

　　新進入市場的公司或推出嶄新產品的公司，尚未有市場佔有率可言，而且尚在適應市場環境與競爭生態，面對眾多強勁競爭對手，都會避開和競爭廠商正面競爭，而採取穩紮穩打策略，努力尋求利基市場。台灣的廠商最常採取的鄉村包圍城市，由南部逐漸向北部推進，就是這種策略的代表作。

捍衛優勢

　　捍衛優勢是指公司的市場佔有率相對高，主要競爭者的市場聲量相對佔有率也高的場合。此時公司擁有市場佔有率優勢，收益潛力雄厚，通常都會加碼行銷投入，竭盡所能的防衛現有市場優勢地位，他們都瞭解面對來勢洶洶的競爭對手，若沒有全力捍衛市場優勢，勢必會被競爭對手搶走市場。

　　保力達和維士比的競爭，雙方勢均力敵，保力達的市場佔有率很高，維士比的市場聲量強而有力；維士比的市場佔有率也很可觀，保力達的市場聲量亦不甘示弱，雙方都使出渾身解數，延攬重量級明星、演員，每年拍攝好幾支廣告影片，密集在各種媒體刊播，全力防衛市場優勢的企圖非常明顯。可口可樂和百事可樂在國外的競爭也有類似情況，雙方打的都是市場捍衛戰。這些廠商不約而同的持續加碼市場聲量，都希望自己的市場聲量蓋過

競爭對手。

發動攻擊

發動攻擊是指公司的市場佔有率相對低，而主要競爭者的市場聲量佔有率也相對低的組合。新興市場競爭廠商少，競爭局勢比較緩和，是新進入者發動攻擊的大好機會。

新創立的公司處於起步階段，若遇到競爭對手動作闌珊，行銷作為欠缺頻繁，誠屬可遇不可求。此時新進入者有如進入無人之地，當然要積極投入優勢行銷資源，發動攻擊，搶攻市場，因為此時正是從不長進或得意自滿的競爭者手中搶奪市場的難逢機會，也是趁機建立市場地位的絕佳時機。

維持量能

維持量能是當公司的市場佔有率相對高，主要競爭者的市場聲量佔有率相對低的場合。此時公司顯然享有優勢市場地位，而競爭者缺乏積極作為，從理性競爭的角度言，公司不宜有太大的動作，適量的投入比主要競爭者略多的行銷資源，維持現有市場優勢地位方為上策。

市場佔有率很高的公司或品牌，常困惑於是否要繼續投入行銷資源，此一指導原則正好可以解釋這種情況。市場佔有率是廠商不斷耕耘市場的結果，絕對沒有穩定不變的市場佔有率，行銷作為稍有不慎或出現差錯，市場佔有率就會馬上往下掉，這是很明顯的道理。市場上許多知名領導廠商深諳此一道理，即使自己的市場佔有率高，也都抱著履薄臨深的心情，繼續投入行銷資源，目的就是要維持競爭量能。

知己知彼才能百戰百勝。擴大市場佔有率或防衛既有市場，除了公司的策略正確與努力執行之外，也需要瞭解主要競爭者的動向與競爭力道。不同時機，不同場合，需要有不同的策略，盲目的增加行銷資源，不見得有助於提高銷售量；需要投入資源時，沒有適時投入資源，勢必會造成將市場拱手讓人的窘境。

　　以上的分析可以有四點啟示，第一、市場穩固的公司相對於市場不穩定的公司或新進入市場的公司，比較不會受到競爭者行銷活動的干擾。第二、市場穩固的公司傾向於追求更高的市場聲量佔有率，市場基礎不穩的公司往往致力於追求市場佔有率。第三、市場佔有率相對低的公司，行銷資源居於劣勢，需要避開資源競爭。第四、行銷資源豐富雖然重要，有效利用有限資源更重要。

經理人 實力養成

　　市場佔有率與市場聲量佔有率互有因果關係，市場聲量較大的公司，通常可以創造部分市場佔有率；市場佔有率愈大的公司，愈有能力投入更多行銷資源。市場佔有率與市場聲量佔有率是廠商之間競爭優勢的重要指標，也是競賽結果優勝劣敗的評價基礎，市場佔有率大的公司若減少市場聲量佔有率，往往會流失市場佔有率。市場佔有率低的公司若積極發動攻擊，常會迫使領導廠商增加行銷投入，防衛競爭者的挑戰。請思考下列問題：

1. 貴公司所進入產業的產值如何？最近十年來的成長率有何變化？
2. 貴公司的市場佔有率如何？請檢討最近十年來的變化情形？
3. 貴公司的市場聲量佔有率如何？請檢討最近十年的變化情形？
4. 請參照James C. Schoer的論點，檢討貴公司的市占率與聲占率組合。

第四章　市佔率與聲佔率的四種謀略組合

143

第五章　用「獨特」創意賣「銷售主張」

新奇、獨特永遠是人們的最愛，產品或服務皆然，獨特銷售主張廣告最大的特徵是明確指出公司的產品產生獨特性的差異點，然後以此獨特特性為主軸，巧妙的把產品獨特特性轉變為公司提供給顧客的獨特銷售主張。

廣告的目的除了要和消費者溝通之外，還要協助公司創造耀眼的業績。要和廣大的消費者溝通已經很不容易了，要協助創造亮麗的成績單更不簡單。在創造業績過程中廣告與促銷扮演相輔相成的角色，廣告的功能猶如軍事作戰中的空軍部隊，在市場上肩負先遣任務，把品牌與產品訊息迅速傳播給廣大的目標消費群，在消費者心目中塑造第一印象，贏得指名購買的先機。促銷活動猶如軍事作戰中的陸軍部隊，快速、務實的把產品舖貨到市場上，佔有零售店的貨架空間，爭取優先銷售的機會。廣告與促銷合作無間，密切配合，創造耀眼的業績當屬意料中的事。

公司要創造耀眼的業績，首先要有迎合消費者需求的優質產品，因為沒有優質的產品絕對吸引不了顧客的青睞，其次是廣告必須要有不一樣的創意，因為創意就是「創造生意」的意思，沒有過人的創意是做不了生意的。廣告主要的是獨特廣告創意，廣告公司賣的就是新創意、新點子，具有創意的廣告給人留下深刻

的印象，擁有獨特銷售主張的廣告除了給人留下深刻印象之外，還會進一步激起消費者採取購買行動。

　　廣告創意的表現五花八門，有注重產品功能的理性訴求法，有訴之人性情感的感性訴求法，有強調關懷人們健康的健康訴求法，有激起安全需求的恐懼訴求法，有引起消費者虛榮與自尊感覺的虛榮訴求法，有引發立刻採取行動的最後機會訴求法，有激發目標顧客群更具有魅力或性感的性訴求法，不勝枚舉。無論哪一種訴求法，廣告創意貴在獨特性，獨特創意的廣告所產生的差異化效果，容易在消費者內心深處佔有一席之地。發想獨特創意廣告的方法首推提供給顧客的獨特銷售主張（Unique Sales Proposition, USP）。

獨特才有賣點

　　新奇、獨特永遠是人們的最愛，產品或服務皆然，前者不但要講究「嶄新」、「時新」，表現方法還要做到「奇特」、「奇異」、「奇趣」，至於獨特則是要發展出「非常不一樣」的賣點，擁有競爭者所沒有的獨特銷售主張才有賣點，擁有獨特銷售主張的新奇廣告，是廣告主夢寐以求的行銷利器，也是成功廣告的基本要件。

　　廠商在發想廣告賣點時，常常會從表現產品獨特功能下手，這種方法稱為產品導向訴求法。產品導向訴求法顧名思義是建立在產品獨特功能基礎上，特別強調產品的獨特功能，刻意凸顯公司產品和競爭者不同的差異化特點，這些特點是競爭者所沒有，而且又是消費者所期望的，這種表現方法顯然是利用「獨特」創意賣「銷售主張」。

獨特銷售主張廣告最大的特徵是明確指出公司的產品產生獨特性的差異點，然後以此獨特特性為主軸，發想競爭者做不到或忽略的廣告訴求，巧妙的把產品獨特特性轉變為公司提供給顧客的獨特銷售主張，接著以此差異點為核心，透過廣告表現手法，把獨特銷售主張呈現給消費者。

　　從廠商的立場言，獨特銷售主張廣告最適合於公司的品牌或產品擁有相對持久性競爭優勢的場合，尤其是技術先進的產品（智慧型手機），品質優異的產品（專注完美，近乎苛求），配方獨特的產品（茶花綠茶），或提供卓越服務的公司（為了你，中華電信一直走在最前面）。從消費者的角度言，獨特銷售主張廣告最適合於具有創造性的新技術、新產品、新服務，因為廣告可以具體而明確指出為何要選購廣告主的產品，而不選擇競爭者的品牌。如果產品真正優於競爭者，當然就是廣告最佳使力點，但是若公司的產品和競爭者的同質性太高，凸顯不出差異性，獨特銷售主張就要被大打折扣了。

茶花綠茶案例

　　飲料市場備受矚目的茶花綠茶，為凸顯茶花抽出物具有阻絕人體內脂肪形成的特點，但是又受到食品飲料不得涉及療效（功效）的規範，在不能說但是又想強調的兩難之下，各廠商紛紛使出渾身解數，其中尤以黑松茶花綠茶的廣告表現最突出，最受矚目。

　　現代人講究擁有好身材，保持好體態，男女老少蔚為風氣，於是市場上具有減重、瘦身等功能的產品備受歡迎，茶花抽出物具有阻絕人體內脂肪形成的特點，自然成為廠商提供給消費者的

絕佳獨特銷售主張。黑松公司掌握行銷先機，把此一新發現轉換為獨特銷售主張，率先推出含有茶花抽出物的黑松茶花綠茶，配合高度創意的影射表現手法，以相撲選手飲用後所展現腰圍上游泳圈的變化，從三個游泳圈演進到兩個游泳圈，再從兩個游泳圈縮減為一個游泳圈，最後變成人人稱羨的模特兒，這種維妙維肖的創意表現手法，成功的迴避法令的規範，把具有特色的產品賣點充分表露無遺，不僅贏得廣告界極高的評價，在飲料市場引起熱烈的迴響，也使得黑松茶花綠茶銷售長紅。

獨特還得搶先

兵貴神速，企業競爭亦然。儘管產品具有獨特賣點，廣告創意過人，還得極盡所能的搶得市場先機，才能享有先占優勢。正當茶花綠茶掀起市場熱潮之際，許多飲料同業也紛紛開發茶花綠茶，甚至推出「雙茶花」應戰，產品的賣點雖然毫不遜色，但是進入市場的時間有些許的落差，競爭力道與銷售結果就有很大的差異。

黑松公司當年推出畢德麥雅杯裝咖啡時，也採用兩項獨特銷售主張，一是「100％藍山咖啡」，二是「冰釀」工法。為了拉抬畢德麥雅品牌聲勢，公司邀請14位媒體記者遠赴牙買加，實地考察藍山咖啡市場及學習咖啡相關知識，此一大手筆的作法配合「100％藍山咖啡」賣點，不僅成功的將畢德麥雅塑造成為頂級咖啡品牌，同時也漂亮的搶得「冰釀」的先機，讓當時也在醞釀以「冰釀」為主要賣點的競爭廠商望而卻步，使得畢德麥雅的獨特銷售主張在市場上引起廣大的迴響。

廣告是一門非常專業的學問，也是一門非常實用的技術，更

是企業競爭威力強勁的一種行銷利器。廣告要發揮強勁的威力，必須具備三個要件，第一要有獨特銷售主張，第二要有創意表現手法，第三還要搶得市場先機。

經理人 實力養成

　　新奇、獨特，永遠是人們的最愛，企業常透過廣告創意，傳達獨特的銷售主張，期望利用獨特「創意」有效「創造生意」。無論採用哪一種訴求方法，廣告創意貴在獨特性，獨特創意的廣告所產生的差異化效果，容易在消費者內心深處佔有一席之地，至於發想獨特創意廣告的方法首推提供給顧客的獨特銷售主張。請思考下列問題：

1. 貴公司最近所推出的廣告具有哪些獨特性？這些獨特性和顧客期望的關連性如何？
2. 貴公司最近推出的廣告表達什麼銷售主張？這些銷售主張足夠鮮明嗎？請舉例說明。
3. 在發展獨特銷售主張時，貴公司與廣告公司分別扮演什麼角色？

第六章

廣告效果三部曲

廣告可以用來塑造良好品牌形象，廠商在發展廣告訴求時，除了強調產品獨特功能之外，常常採用象徵性或經驗導向法，塑造品牌形象，激起共鳴效果，貼近顧客的心，影響消費者的購買行為。

現代經濟社會廣告無所不在，廣告的影響層面既廣闊且深遠，因而備受重視。從整體環境層面言，廣告在經濟發展歷程中扮演推手角色，貢獻很大。廣告在社會文化進程中扮演倫理把關角色，影響深遠。從產業層面言，廣告塑造良好的品牌形象，幫助公司贏得消費者的信任，加速產品銷售，居功厥偉。從消費層面言，廣告提供品牌與產品知識，激起廣大消費者的共鳴，方便顧客辨識與選購，豐富人們的生活，功不可沒。

廣告可以用來塑造良好品牌形象，是廠商贏得行銷的重要利器，因此公司都樂意投入龐大廣告預算型塑良好品牌形象。廠商在發展廣告訴求時，除了強調產品獨特功能之外，常常採用象徵性或經驗導向法，塑造品牌形象，激起共鳴效果，貼近顧客的心，影響消費者的購買行為。

品牌創造第一印象

人們從來就沒有第二次機會創造第一印象，品牌亦然，所以

廠商都希望第一次就打響品牌名號。品牌印象包括複雜的心理層面因素，廠商希望結合象徵性符號，為品牌塑造良好而深刻的印象，達到差異化的辨識效果。

廠商在塑造品牌印象時，常常會發展有意義的文字或符號，然後將這些意義巧妙的植入品牌中，成為獨樹一格的品牌形象。日常用語或符號被廠商選用做為品牌者不計其數，例如由三個菱形組成的「三菱」品牌；由汽車方向盤形狀隱喻而來的「賓士」品牌；由五個圓圈（上三下二）組合而成，代表五味俱全的「味全」品牌；取洗髮效果諧音烏溜溜的「566」品牌，不勝枚舉。

透過廣告塑造品牌形象，主要是賦予品牌獨特的辨識效果，甚至具有明顯的品牌人格特質。尤其是當產品少有物理特性可強調，或產品同質性很高的場合，塑造品牌形象就顯得特別重要，例如罐裝即飲咖啡市場，「伯朗先生」不僅讓消費者容易辨識，而且有著男性氣概的特質，給消費者留下美好形象。又如百事可樂所強調的「新生代」，萬寶路香菸象徵「西部牛仔」的粗獷豪氣，都給人留下深刻印象。

品牌形象廣告具有轉換的特質，獨特的廣告表現手法與反覆不斷的傳播頻率，形成品牌和廣告活動的結合效果，以及品牌和人物、場景、事件產生密切的關聯效果。品牌廣告轉移效果使品牌的使用經驗更豐富、溫馨、興奮、更有享受感覺。此外，品牌的使用經驗和廣告所呈現的經驗緊密結合，創造更深刻的印象，若沒有廣告訴求手法做為橋樑，就沒有這種連結效果。

共鳴激起更大迴響

廣告共鳴有點類似聲音迴響的物理現象，共鳴結果會產生擴

大效應。廣告共鳴結果通常會激起陣陣漣漪，產生認同與學習效果，最後達到擴散目的。流行時尚產業，年輕消費族群所喜愛的新興科技產品，廣告最容易引起視聽眾生活經驗的共鳴效果。引起共鳴效果的廣告訴求點之發想，可以從心理研究與廣告策略架構延伸到消費者所期望流行生活型態。

例如美國有一家個人清潔用品公司曾經推出一支與「真正女性」相連結的品牌廣告，強調真正女性其實都存在著不完美，但無論如何都是美麗動人。因為不完美所以才需要化妝打扮，需要化妝打扮就需要藉助化妝品，此一簡單的邏輯論點引起目標消費群的共鳴，讓消費者認同「不完美」的美麗動人最可貴，而不是要追求完美無缺的美人胎。也因為拜「不完美」共鳴效果之賜，讓該公司品牌產品更受歡迎。

共鳴效果的廣告焦點並不在產品訴求，也不強調品牌形象，而是尋求和目標消費群實際或想像經驗相呼應的環境或事例，做為發展廣告訴求策略的基礎，根據此一策略所發展出來的廣告，才能和目標消費群既有的經驗相結合。

感性訴求貼近人心

許多廣告採用感性訴求策略，從內心深處感動消費者。廣告主與廣告公司都瞭解顧客購買產品常常是基於情感因素，例如食品、珠寶、化妝品、流行服飾、美容整型、清涼飲料等和情感有關的產品，基於情感因素而購買者遠大於講究功能特質，此時打出情感牌，利用感性訴求最能打動顧客的心。一般而言，如果訴求主題適當，而且和品牌個性搭配得宜，動之以情感訴求的廣告，最能貼近顧客的心，也最能贏得消費者的青睞。

感性訴求廣告又稱為軟性訴求廣告，可以區分為正面訴求與負面訴求兩大類。正面訴求是以正面表現手法呈現廣告產品的溫馨、歡樂、自豪、愉悅等特質，例如婚紗業者所採用羅曼蒂克的氣氛；擁有悠久歷史公司所激起的懷舊情感；遊樂場所訴求的歡樂、夢幻、冒險；高檔飯店業者利用特定節慶，推出闔家溫馨團圓及情侶享受歡樂時光的廣告，有效激起歡樂氣息與興奮情感。

　　負面訴求是以負面表現手法，反其道而行的凸顯缺乏廣告產品時所產生的恐懼、焦慮、遺憾、悲傷等情緒，例如保險業者利用人們恐懼不安全，害怕保障不足的心理，企畫許多成功的廣告；健康食品業者善用人們不喜歡與病魔為伍的心理，拍攝許多膾炙人口的廣告；生前契約業者利用人們免於遺憾的心理，發展出許多成功的廣告。

　　感性訴求採用動之以情感的廣告表現手法，故事情節深刻，表現生動活潑，廣告情感豐富，打動顧客芳心的效果最出色，也給消費者留下難忘的記憶。

　　廣告的目的是要和消費者溝通，有效的溝通有賴獨特廣告訴求與活潑表現手法的密切結合，才能把廣告效果推到最高峰。廣告訴求方法各異其趣，廣告表現手法五花八門，廠商所選用的廣告訴求與表現手法，如果無法塑造良好的品牌形象，如果無法有效激起消費者共鳴，如果無法捉住顧客的心，就不能稱為成功的廣告。

經理人實力養成

　　廣告可以塑造良好的品牌形象，幫助公司贏得消費者信任，加速產品銷售。廣告也提供品牌與產品知識，激起廣大消費者的共鳴，方便顧客辨識與選購，豐富人們的生活。廠商在發展廣告訴求時，除了強調產品獨特功能之外，常常採用各種訴求方法，希望達到塑造品牌形象，激起共鳴效果，貼近顧客的心意，進而影響消費者的購買行為。請思考下列問題：

1. 貴公司在追求本文所論述廣告效果時，分別採用哪幾種廣告訴求方法？為什麼？
2. 請檢討貴公司最近三年所採用的廣告訴求方法，在塑造品牌形象，激起共鳴效果，貼近顧客心意的廣告效果。

第七章 廣告代言人的五種特質

廣告代言人利用其親切感與知名度，拉近和消費者的距離，透過活潑而生動的廣告表現，闡釋或隱喻消費者使用產品的利益，強化消費者對品牌名稱的辨識效果。並以值得信賴、專業專家、吸引力、值得敬重、相似性等五種特質感動消費者，激起「熱淚盈眶」的廣告效果。

廣告活動常使用代言人為產品、服務或公司背書。廣告代言人的背書原理是由「消費者的購買行為常會認同意見領袖」的觀念衍生而來，當消費者處理從廣告上得來的訊息時，常常會參考該廣告代言人的形象來決定對該產品的態度，這種代言人形象的移轉效應，就是廣告主器重代言人的重要原因。廣告代言人利用其親切感與知名度，拉近和消費者的距離，透過活潑而生動的廣告表現，闡釋或隱喻消費者使用產品的利益，強化消費者對品牌名稱的辨識效果，功不可沒。

常見的廣告代言人可區分為名人、專家、典型消費者、公司高階主管、象徵物等五種類型。公司常邀請名人擔任廣告代言人，主要是藉助其「魅力」和「知名度」贏得消費者的信任。專家因為個人的職業、專業知識與特殊訓練等因素，使其具有獨特的社會地位，可以提供消費者某些評估意見。典型消費者通常以

見證方式為產品或服務背書，他們對所推薦的產品或服務雖然不一定具有專業知識，但是因為經常使用而累積相當豐富的經驗，因而具有說服效果。公司高階主管擔任廣告代言人可以提升專業性與可信度，強烈吸引消費者的注意力，進而影響他們的信賴感。公司也常將某一象徵物刻意塑造生動化或擬人化，激起人們的認同與喜愛，達到為產品代言的目的。

廣告代言人的影響力可區分為跟隨、認同、內化等三種模式。跟隨是消費者希望被某一特定團體所接受，積極改變自己的行為而模仿之，因而產生社會化影響力。認同是消費者喜歡或仰慕某位代言人而刻意模仿，希望在某些方面與代言人有相類似的特徵，進而接受代言人所贊同的行為與態度。內化是因為廣告代言人的專業性與可信度具有說服力，而且某種態度或行為與個人價值觀相吻合，因此採取與代言人相同信念與態度的社會化過程。

公司無論採用哪一種類型的廣告代言人，也無論代言人的影響模式為何，廣告代言人之所以具有影響力，勢必各有其獨特的特質。美國南卡羅來那大學Terence Shimp教授認為，廣告代言人除了必須要有魅力與可信度之外，還必須具備5種特質：值得信賴（Trustworthiness）、專業專家（Expertise）、吸引力（Attractiveness）、值得敬重（Respect）、相似性（Similarity），取其英文字第一個字母簡稱為TEARS特質。公司採用具備這五種特質的廣告代言人，打從內心深處感動消費者，才容易激起「熱淚盈眶」的廣告效果。

值得信賴

　　廣告代言人必須具有誠實、正直、值得信任、值得信賴等人格特質，他們雖然不一定是非常專業的專家，但卻是值得高度信賴的對象。廣告代言人的信賴通常來自目標消費群所知覺的背書動機，如果消費者認為代言人的動機值得信賴，則其所代言品牌或產品的說服力必定遠勝過沒有背書的品牌或產品。

　　代言人的背書要贏得信賴，關鍵操之在廣告主和廣告公司手上。首先，廣告主必須挑選形象清新，沒有負面新聞，沒有擔任過競爭品牌的廣告代言人，廣泛被公認具有誠實、可信任、可依賴的代言人，強化信賴的價值。其次，廣告公司製作背書廣告時必須讓消費者覺得不是在操弄訊息，而是在做客觀、公正的代言式廣告，這樣的背書更容易贏得信賴。當公司在為理性訴求、經濟訴求、仰慕訴求的廣告選擇代言人時，通常都會把代言人值得信賴的特質列為優先考慮要件。

專業專家

　　廣告代言人擁有特殊技術、知識、能力等特質，值得尊敬，可做為消費者學習的榜樣，也適合為所廣告的品牌背書。和運動相關的產品，通常會選擇運動員做為廣告代言人，例如許多運動用品廠商邀請老虎伍滋（Tiger Woods）為產品背書；有些和牙齒保健相關的產品，邀請牙科醫生擔任廣告代言人；成功的企業家被認為是經營管理專家，因而應邀出任產品代言人者屢見不鮮，例如美國的艾科卡先生，我國的嚴凱泰先生，都曾經為他們所生產的汽車背書；趙騰雄董事長親自出馬為遠雄集團的建案背書，蘇一仲董事長為其大金空調代言。

專家是否為真正專家並不重要，最重要的是目標消費群感受到的背書效果，被目標消費群公認為專家的代言人，通常都更具有說服效果。健康訴求、安全訴求、虛榮訴求、自尊訴求的廣告，邀請專業專家代言更容易激起共鳴效果。

吸引力

魅力、吸引力是廣告代言人不可或缺的要件，常見具有歡樂愉悅特質的廣告代言人，對某些特定消費群特別具有吸引力。吸引力不只是身上所散發的魅力或吸引力，還包括目標消費群所公認的任何優點與美德，例如智慧能力、人格特質、生活型態特質、才藝方面的優異表現、運動上的傑出成就等。

目標消費群發現代言人具有吸引力時，透過辨識效應很容易產生說服效果，例如消費者認同時下許多演藝名人的魅力、行為、舉止、興趣、喜愛，因而喜愛他們所代言的產品。棒球投手王建民先生的傑出表現及其所散發的魅力，許多廠商競相邀請擔任產品代言人，從電腦、商業銀行到臍帶血銀行，不一而足。

歡樂訴求、浪漫訴求、便利訴求、健康訴求、道德訴求的廣告，邀請具有魅力的代言人背書，通常會有相乘的廣告效果。許多研究都證實，由具有吸引力的代言人所背書的品牌，說服效果遠勝過缺乏吸引力的代言人所代言的品牌。

值得敬重

廣告代言人擁有值得稱讚的特質，或因為個人的人格特質與成就值得尊敬，都是廣告代言人的良好人選。名人身上的魅力屬於整體吸引力的形式層面，值得敬重則屬於功能層面，有時候功能層面的背書效果比形式層面更勝一籌。

廠商邀請目標消費群所敬重或喜愛的名人擔任廣告代言人，可以延伸品牌聯想效果，增強消費者對背書品牌的信念與態度，進而可以提高品牌權益。廠商在企畫仰慕訴求、道德訴求、自尊訴求廣告時，都會選擇值得敬重的廣告代言人。

相似性

　　同理心是代言人一種很重要的人格特質，因為人們比較喜歡和所喜愛的人擁有共同特性與特質。廣告代言人擁有和目標消費群相同或相似的特質，最適合用來和特定目標消費群溝通及建立關係，這種同理心效應也適合用來為產品背書。同理心表示代言人和目標消費群在年齡、性別、個性、興趣、喜好等方面有高度契合，具有說相同語言的親切感，容易產生共鳴效果。

　　廠商所廣告的產品和目標消費群的喜好不盡相同時，選用具有相似性的廣告代言人激起同理心，最能夠影響消費者的態度與選擇。虛榮訴求、健康訴求、恐懼訴求、道德訴求等廣告，常採用代言人的相似性特質拉近和消費者的距離。

　　廣告是要和消費者溝通，透過代言人背書是最有效的溝通方式，選對代言人可以強化廣告效果。代言人的選擇沒有一成不變的規範，視廣告主的喜好及廣告產品特性與廣告訴求方式，各異其趣，參考TEARS準則，可以創造更好的背書效果。

經理人實力養成

　　廣告代言人利用其親切感與知名度，拉近和消費者的距離，透過活潑而生動的廣告表現，闡釋或隱喻消費者使用產品的利益，可以強化消費者對品牌名稱的辨識與背書效果。尤其是當代言人意氣風發，舉世讚賞時，往往把背書效果推到最高峰。最近林書豪在籃球場的表現與魅力，席捲全球，榮登時代雜誌最有影響力名人之首，眼明手快的富豪汽車（VOLVO）馬上邀請擔任該公司汽車代言人。請思考下列問題：

1. 貴公司在評選廣告代言人時，考量哪些因素？優先順序如何？為什麼？

2. 貴公司喜歡選用擁有高知名度的名人、專家擔任廣告代言人，或評選尚未有高知名度但具有成為高知名度潛力的人士？為什麼？

3. 貴公司曾經有過廣告代言人出狀況的經驗嗎？如何面對及如何處理？

第八章　廣告代言人的十大評選準則

廣告代言人在廣告活動中一方面代表公司在市場第一線和消費者進行溝通，為公司創造第一印象；另方面扮演企業競爭活動的策略尖兵，協助企業創造行銷績效。選對廣告代言人可產生相乘的廣告效果，選錯則會使公司承受負面效果。

廣告代言人在廣告活動中扮演舉足輕重的地位，一方面代表公司在市場第一線和消費者進行溝通，為公司創造第一印象，功不可沒；一方面扮演企業競爭活動的策略尖兵，協助企業創造行銷績效，居功厥偉。

廣告投資佔行銷預算的比例很高，而且有愈來愈高的趨勢，尤其是消費品所佔的比例更高，其中又以時尚產品的廣告預算更高得驚人。公司常會選擇名人或專家為產品背書，期望發揮廣告的影響效果。選對廣告代言人會有相乘的廣告效果，選錯廣告代言人則會使公司淪為資源浪費者，必須承受無數的負面效果。所以公司在選擇廣告代言人時都格外審慎，都會考慮許多因素做為評選的參考，希望把有限的廣告預算發揮最大的效果。公司行銷經理和廣告代理商在選擇廣告代言人時，通常都會考慮下列準則。

1. 與企業形象相吻合

歷史悠久的公司都有一定的企業形象，新創立的公司也都希望給消費者留下美好的印象，廣告是公司傳達企業形象的絕佳工具，廣告代言人又是傳達企業形象的靈魂人物，影響廣告活動成敗至深且巨。公司所挑選廣告代言人的形象和企業形象相吻合，可以讓消費者有形象一致，始終如一的移轉效應。例如中華航空公司曾邀請第一名模林志玲擔任廣告代言人，充分襯托出「紅花綠葉」的適配效果，給人留下深刻印象；又如精品業者通常都擁有頂級、高貴的企業／品牌形象，公司所選擇的廣告代言人也都是一時之選超級名模。

2. 與廣告調性相配適

廣告表現各有其與眾不同調性，不同調性的廣告需要選擇不同的代言人來詮釋，即使是調性相同的廣告，不同公司也會選擇不同的代言人。質言之，公司所選擇的廣告代言人必須和廣告調性相配適，才容易激起廣告的共鳴效果。理性訴求的廣告和感性訴求的廣告，因為訴求方式不同，所選用的代言人各不相同；歡樂訴求的廣告與幽默訴求的廣告，廣告調性各有差異，所選擇的廣告代言人也各異其趣。

3. 與目標消費群匹配

目標消費群是公司所要溝通與訴求的目標對象，廣告必須精準的瞄準目標消費群，才能達到預期效果。行銷經理在評選廣告代言人時，必須確認「代言人和目標消費群有正向關聯嗎？」高級房車和經濟型車的目標顧客各不相同，前者以三角形頂端的顧客為訴求對象，主要是在傳達高級、尊榮、地位等形象，必須選

擇足以表彰駕馭高級房車之特色的代言人，後者以上班族為主要
目標顧客，標榜經濟、省油、方便，需要選擇在上班族中具有代
表性的廣告代言人。

4. 與品牌個性相契合

　　廣告代言人的行為、舉止、個性、外表、喜好、價值觀、生
活習慣，和所要廣告的品牌形象相契合，才容易激起效法效應。
例如高級化妝品業者選擇時下當紅的名模擔任廣告代言人，又如
標榜健康形象的品牌選擇具有強壯、健康、青春、活潑的廣告代
言人，都希望把公司品牌個性和代言人的特質相結合。

5. 擁有高度的信賴感

　　代言人的信賴感是公司選擇廣告代言人的主要原因，廣泛被
公認值得信任，或對產品擁有豐富知識的廣告代言人，都是說服
消費者採取購買行動的最佳人選。例如國際引藻生物科技有限公
司邀請全球首屈一指的鑑識專家李昌鈺博士，為「引藻系列產
品」背書，配合其名言「有一分證據，說一分話」的廣告語，贏
得許多消費者的信賴。

6. 具有強烈的吸引力

　　吸引力是信賴感的自然產物，代言人缺乏信賴感就沒有吸引
力可言。擁有魅力的代言人，最容易吸引消費者的注意力，進而
影響其購買行動。魅力不但有其抽象性，而且具有多面向的特
性，不是單一項目所能詮釋，明智的行銷經理看準此一特性及其
影響原理，通常會從不同的角度評估廣告代言人的吸引力，包括
身上所散發的魅力，以及行為、舉止、知識、價值觀、生活型

態、消費態度等。行銷經理在選擇廣告代言人時，除了需要審慎評估代言人的個人魅力之外，廣告代言人的吸引力也必須和目標消費群及所要廣告的品牌相匹配。

7. 與廣告作業配合度

廣告拍攝作業比一般想像冗長且複雜，要使廣告拍攝作業順利進行，需要許多人的通力合作，包括選擇配合度良好的廣告代言人。廣告拍攝作業人員和代言人之間常見的配合問題不外乎難以溝通、不易親近、情緒多變、遲到早退、無法控制等。為了使廣告能夠順利進行拍攝，如期完成及如期上檔，行銷經理與廣告代理商在選擇廣告代言人時，都會把配合度列為評估的重要項目。

8. 有無代言競爭品牌

有些公司喜歡選用紅極一時的名人來為產品背書，快速爭取消費者的認同，有些公司偏好起用形象清新，沒有為其他品牌代言的新人，期望在沒有包袱的情況下塑造嶄新形象。廠商雖然無權約束廣告代言人不得為其他品牌或產品背書，但是基於誠信與信賴的考量，行銷經理及廣告代理商在選擇廣告代言人時，都會認真考慮當事人有無代言其他品牌或產品。因為廣告代言人為太多品牌背書，會使消費者產生錯亂的感覺，以致稀釋代言效果，尤其是為競爭品牌背書更是廠商選擇廣告代言人的最大忌諱。

9. 代言後衍生的問題

代言人為產品、品牌或公司背書，無形中已經融入企業團隊，成為公司的重要代表性人物，雙方都會珍惜此一機緣。擔任

代言人後，萬一因為個人因素而在誠信、品德、道德上出問題時，不僅會影響代言人的個人聲望，也會嚴重傷害到公司的企業形象，所以公司在選擇廣告代言人時，都會審慎評估代言後可能出問題的風險。

10. 公司廣告預算考量

　　廣告企畫與製作費時甚長，投資金額龐大，而且受到廣告遞延效果的影響，不見得會有立竿見影的效果，於是廣告預算的考量也就成為公司評選代言人的重要考量因素之一。時下當紅的廣告名人，背書效果顯著，但是代言費用高達七、八位數已經不算稀奇，形象清新的新人雖然尚未有顯赫的知名度與高度信賴感，但是代言費用相對比較有彈性。到底是要選用高知名度的代言人或起用形象清新的新人，常常令行銷經理與廣告代理商陷入長考，因為考量廣告預算是行銷經理必須務實面對的重要課題。

　　行銷經理擔任廣告活動的操盤人，必須要有「把錢花在刀口上」的卓見與智慧，廣告活動各階段都需要有龐大預算支援，而且廣告代言人與廣告表現方式及往後的播放作業，都需要一併納入考量。公司在選擇廣告代言人時，審慎評估上述準則，不但可以使廣告活動更迎合市場脈動與公司的需要，和目標消費群進行有效的溝通，同時也可以避免陷入為廣告而廣告的不良後果。

經理人 實力養成

　　廣告代言人一方面代表公司在市場第一線和消費者進行溝通，為公司創造第一印象；一方面扮演企業競爭活動的策略尖兵，協助企業創造行銷績效。選對廣告代言人會有相乘的廣告效果，選錯廣告代言人則會使公司淪為資源浪費者，必須承受無數的負面效果。公司在評選廣告代言人時都格外審慎，都會考慮許多因素，希望把有限的廣告預算發揮最大的效果。請思考下列問題：

1. 貴公司評選廣告代言人準則中，有哪幾項和本文所論述的準則相吻合？有哪幾項不吻合？請具體說明。

2. 貴公司在評選廣告代言人時，是先選定代言人，再來企劃廣告文案？或先企劃廣告文案，視情節需要再來評選代言人？

3. 貴公司最近三年所評選的廣告代言人，和產品特性有密切吻合嗎？請舉例說明。

第九章　比較式廣告的運用與效果

比較式廣告就是攻擊策略的應用，是把自己產品和競爭者產品的特點攤在陽光下，可以發揮「說清楚、講明白」的比較效果，殺傷力強，廣告效果顯著，普遍受到廠商的重視與青睞，但是也有某種程度的風險與負面效應，使用時必須格外審慎。

　　比較式廣告是指廣告主把公司的產品、品牌或公司的主要屬性特徵，和競爭者比較異同與優劣，藉機凸顯自己的優異特性，達到廣告目的。比較式廣告屬於廣告活動中的攻擊策略，在激烈競爭中被應用得相當普遍。企業競爭激烈程度也可以從有如捉對廝殺的比較式廣告窺見端倪。

　　廠商為了爭取消費者的青睞，為了提高市場競爭地位，常常會打出「比較牌」，把自己的產品和競爭者的產品做對照式比較，然後根據比較結果強調自己的產品比競爭者更優越，試圖影響目標消費群的態度，進而激起購買行動。

　　兵法有云：「攻擊是最好的防禦」，比較式廣告就是攻擊策略的應用，由於議題明確，對象明朗，殺傷力強，廣告效果顯著，普受廠商重視。後發品牌的產品在創新上有所突破時，為了迅速傳播與發揮說服效果，常採用比較式廣告發動攻擊，試圖挑戰領導廠商，希望締造後來居上效果。領導廠商為標榜產品的獨

特優勢，偶而也會採用比較式廣告，提醒及強化產品的優越特質。許多行業的業務員也常攜帶比較式廣告及對照式產品訊息，向準顧客推介及說明。

比較式廣告的運用可以區分為「一對一」與「一對多」兩種模式，明確列出所要比較的屬性，逐一比對，一較高下。前者主張集中火力，單挑一家競爭對手，通常都挑選領導品牌的廠商；後者偏好以寡敵眾，同時和幾家主要競爭廠商比較，凸顯和多家公司比較結果脫穎而出的獨特優勢。無論是「一對一」或「一對多」，比較式廣告必須具體而精準的列出有公信力的比較指標或數據，才能吸引消費者的注意力，才容易發揮廣告的說服與影響效果。

比較式廣告的比較對象也可以區分為「指名式」與「影射式」兩種方式，前者顧名思義是具名指出比較對象，頗有公開挑戰的味道，廣告力道十足，容易引起注意，但是也因為火藥味太濃，容易招致競爭者的反制與報復。後者沒有指名道姓，通常以代號或數字取而代之，然而比較對象所指為何，消費者也都心知肚明，直接挑戰的力道雖然稍有緩和，但是競爭的氣氛未減。

比較式廣告在大多數國家受到廣告主的喜愛，主要是因為比較的焦點明確，等於是把自己產品和競爭者產品的特點攤在陽光下，可以發揮「說清楚、講明白」的比較效果，增強廣告的說服力。比較式廣告有其優勢與積極貢獻，許多廠商趨之若鶩，但是也有某種程度的風險與負面效應，廠商使用時必須格外審慎，以免因小失大。因此有些國家或地區如韓國、比利時、香港，禁止廠商做比較式廣告。

比較式廣告的優點是有機會和競爭者的產品做比較，尤其是

理性訴求廣告擁有科學實驗證據，或具有公信力之機構背書的數據做為比較基礎指標時，效果更顯著，無論是直接或間接比較，都可以讓消費者一目了然，進而影響購買行動。根據Dhruv Grewal等人的研究發現，比較式廣告的主要優點有：可強化品牌記憶效果；有助於廣告訊息的迅速傳播；可有效激起消費者購買廣告品牌或產品的意願；可增強消費者對品牌的有利態度，尤其是增強新上市品牌或產品的態度，效果更顯著；可激起顧客購買更多產品。

　　比較式廣告也有缺點，捉對廝殺結果會破壞同業和諧氣氛；容易引起競爭廠商的反擊與圍剿；所引用的比較數據有瑕疵時，會有得不償失的後果，甚至有被控告的風險；信任度不如非比較式廣告來得務實；提醒消費者該類產品尚有其他品牌，無形中是在為競爭者做免費廣告；第一線業務人員的認知與執行力道不一，比較的訊息容易走樣。

　　比較式廣告有如刀刃之兩面，有積極貢獻，也有負面效應，因此行銷經理在企畫比較式廣告時，必須冷靜三思，審慎評估，從下列方向思考。

1. 競爭地位

　　比較式廣告可以使後發品牌凸顯後來居上的優勢，可以使領導廠商鞏固競爭地位，但是並非每一個後發品牌都有發動攻擊的能耐，領導廠商可以採行的策略很多，也不一定非使出此一狠招不可。公司在使用比較式廣告之前，必須從策略面思考，知己知彼，客觀評估公司、品牌或產品的競爭地位。

2. 情境因素

　　廣告效果和廣告情境有密切關係，例如公司的特質與偏好，目標消費群的特徵，媒體環境及所使用的媒體，所要傳達的廣告訊息，所要廣告品牌或產品的屬性，競爭廠商產品資訊的可取得性，政府法令的相關規範等，都是公司採用比較式廣告前必須審慎思考的重要課題。

3. 獨特優勢

　　公司享有真正的獨特優勢嗎？擁有獨特優勢的品牌或產品，採用比較式廣告效果才會顯著。當品牌或產品比競爭者擁有獨特優勢時，採用比較式廣告才可以發揮廣告的相乘效果。具有獨特優勢的後發品牌或產品，採用比較式廣告才可以提高挑戰者的地位，凸顯超越領導品牌的優越性，瓜分領導品牌的部分市場。

4. 具可信度

　　公司所要比較的產品屬性特徵或訊息必須具有可信度，公司要有把握提出科學實驗結果的證據，或具有公信力機構所公布的研究報告，才可以發揮「數字會說話」的支持力量。如果決定要採用比較式廣告，可以禮聘值得信賴的廣告代言人詮釋產品特色，有效的發揮背書效果。

5. 評估效果

　　廣告效果的評估本來就有一定的困難度，即使是客觀事實的衡量都不見得很容易，主觀效果的認定常會有言人人殊的模糊現象，因此評估比較式廣告的效果就顯得更不容易了。評估比較式廣告效果最重要的是必須和消費者的心意相結合，許多研究都發

現公司刊播比較式廣告後，提供對照式評估數據效果最佳。

　　比較式廣告除了凸顯公司品牌或產品的獨特優勢之外，同時也和競爭者的品牌或產品做比較，因此所涉及的層面相對廣泛，思考內涵和非比較式廣告有很大的不同。行銷經理必須審慎三思，非採用比較式廣告不可嗎？在什麼情況之下使用比較式廣告效果最佳？真正有助於提高目標消費群對品牌知曉、廣告訴求的理解、信賴嗎？在激起品牌偏好、購買意願、購買行為影響等方面真的優於非比較式廣告嗎？

經理人**實力養成**

　　利用比較方式凸顯產品優勢，是廠商經常使用的廣告策略，也是後發品牌發動攻擊的一種方法。比較式廣告之所以受到廣告主的喜愛，主要是因為比較的焦點明確，把自己的產品和競爭者產品的特點攤在陽光下，可以發揮「說清楚、講明白」的比較效果，增強廣告的說服力。比較式廣告有其優勢與積極貢獻，但是也有某種程度的風險與負面效應。請思考下列問題：

1. 貴公司最近五年是否採用過比較式廣告？成效如何？
2. 貴公司比較式廣告所呈現的數字是否有科學證據？什麼樣的科學證據？
3. 貴公司採用比較式廣告是否遭到競爭者的強力反擊？如何反擊？

第十章　廣告文案創作四項指引

撰寫廣告文案是一種充滿挑戰性的工作，除了需要具備優越的文筆造詣之外，還必須具有過人的創意，敏銳的觀察力，隨時掌握社會脈動，擁有豐富的產品與廣告知識，以及善於溝通與表達等人格特質，才能將廣告構想包裝成具有最佳賣點的廣告文案。

　　無論是平面廣告、電台廣告、電視廣告、網路廣告，都需要廣告文案來支撐。廣告文案是指廣告所傳播的訊息中以口頭、文字或圖案呈現的部分，文案篇幅有長有短，有採用純文字編寫者，有圖文並茂呈現者，創作手法五花八門，各異其趣。無論創作手法與呈現方式為何，廣告文案在整篇廣告中佔有廣告靈魂的地位。

　　廣告公司有一種稱為文案撰寫專員的職位，由專人負責把前階段發想成熟的廣告構想，撰寫成生動、活潑、完美的廣告文案，加上美編人員畫龍點睛的巧妙功夫，呈現一篇有務實內涵、有視覺效果、有激起慾望、能夠引起共鳴、足以感動消費者的廣告文案。廣告文案在廣告活動中扮演與消費者溝通的核心角色，是一門非常專精的學問。撰寫廣告文案是一種充滿挑戰性的工作，文案撰寫人員是廣告公司的靈魂人物，除了需要具備優越的

文筆造詣之外，還必須具有過人的創意，敏銳的觀察力，隨時掌握社會脈動，擁有豐富的產品與廣告知識，以及善於溝通與表達等人格特質，是廣告公司不可多得的重要人才。

廣告文案的創作帶有濃厚的藝術成分，善於把良好的廣告構想包裝成具有最佳賣點的廣告文案。為了要達到此一目的，廣告文案撰寫人員經常都保持樂觀進取的工作態度，持續培養敏銳的觀察力，夜以繼日的尋求靈感，期望把廣告作品做最佳呈現。廣告活動要求有效，廣告文案必須具備下列四種特質。

1. 廣告文案必須具有獨特性

在競爭激烈的經濟社會中，獨特性已經成為公司經營活動不可獲缺的重要特質，無論是產品、服務、構想、經營策略，唯有獨特性才能在商場立足，只有差異化才有機會和競爭者一較高下，廣告文案也不能例外。在競爭激烈的汽車市場上，富豪汽車（Volvo）的電視廣告文案主題強調「敢與眾不同」，而且把「敢」這個字做的特別大，就是在凸顯獨特性。裕榮食品公司蝦味先的電視廣告文案標榜「烘烤，非油炸」，在健康意識高漲的今天，凸顯其與眾不同的特性。

獨特性就是思索競爭者沒有想到或想不到的事，獨特性廣告文案就是以獨特手法呈現產品或服務特質的優質廣告內涵，這些內涵不但要凸顯與競爭者的差異化，而且必須是消費者所需要與企盼的特質。獨特的廣告文案必須具有強烈的銷售主張及高度說服效果，否則就會淪為為廣告而廣告的窘境，雖然自我感覺良好，但是對公司的銷售一點助益也沒有，甚至還會陷入浪費資源的深淵。許多專家在研究銷售主張的威力時都發現，新品牌或既

有品牌新特性的任何差異化訊息，都是表現銷售主張與說服力的重要元素。獨特性並非新品牌才能享有，既有品牌走差異化路線所創造的獨特性並不比新品牌遜色。

2. 廣告需要有強烈的說服力

公司所投入的廣告預算愈多，所接觸到的目標消費者人數愈多，同一目標消費者所接觸到的廣告次數也會愈多，這種現象就是廣告上所稱的毛評點（Gross Rating Point, GRP）。毛評點只是評估廣告效果的指標之一，並不是廠商做廣告的唯一目的。質言之，廣告並不是做「好玩」的，更不是要「交差」了事，廠商投入大筆預算做廣告，絕對不只是為了獲得毛評點，廣告文案如果沒有強有力的說服力，立刻就會出現「叫好不叫座」的後果。

國際引藻生物公司邀請鑑識專家李昌鈺博士為「引藻系列產品」背書，配合其名言「有一分證據，說一分話」，增添無比的說服效果。永豐銀行的信用卡打出「三點式」美女牌，強調到全國加油站加油刷Go！Life聯名卡，汽油天天每公升降3.4元，在能源成本高漲的今天，提供大幅誘因，頗具有吸引力。

行銷經理在企畫廣告活動時，必須要施展高度「慎始」的功夫，審慎務實的審核廣告文案，並且不斷自問：廣告文案和產品或服務的核心特色有密切的結合嗎？廣告文案有和公司銷售主張相契合嗎？廣告文案有和消費者的期望相結合嗎？廣告文案具有強烈說服力嗎？抱持寧缺勿濫的決心，不能讓沒有獨特性及缺乏說服力的廣告文案過關。

3. 廣告需有助於長期銷售力

創造銷售績效雖然不是廣告的唯一目標，但是支援及協助提

高公司的銷售力卻是廣告責無旁貸的重要任務。公司投入龐大的廣告預算，最終目的還是要回歸吸引顧客前來購買公司的產品或服務，進而創造良好的銷售績效。因此行銷經理在企畫廣告活動及審核廣告文案時，必須把廣告文案和銷售績效有一定程度的連結，真正把廣告預算花在刀口上。廣告活動要有助於提高銷售力方法很多，其中之一就是要創造獨特性與新鮮感，吸引及滿足消費者喜歡嘗新的心理需求。

消費者都喜歡嘗試具有新鮮感的事物，他們對廣告的感受也不例外，不希望每天都看到同一篇廣告。再好的廣告都有因為老舊而漸漸失去新鮮感與影響力的一天，所以公司必須經常推出嶄新的廣告，以便延續及強化先前廣告所締造的說服效果，不斷提高產品的銷售績效。曝光率最高的廣告之一的保力達B及蠻牛，每年都拍攝好幾支電視廣告影片，創造廣告的新鮮感，為產品注入新活力。

4. 有效的廣告很快就見真章

公司刊播廣告是否有助於提高產品銷售，很快就可以見分曉。於是公司在播出廣告之後，都會透過各種管道，利用不同方法，在合理的短期間之內迅速評估廣告效果，做為檢討文案內容與美編效果，調整刊播策略，甚至做為是否繼續刊播的決策參考。迅速評估廣告效果主要有兩點理由，其一是廣告投資金額龐大，廠商希望儘速瞭解市場反應，其二是有效的廣告很快就可以見真章。

雖說廣告是一種長期投資，但是也需要有評估機制，才不至於落入浪費資源的窘境。平面廣告通常在刊出後幾天就在觀察廣

告效果，電視及電台廣告一般都在播出二星期後就開始注意市場反應，做為調整刊出版面，檢討所選用的媒體及播出時段的依據。

撰寫廣告文案是一門非常專業的工作，常非廣告主的廣告管理人員所能勝任，因此實際作業都由廣告公司的文案撰寫專員執筆，經過縝密討論與修改，再提供給廣告主確認。廣告主的行銷經理必須要有審核廣告文案的能力與素養，在發想廣告構想過程中提供必要訊息與期望，廣告文案初稿完成後在審視文案內容與美編時，必須針對文案的適切性與吸引力，以及可能產生的反應，提供見解及修正意見，並做最後把關的工作。

無論是撰寫廣告文案或審核廣告文案，都必須掌握獨特性、說服力、與銷售相連結、迅速評估績效等要領，才能把廣告效果推到最高峰。

經理人 **實力養成**

　　撰寫廣告文案是一門非常專精的學問，也是一種充滿挑戰性的工作，撰寫人除了需要具備優越的文筆造詣之外，還必須具有過人的創意，敏銳的觀察力，隨時掌握社會脈動，擁有豐富的產品與廣告知識，善於溝通與表達等人格特質。廣告文案撰寫人員需要經常保持樂觀進取的工作態度，持續培養敏銳的觀察力，夜以繼日的尋求靈感，隨時把廣告作品做最佳呈現。請思考下列問題：

1. 貴公司廣告文案是公司廣告企劃人員所發想？或廣告公司創意人員所發想？或兩者互相討論激發的結果？
2. 貴公司所使用的廣告文案中，哪幾項和本文所論述的特質相吻合？請深入比較。

第十一章　5W3H提昇廣告效益

廣告是廠商和消費者溝通的一種重要工具，透過各種大眾傳播媒體，把產品／服務、品牌或公司的特色廣泛傳播，期望以廣告聲勢贏得市場。要和消費者溝通，必須善用行銷觀念，掌握行銷上的5W3H技術與要領，期能達到提昇廣告效益的功能。

經濟社會裡廣告無所不在，企業活動中廣告遍地開花，廠商為了要爭取顧客青睞，為了要在競爭中脫穎而出，往往猛出廣告牌，窮打廣告戰，在競爭社會中廣告甚至已經到氾濫的地步，在此環境之下要提高廣告效果愈來愈不容易。

廣告是廠商和消費者溝通的一種重要工具，透過各種大眾傳播媒體，把產品／服務、品牌或公司的特色廣泛傳播，期望以廣告聲勢贏得市場。廠商要和消費者溝通，必須善用行銷觀念，領先消費者，從研究目標消費者著手，徹底瞭解他們的需求與喜好，進而設法滿足之。要瞭解消費者必須先從市場調查開始，利用各種調查技術，瞭解目標消費者是誰？他們分布在哪裡？他們的生活與消費習慣有什麼特徵？他們要的是什麼？缺少的是什麼？有什麼需求尚未獲得滿足？他們都在哪裡購買？什麼時候購買？購買頻率為何？如何購買？購買多少？如何付款？這一連串的問號一一釐清與掌握之後，廣告才容易發揮溝通效果。

廣告是一門非常專業的學科，也是一種非常專精的技術，無論是學術上或實務上都不斷投入研究，也經常提出嶄新的見解。廣告創作脫離不開市場調查，先期研究工作做得愈徹底，愈有助於發揮廣告溝通效果。企業管理上最常被用來改善工作的5W3H技術與要領，同樣也適用於廣告創作。

為何溝通（Why to communicate）

　　為何溝通屬於公司策略面的課題，廣告策略正確無誤才會有優質的廣告創作。成功的廣告創作必須要有明確而堅定的理由，絕對不是人云亦云，更不是在趕搭廣告列車。行銷經理在著手創作廣告之前必須先確認公司為何要做廣告，是為了要溝通產品／服務、品牌或公司的新特色與新構想，或只是為了要廣告而廣告。和消費者溝通如果沒有正當而充分的理由，絕對不能贏得消費者的青睞。

和誰溝通（Whom to communicate）

　　溝通需要有明確而正確的對象，摸清溝通對象才能進行精準而有效的溝通。要掌握正確的溝通對象，除了有賴行銷經理睿智的判斷之外，還需要輔之以嚴謹而務實的市場調查，例如當公司計畫推出頂級即飲咖啡時，目標對象是誰就成為廣告成功的關鍵因素，不同年齡層的消費者有不同的偏好，不同職業別顧客的飲用習慣各異其趣，男女生對咖啡的需求也不盡相同。瞭解溝通對象之後，更重要的是要精準的鎖定核心目標顧客，以便正確引導廣告創作及資源的有效運用。

溝通內容（What to communicate）

　　溝通內容是廣告創作的重頭戲之一，清楚知道要和目標顧客說些什麼才容易引起共鳴，才有助於激起購買行動。溝通內容屬於廣告訊息的領域，行銷經理在創作廣告及企畫廣告訊息時可有多種選擇，例如採用科學證據、消費者生活型態、現身說法、真實場景、想像空間、幽默情境、高雅氣氛等手法來包裝廣告訊息。此外行銷經理在思考廣告訊息策略時，必須將要和消費者溝通的訊息做最適安排，使之成為條理分明，具有邏輯順序，富有獨特賣點的廣告訊息。

何處溝通（Where to communicate）

　　何處溝通牽涉到廣告媒體的選擇，重點是在哪裡可以接觸到正確的消費群，進而和他們進行有效溝通，這是屬於媒體選擇策略的領域。媒體種類包括電視、電台、網路、報紙、雜誌、戶外、車廂、燈箱，以及其他新興媒體。至於媒體排程有平均式排程、跳躍式排程、重點式排程、混合式排程，不一而足。媒體策略的主要目的是要透過正確的媒體，精準的接觸到目標消費群，運用媒體組合策略，達到廣告目標。

何時溝通（When to communicate）

　　在正確的時間接觸到目標顧客是廣告成功的關鍵因素之一，屬於廣告媒體版面／時段安排的技術。不同消費群接觸媒體的習慣與時間各不相同，例如兒童用品電視廣告宜安排在孩童下課後晚餐前時段，一般消費品的電視廣告通常安排在晚上黃金時段，成人衛生及私密性用品電視廣告適合安排在晚上十時以後播出。

如何溝通（How to communicate）

如何和消費者溝通屬於廣告訴求的領域，也是廣告成功的另一項關鍵因素。只有瞭解目標對象，知道所要溝通的內容，然後才容易進行有效溝通。廣告溝通方式有多種選擇，應用之妙，存乎一心，例如有單面訴求、雙面訴求；有理性訴求、感性訴求；有經濟訴求、健康訴求、恐懼訴求、歡樂訴求、浪漫訴求、虛榮訴求、仰慕訴求、便利訴求、性訴求，頗有各顯神通的味道。如何溝通也是廣告創意的重頭戲之一，廠商常採用出奇不意的手法，達到差異化的廣告效果。

投入資源（How much to communicate）

廣告不只是一門非常專業的學科，同時也是需要投入龐大資源的工作，行銷經理在企畫廣告時，必須要有明確的廣告目標，以及達到目標需要投入多少預算的詳細計畫。廣告訊息有感官門檻、絕對門檻、差異門檻等特性，在這些門檻之前幾乎看不到廣告效果，要跨越這些門檻需要投入足夠的預算，才不至於淪為巧婦難為無米之炊的窘境，沒有達到門檻的廣告投入常會形成一種無謂的浪費。

計畫時程（How long to communicate）

廣告活動除了具有上述門檻特性之外，還具有遞延效果，常常無法收到立竿見影效果，因此行銷經理在安排廣告活動時，必須要有計畫時程的觀念，也就是廣告活動要持續多久才能達到目標。公司的廣告資源與預算通常都有一定的限制，儘管廣告活動有排程計畫，此一排程計畫也有一定的期限，絕對不是一種漫無邊際的活動。廣告活動執行一定時間之後，需要測定廣告效果，

一則檢視顧客的反應，一則檢視是否可以達成目標，再者做為修正排程的依據。

　　鮭魚下蛋數億無人知，母雞生蛋一個卻「驚動」左鄰右舍，因為母雞懂得做廣告，因而收到「驚人」的廣告效果。廣告雖然是一種需要投入龐大資源的企業活動，但是廣告所收到的效益常常遠遠超越所投入的資源，甚至遞延很長的時日，深深影響消費者的行為。有人說公司投入在廣告活動的預算有一半被浪費掉，問題是行銷經理無法知道哪一半被浪費。行銷經理的重要職責之一就是要提高廣告效益，要提高廣告效益必須勤練「慎始」的功夫，務實的從5W3H下手。

經理人**實力養成**

　　廣告是廠商和消費者溝通的一種重要工具，廠商要和消費者溝通，必須善用行銷觀念，領先消費者，徹底瞭解他們的需求與喜好。要瞭解消費者必須先從市場調查開始，瞭解目標消費者是誰？他們分布在哪裡？他們的生活與消費習慣有什麼特徵？他們要的是什麼？缺少的是什麼？有什麼需求尚未獲得滿足？他們都在哪裡購買？什麼時候購買？購買頻率為何？如何購買？購買多少？如何付款？這一連串的問號一一釐清與掌握之後，廣告才容易發揮溝通效果。請思考下列問題：

1. 貴公司由那個單位負責行銷研究？如何進行市場調查？在創作廣告時有充分應用5W3H技術嗎？

2. 貴公司廣告代理商在行銷研究中扮演什麼角色？貴公司滿意嗎？

3. 若委外執行市場調查，貴公司扮演什麼角色？參與程度如何？

第十二章　善用BCG矩陣分配廣告資源

廣告投入金額通常都很龐大，在照顧與培養產品時，必須審慎行事，應用科學方法，發揮「用對的方法，做對的事（Do the right thing right）」的智慧，以最少投入創造最大廣告效果，以最佳行銷佈局贏得市場競爭。此時善用BCG矩陣分析的策略意涵可以協助達到此目的。

世人皆知的可口可樂還需要廣告嗎？台灣家喻戶曉的黑松沙士還需要大陣仗的投入廣告資源嗎？這是當家公司經常被問到的問題，也是行銷長最重要的廣告決策之一。

隨著公司的成長與發展，產品類別與項目通常都會越來越多，但是公司廣告資源的成長往往跟不上產品類別與項目發展的速度，此時行銷長基於使廣告預算發揮最大效用原則，必須慎重思考哪些產品需要廣告，哪些產品可以減緩廣告投入，哪些產品不宜再繼續廣告等嚴肅問題。產品猶如公司所生的小孩，行銷長都寄望這些「兒女」成龍成鳳，每一項產品都能在市場上大放異彩，為公司創造亮麗的業績。然而，產品的培養與照顧，需要有廣告活動打前鋒，需要有足夠的預算做後盾，在僧多粥少的情況下，行銷長需要應用策略思考方法做明智的抉擇，使產品因為獲得最佳照顧而加速成長，使產品因為獲得最適培養而大紅大紫。

廣告投入金額通常都很龐大，行銷長在照顧與培養產品時，必須審慎行事，應用科學方法，發揮「用對的方法，做對的事（Do the right thing right）」的智慧，以最少投入創造最大廣告效果，以最佳行銷佈局贏得市場競爭。此時善用BCG矩陣分析的策略意涵可以協助行銷長達到此目的。

BCG矩陣分析

　　策略管理上用來佈局事業投資組合的BCG矩陣分析，也可以應用來分析產品投資組合。BCG矩陣利用市場成長率高低（10%以上定義為高，10%以下定義為低），產品相對市場佔有率高低（大於市場上主要競爭者為高，小於市場上主要競爭者為低），可以組合成四個象限的矩陣：明星產品（市場成長率高、

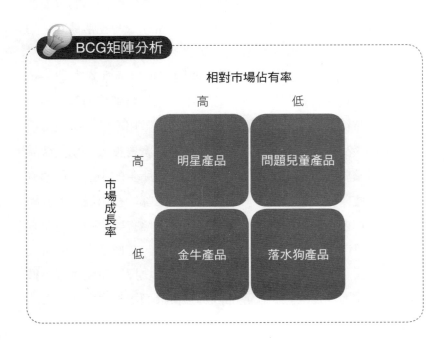

市場相對佔有率高），金牛產品（市場成長率低、市場相對佔有率高），問題兒童產品（市場成長率高、市場相對佔有率低），落水狗產品（市場成長率低、市場相對佔有率低），如圖所示，這四個象限可以用來分析產品的現況，以及預測未來發展潛力。

　　明星產品　公司產品所處的市場成長率高，表示市場呈現一片榮景，成長潛力大，發展前景可期；市場相對佔有率高，表示產品競爭居於優勢地位，市場上所銷售的該類產品，本公司產品占有很高的比率。面對此一情景，公司通常都會加碼投資，包括提高產能，增加廣告，乘勝追擊，把握市場極其有利的發展機會。

　　金牛產品　公司產品所處的市場成長率低，表示市場成長趨緩，呈現衰弱疲態，公司通常都會減緩投資；但是公司產品的相對佔有率高，表示市場上該類產品的銷售中，本公司產品佔有相對優勢地位，收益相對豐厚。因為市場成長趨緩，公司減緩投資，但是收益豐厚，產生許多現金，因而稱為金牛產品。

　　問題兒童產品　市場成長率高表示該類產品廣受消費者喜愛，成長可期，公司順勢進入市場，但是進入市場後，相對佔有率低，前景未卜，所以稱為問題兒童產品。此時公司若投入適當資源，可望培養成為明日之星，若沒有給予應有的照顧，很可能會淪落為落水狗產品。

　　落水狗產品　市場成長率低，相對佔有率也低，表示銷售出現疲態，產品不被消費者喜愛，甚至已進入日薄西山狀態，成為行銷長優先考慮縮減的產品。

現金流向解析

　　行銷預算必須用在刀口上，絲毫也不能浪費，因此哪些產品需要廣告，哪些產品不宜繼續投入資源，行銷資源如何有效應用，就成為行銷長必須審慎思考的問題。有限資源應用在對的產品上，可以發揮明顯的行銷效果，資源應用在不對的產品上，不僅無助於銷售，更會給公司帶來災難。BCG矩陣分析另一項貢獻是提供給行銷長一個現金流量方向的指引，將行銷資源做正確的應用。

　　金牛產品為公司賺進許多現金，這些現金的應用可以朝四個方向思考：一是投入在金牛產品，維持優勢；二是支援明星產品，乘勝追擊；三是培養具有潛力的問題兒童產品；四是繼續研發新產品。

1. 維持金牛產品優勢

　　金牛產品銷售情況良好，屬於賺錢的產品，應該給予足夠資源，以維持其競爭優勢，為公司賺進更多現金。所謂「足夠資源」是因為市場成長趨緩，雖然不宜像新產品上市一樣投入龐大的資源，但是也要給予足夠的資源，維持其優勢。可口可樂、黑松沙士，以及其他知名品牌的暢銷產品，仍然繼續投入行銷及廣告預算就是這個道理。

2. 支援明星產品潛力

　　明星產品市場成長可觀，前景看好，相對佔有率又高，是產品發展的絕佳契機，當然要掌握投資的大好機會，乘勝追擊，支持成為公司未來的金牛產品，以期將來為公司創造大量現金流量。

3.培養值得培養的問題兒童產品

並非所有問題兒童產品都值得投資，但是有發展潛力的問題兒童產品若缺乏照顧，勢必會因為營養不良，而淪為落水狗產品。所以行銷長必須審慎評估哪些問題兒童產品具有發展潛力，哪些問題兒童產品不值得再投入資源，支援值得培養的問題兒童產品，將資源用在正確的產品項目上，才能發揮最大經濟效益。

4.支援開發新產品

公司需要不斷開發新產品，才能迎合市場的新需求，然而開發新產品需要投入相當多資源，金牛產品所創造的現金流量必須用來支應開發新產品，使公司因為不斷推出新產品而源源流長。

資源部署方向正確與否，悠關公司經營成敗至巨，不能僅憑直覺，更不能靠一時喜好，而是需要應用科學方法及理性決策。BCG矩陣分析提供給行銷長兩項重要意涵，第一是瞭解各項產品在競爭中所佔有的地位，做為決定哪些產品需要繼續投入資源，哪些產品可以減緩廣告，哪些產品不宜繼續廣告的依據；第二是指引公司現金正確流向，有助於把有限資源用在正確的地方。正確使用行銷資源是決定競爭優勝劣敗的關鍵，現在賺錢的產品要支援，明星產品要支援，有發展潛力的產品要培養，公司還要不斷開發新產品，但是千萬要避免把資源盲目耗在落水狗產品上。

經理人**實力養成**

　　公司廣告資源的成長往往跟不上產品類別與項目發展的速度，行銷長為了使廣告預算發揮最大效用，必須慎重思考哪些產品需要廣告，哪些產品可以減緩廣告投入，哪些產品不宜再繼續廣告等嚴肅問題。產品的培養與照顧，需要有廣告活動打前鋒，需要有足夠的預算做後盾，行銷長需要應用策略思考方法做明智的抉擇。請思考下列問題：

1. 貴公司應用什麼方法分配廣告資源？產品經理們認為分配結果合適嗎？有助於達成目標嗎？
2. 貴公司如何將有限廣告資源發揮最大效果？未來還有改進空間嗎？將採用什麼方法改進？

第十三章

影射、諧音法開啟廣告一片天

食品產業中尤以飲料業競爭最為激烈，廣告創作過程最感棘手者莫過於不能涉及療效，但是卻又想特別強調的文案。飲料業者遵守法令規範，絞盡腦汁，凸顯創意，最常採用影射訴求法、諧音訴求法來表現。

食品是提供給人們「吃到肚子裡」的食物，和消費者健康密不可分，政府為維護國人健康，保護消費者權益，防止廠商誤導消費者，特別在食品衛生管理法第十九條明訂，「對於食品⋯所為之標示、宣傳或廣告，不得有不實、誇張或易生誤解之情形」，其中特別規範「食品不得為醫療效能之標示、宣傳或廣告；中央主管機關得以公告限制特殊營養食品之廣告範圍、方式及場所；接受委託刊播之傳播業者，應自廣告之日起六個月，保存委託刊播廣告者之姓名（法人或團體名稱）、身分證或事業登記證字號、住居所（事務所或營業所）及電話等資料，且於主管機關要求提供時，不得規避、妨礙或拒絕」。由此可知，食品廣告管理對廣告內容有嚴格規範，對象包括生產廠商及媒體傳播業者。

廣播電視法第三十四條規定，「廣告內容涉及⋯食品⋯，應先送經衛生主管機關核准，取得證明文件」。廣播電視法施行細

則第三十五條規定，「廣播、電視廣告經指定須事先審查者，應由播送電台或廣告製作業者填具申請書，連同廣告影片錄影帶、錄音帶…，向國家通訊傳播委員會申請審查，經取得准播證明後，始得播送…」。由此可知，廠商所創作的食品廣告，必須經過政府主管機關核准始能在電視或電台播放。

　　廣告創作通常都由產品生產廠商與廣告代理商共同攜手合作，食品產業中尤以飲料業競爭最為激烈，廣告創作過程最感棘手者莫過於不能涉及療效，但是卻又想特別強調的文案。飲料業者遵守法令規範，絞盡腦汁，凸顯創意，拍攝膾炙人口的許多廣告，往往成為坊間美談。飲料業者之所以能夠突破限制，最常採用影射訴求法、諧音訴求法，在法令規範下把廣告表現得可圈可點。

影射訴求法

　　影射訴求法就是利用廣告代言人的身體動作與演技，隱喻或影射廣告文案所要表現的獨特內容與訊息，心照不宣，點到為止，巧妙達到與消費者溝通的目的。影射訴求廣告文案的撰寫必須特別考究，簡短但充滿創意，有力而富有巧思，在法令規範的範圍內暢所欲言，盡情演出，容易被消費者瞭解與記憶，有助於激起購買行動。廣告代言人的甄選則特別講究與產品特性與利基的適配性，塑造健康、活潑、美麗、自信的形象。

　　優酪乳富含乳酸菌，每家公司各自標榜其獨特菌種，這些優質的乳酸菌儘管具有改善腸道環境，幫助消化等「功能」，但是礙於乳品廣告不得宣稱療效的規範，是典型不能說但是又想強調的廣告。然而廠商各顯神通，不約而同的採用影射訴求法，成功

的傳達想要和消費者溝通的重要訊息。例如味全LCA506活菌發酵乳，好菌、好喝、好消化的電視廣告，由青春活潑的美女代言，表演雙手在腹部前方劃圈圈的動作，影射喝LCA506活菌發酵乳可以促進胃腸蠕動，幫助消化，增進健康，達到與消費者溝通的目的。

　　茶花綠茶含有茶花抽出物，在人體內具有阻絕脂肪形成的「作用」，但是受限於飲料廣告不得宣稱療效的規範，生產廠商發揮影射創意，創作傳神的廣告，在廣告圈贏得美談。例如黑松公司選擇腰圍粗獷的相撲選手擔任廣告代言人，表演喝茶花綠茶前後腰圍變化情形，由原來腰圍有三條游泳圈，隨著飲用時間的推移變成兩條游泳圈…，最後成為人人稱羨的模特兒，影射喝茶花綠茶可以幫助減重，成功的達到廣告目的。愛之味油切綠茶的廣告也有異曲同工之效，想要傳達飲用後可以分解人體內的脂肪，幫助瘦身，由時下當紅的窈窕淑女，以節奏分明的輕快動作，配合玲瓏曲線與優美體態，表演切、切、切…，成功影射喝油切綠茶有助於瘦身，給人留下深刻印象。

諧音訴求法

　　諧音訴求法主要是利用語言上的諧音或雙關語效果，傳達產品特色，達到廣告傳播目的。廠商所使用的品牌名稱與產品功能或特色相配適，不僅好讀、好記、好印象、好聯想，對產品廣告具有加分效果，例如566洗髮精，給消費者留下使用該產品後頭髮烏溜溜的印象。

　　食品及飲料業者遇到不能說但是又想強調的場合時，常常利用諧音訴求的創意手法，成功突圍，達到廣告傳播目的。例如御

茶園腰の果腰果茶使用曲線瓶，光是包裝容器就已經暗示飲用該產品有助於「讓你窈窕」，電視廣告強調喝腰果茶可以幫你「收妖」（縮腰）；有一篇廣告標榜腰果茶「妖受」（腰瘦）好喝；另一篇廣告說喝腰果茶不會「胖」（怕）喔；黑松茶花綠茶的廣告也有同樣的巧思，強調該產品上市以來飽「瘦」（受）好評，這些案例都因為成功使用諧音訴求法，微妙微翹的傳達產品有助於「瘦身」的意義。

無論是採用影射訴求、諧音訴求或雙關語，廣告要求有效，有幾項要領可供參考，第一是站在顧客立場思考，將廣告文案創作與產品特性密切結合，引伸出消費者所企盼的特定意義與功能；第二是所創作的諧音或雙關語必須簡潔有力，容易傳播，簡單易懂；第三是具有正面積極的意義，沒有不雅、低俗的負面聯想；第四是具有獨創性與話題性，使廣告傳播佔有先占優勢；第五是迎合社會期待，嚴守公序良俗；第六是遵守法令規範，善盡社會責任。

廣告旨在向廣大消費者告知產品相關訊息，廠商必須本著肩負教育消費者，善盡社會責任的初衷，為提升消費水準，維護公序良俗而努力。

廣告創作五花八門，創意無限，各顯神通，法令沒有限制或規範者可以海闊天空，盡情發揮創意，法令有明文規範者必須嚴守分際，有一定程度的收斂。食品與飲料業屬於民生工業，攸關消費者健康至巨，與人們日常生活密不可分，政府與人們都非常重視。從法令觀點言，有些食品成分雖然被證實對人體具有某種助益功能，但是畢竟還只是食品，和藥品有著明顯的分野，廣告

活動自不能訴求療效。從廠商立場言，有獨特「功能」可做為廣告訴求的題材，當然要把握機會，好好表現一番，以凸顯產品差異化優勢。於是絞盡腦汁，發揮創意自不待言，各種影射訴求、諧音訴求，紛紛出籠，使得不能說但是又想強調的廣告處處可見，大放異彩，一方面表現業者的廣告功力，一方面也可以感受競爭激烈程度。

經理人實力養成

　　食品產業中以飲料業競爭最為激烈，廣告創作過程最大挑戰在於不能涉及療效，但是卻又想特別強調的文案。飲料業者在法令規範下，絞盡腦汁，凸顯創意，拍攝膾炙人口的許多廣告，成為坊間美談。飲料業者之所以能夠突破限制，最常採用影射訴求法、諧音訴求法，把廣告表現得可圈可點。請思考下列問題：

1. 貴公司曾經使用過影射訴求法與諧音訴求法嗎？有達成廣告目標嗎？請舉例說明。

2. 飲料業者為突破法令限制，所採取的廣告訴求法，給貴公司帶來什麼啟示？

第五篇
競爭策略篇

第一章　潛在進入者面臨的五項障礙

　　潛在競爭者準備進入產業，使原來競爭就已經非常激烈的市場增添許多變數，勢必會使競爭局勢更升高，對現有競爭者構成重大威脅。現有競爭者會絞盡腦汁，從多方面建構進入障礙，潛在進入者必須通過層層障礙，才能在產業競爭中穩穩佔有一席之地。

　　產業競爭中潛在進入者是一股不可忽視的力量。潛在進入者顧名思義是指尚未出現在眼前的競爭者，但是卻虎視眈眈，摩拳擦掌準備進入產業參與競爭的有心企業或人士。因為潛在進入者處於「潛在」階段，經營意圖不易察覺，策略動向難以解讀，管理作為尚未呈現，競爭力道尚待觀察，而產業現有競爭者處於相對「明顯」處，在敵暗我明的競爭局勢下，令現有廠商更難以因應。

　　潛在競爭者準備進入產業，爭食市場大餅，使原來競爭就已經非常激烈的市場增添許多變數，因此勢必會使競爭局勢更升高，對現有競爭者構成重大威脅。於是現有競爭者會絞盡腦汁，從多方面建構進入障礙，不是讓潛在競爭者進不來，就是提高潛在進入者的經營成本，使其居於不利的競爭地位。進入障礙有多種類型，有些是導因於產業本身的特質，有些是顧客行為使然，

有些是現有競爭者的積極作為所促成，有些是政府法令規範的結果。無論哪一種類型的進入障礙，潛在進入者都會對現有廠商構成威脅，無庸置疑，進入聲勢越強，威脅越大。但是潛在進入者也面臨許多風險，進入障礙越高，進入風險越大。質言之，進入障礙高低決定潛在進入者風險大小。

潛在進入者之所以要進入產業，必有其充分的理由與準備，對想要進入的產業也必有非常透徹的瞭解與洞見，而且都抱定「勇入虎穴，智擒虎子」的必勝決心，要在產業競爭中穩穩佔有一席之地。成功的企業都是從潛在進入者發跡，他們堅持理想，銳意經營，克服進入障礙，提供給顧客更好的選擇，一點一滴累積起來的。要成為成功的潛在進入者，企業必須克服下列典型的進入障礙。

1. 規模經濟

規模經濟是指廠商因為學習效應，以及擴大產出數量導致單位成本下降的現象與結果。當產業的關鍵成功因素是規模經濟時，潛在進入者就必須克服規模經濟的進入障礙，才有能耐進入產業參與競爭。連鎖便利商店就是需要規模經濟的例子，展店數必須達到某一數量才開始有利可圖，因此各系統的連鎖便利商店都積極致力於展店，期望以規模經濟取勝。

規模經濟顯然是講究以量取勝，意味著需要有雄厚的資本，潛在進入者要達到規模經濟除了具備雄厚資本之外，可以從四個方向著手，第一、大量生產或供應標準化產品，藉由量大而達到規模經濟，以及因為標準化而降低成本。第二、大量集中採購增強議價力量，可以因為量大而享受特別折扣，也因為議價力量增

強而取得更有利付款條件。第三、藉由大量生產或供應，分攤固定成本，降低經營成本。第四、藉由大量行銷分攤推廣費用，提高行銷效益。

潛在進入者所擁有的規模經濟效益越大，對產業內現有廠商的威脅也越大；反之，當現有廠商的規模經濟越大，潛在進入者的進入障礙也越高。

2. 品牌忠誠

品牌忠誠度是指顧客對產業內現有廠商的產品情有獨鍾，因而產生消費偏好的程度。品牌忠誠除了是指顧客自己偏好某一廠商的產品或品牌，一而再、再而三的購買之外，同時也樂意推薦給其他人，進而影響他人消費行為。顧客忠誠是潛在進入者進入障礙的重要指標之一，顧客忠誠度越高，潛在進入者的進入風險越大。

現有廠商為因應競爭，通常都不斷在強化顧客的品牌忠誠，而潛在進入者在產業內沒有任何市場地位可言，進入產業顯然是必須瓜分現有競爭者的市場，要瓜分市場必須先克服品牌忠誠這一關障礙。因此潛在進入者必須做好萬全準備，例如透過各種媒體預告產品與服務的獨創性與優異性，與顧客溝通產品上市相關活動訊息，從5W3H的角度預先大量告知，營造未上市先轟動的優勢局面。《賽德克巴萊》及其他電影鉅片，Lady Gaga及許多大型演唱會，都因為事前廣泛預告宣傳，造成未演先轟動。宏達電公司的智慧型手機，裕隆汽車的Luxgen智慧型汽車，蘋果電腦的New iPad，都是因為突破顧客忠誠的極限，上市前廣為宣傳，造成未上市先轟動。

3. 絕對成本優勢

潛在進入者進入新產業，成本結構通常都無法和產業現有廠商相提並論，通常居於成本劣勢，尤其是小型公司要和大規模廠商競爭，在缺乏絕對成本優勢的情況下，形成一道進入障礙，不容易在競爭中嶄露頭角。

潛在進入者可以利用靈活的創新思維，尤其是力行小而美的競爭者，擅長以跳躍式創新挑戰現有廠商漸進式創新，從提高顧客價值，降低顧客成本等方向著手，在經營模式、製造過程、服務流程、後勤作業、顧客服務、客製化等方面力求突破，反向創造成本優勢，以後來居上的姿態進入產業。許多中小企業採取逆向操作方式，成功進入產業，反而令大規模公司望塵莫及。

4. 顧客轉換成本

顧客轉換成本是指顧客轉換供應廠商或品牌時，所形成的實質成本或心理負擔。當轉換成本高時顧客基於安全與方便的考量，通常比較不願意惠顧新廠商或新品牌，因而形成潛在進入者的一股障礙。當轉換成本低時，顧客選擇的自由度增大，有利於潛在進入者進入市場。

潛在進入者除了提供更優異的產品與服務吸引顧客之外，通常都會利用行銷手法，提供給顧客特別優厚誘因，降低或消除顧客轉換成本，鼓勵顧客惠顧。新成立的房屋仲介公司，標榜服務品質一流，快速成交，保證滿意；新上市的汽車提供五十萬五十期零利率，歡迎試乘；新推出家電產品強調分期付款，減輕負擔，都是試圖降低顧客轉換成本。

5. 政府貿易管制

　　政府為保護國內產業發展，通常都會限制外國廠商進入，無形中建構一道難以突破的進入障礙。潛在進入者想要進入某一國家市場，必須突破這些障礙。

　　百事可樂進入印度市場時，採用和當地廠商合作策略，同時承諾幫印度政府發展經濟，協助將農產品銷售到世界各國，終於突破法令管制，成功進入印度市場。台商進入大陸市場也因為明智突破當地政府的法令管制，成功拓展市場。

　　潛在進入者在產業分析中扮演重要角色，尤其是大規模企業更具舉足輕重地位。然而產業內廠商也都不是省油的燈，勢必會設下各種進入障礙，保護產業共同利益，這會使潛在進入者更深層體會創業維艱的處境。潛在進入者既然決定要進入嶄新市場，必須克服許多高難度障礙，抱定「不入虎穴，焉得虎子」的信念，瞭解產業特性，掌握競爭本質，研究顧客尚未滿足的需求，運用過人的智慧，發展獨特策略，尋求新契機。

經理人 實力養成

　　潛在競爭者準備進入產業，會使原來市場競爭增添變數，升高競爭局勢，對現有競爭者構成重大威脅。現有廠商為防範於未然，通常都從多方面建構進入障礙，於是讓潛在進入者面臨許多風險，進入障礙高低決定潛在進入者風險大小。要成為成功的潛在進入者，企業必須克服各種進入障礙。請思考下列問題：

1. 貴公司當初要進入現在產業時，遭遇到哪些進入障礙？如何克服？

2. 最近五年當有潛在競爭者進入市場時，貴公司及貴產業曾經建構哪些進入障礙？如何阻礙競爭者進入市場？

第二章

高成長市場潛藏的高風險

> 高成長市場是企業擴充版圖的首選，但是在高成長往往伴隨
> 著高競爭的思維之下，經營者需要有居安思危的智慧，勤練「多
> 算勝，少算不勝」的功夫，培養置之於死地而後生的超強勇氣，
> 力行「先算輸，而後贏」的決心，才能成為道地的競爭贏家。

　　傳統的智慧認為企業應該尋找高成長的市場，高成長市場潛
藏獲利的機會與成長的魅力，競爭者趨之若鶩，甚至唯恐落於他
人之後。但是高成長市場往往也潛藏高風險，企業常常因為過度
樂觀而忽略許多相關的風險。公司是否一定要參與高成長市場的
競爭，是很值得經營者慎思的一個嚴肅問題。

始料未及的過度競爭

　　高成長市場最大的風險莫過於過渡競爭，高成長吸引太多競
爭者，每一個競爭者也都抱著過分理想的市場佔有率進入市場，
然而實際情況往往是市場無法容納這麼多的競爭者。幾乎所有高
成長市場都出現過度競爭的情況，從公路運輸業到航空業，從金
融業到證券業，從建築業到房屋仲介業，從網路商店到線上拍
賣，從家電產業到個人電腦相關產業，比比皆是，不勝枚舉。

　　高成長市場吸引過多的競爭者，很多公司因為恍然大悟而相
繼退出。B2B網路公司的經驗值得借鏡，早期的成長預測相當樂

觀，更證明了市場真的具有高成長的空間，但是沒有考慮到或忽略高成長率背後可能的威脅，幾乎沒有什麼障礙足以阻止廠商進入市場，許多潛在進入者不易發掘，他們的意圖不明，結果競爭者的家數與投入往往被低估。

優勢競爭者進入市場

第二個風險是廠商雖然已在穩健成長的市場上建立起灘頭堡，但隨後卻有挾其優異產品或成本優勢的競爭者進入市場，形成「人外有人，天外有天」的新局面。

蘋果電腦雖是第一個推出手提計算機的公司，但是卻遭致失敗的命運，部分原因是因為價格太高、設計欠佳、產品太複雜以致不容易使用。Palm Pilot進入市場的時間雖較晚，但是卻憑著價格便宜、品質優越、容易使用等優勢起而代之。

關鍵成功因素會改變

廠商可能在市場發展的早期階段成功地建立堅強的地位，後來卻因為關鍵成功因素的改變而節節敗退。未來能夠存活下來的個人電腦製造廠商，將是有能力在低成本國家製造，利用經驗曲線，以及獲得有效率、低成本配銷通路等手段降低生產成本的公司，因為在市場發展的早期階段，產能並不是最重要的因素。許多市場長期經歷了從產品技術導向轉變到製程技術導向、作業優異導向、以及顧客經驗導向。憑著產品技術建立優勢地位的廠商，並不一定有發展製程技術所需的資源與能耐，關鍵成功因素一旦改變，公司又沒有及時調整腳步，過去的成功頓時成為過往雲煙。

市場成長常不如預期

　　廠商常會誤判情勢，銷售略微轉強就誤認為市場正要起飛而全力投入。一旦發現市場成長不如預期，就會興起價格戰，甚至有許多競爭者退出市場。企業常缺乏足以吸引消費者的價值主張來克服市場的慣性。在某些情況下需求看起來相當樂觀，但是市場上仍然充斥著競爭敵意，因為競爭者都已經擴充產能，準備迎接此一過分樂觀的預期。有時候要把需求具體化變成商品，還得花費相當長的時間，因為所需要的技術尚未成熟，或是顧客轉換速度不如預期，都是值得細究的問題，電子銀行的需求，比預期時間多出好幾年才告具體化，就是一個例子。

　　預測需求並不如想像容易，尤其是當市場屬於新興、動態、前景看似美好時，更不容易預測。行動電話產業的未來充滿著不確定性，市場相對新奇，存在著許多技術上的樂觀性。是否有足夠的新手機、網路容量，以及這項嶄新服務的需求可預測性有多高，都一再受到質疑。網路書市場也面臨類似的不確定性，要做到廣泛被採用還得視網路的應用與移動網路的普及而定。

價格不穩定空留遺憾

　　當產能過剩造成價格競爭壓力時，產業的獲利力可能不易維持，尤其是在固定成本很高，規模經濟具有關鍵影響力的產業，例如航空業與鋼鐵業便是如此。隨著競爭局勢的高漲，有些廠商會採取以熱門產品作為損失領袖的策略，目的只是為了要吸引顧客人潮。

　　CD是個非常具有高成長性的產品，當每一片CD的售價維持在高檔且穩定的水準時，吸引過度擴充的競爭者。但是當通路商

決定以超低價格販售，吸引顧客惠顧其商店，結果造成利潤與銷售量雙雙遭受大量的侵蝕，最後導致CD主要零售商紛紛宣佈退出市場。原來屬於高成長的市場會釀成如此不幸的事件，並不是因為產業本身所引起的價格戰，而是廠商將CD做為犧牲打所帶來的價格不穩定。

資源不足而難抵現實

小規模廠商所面臨最大的限制，就是在面對快速成長市場時，需要不斷注入龐大的資金。由於產品研發費用與進入市場成本高過預期，面對擁有強烈企圖心或準備做困獸之鬥的廠商所掀起的價格戰時，常常使得資金需求不斷增加。因為成長所造成的組織壓力與問題，也常常難以預測，而且比財務上的限制更不容易處理。許多廠商在快速成長階段即宣告失敗，因為不是無法找到及訓練所需要的人才來管理迅速擴充的事業，就是無法調整作業系統與組織結構。

美國Royal Crown的Diet-Rite可樂，因為無法在廣告與配銷上，和主要競爭對手可口可樂的Tab與百事可樂Diet Pepsi相抗衡，以致喪失市場領導地位，就是受限於資源最好的案例。

受限通路空間志難伸

誰掌握通路，誰就是競爭贏家，加上坪效效應持續發酵，現代化配銷通路都僅能支持少數幾個品牌，鮮少有零售商能夠且願意提供太多貨架空間，供眾多同類產品品牌陳列其產品。結果許多廠商都苦於通路難求，甚至連擁有強烈吸引力的產品及周全行銷計畫的廠商，都無法獲得適當的通路，使得行銷計畫的效果大打折扣。

由於通路的稀少性，促成通路商選擇產品的幅度大增，使得通路商的力量愈來愈強大。當通路商面對強而有力的顧客壓縮他們的利潤時，他們會運用這股力量，順勢要求製造商在價格與促銷上做出讓步，以維持利潤於一定水準。

　　高成長市場是企業擴充版圖的首選，但是在高成長往往伴隨著高競爭的思維之下，經營者需要有居安思危的智慧，勤練「多算勝，少算不勝」的功夫，培養置之於死地而後生的超強勇氣，力行「先算輸，而後贏」的決心，才能成為道地的競爭贏家。

經理人 實力養成

　　波士頓顧問集團將市場成長率10％以上界定的高成長市場。成長率高，表示該市場吸引力大，潛藏獲利的機會與成長的魅力，因此競爭者趨之若鶩。高獲利的背後潛藏高風險，這是產業普遍存在的現象，企業常因為過度樂觀而忽略許多風險，公司一定要參與高成長市場的競爭嗎？請思考下列問題：

1. 貴公司目前進入的市場最近五年的成長率為何？屬於高成長市場嗎？
2. 貴公司進入的市場成長率和當初的預期相吻合嗎？
3. 貴公司目前遭遇到哪些風險？未來可能遭遇到哪些風險？

第三章　佈局全球市場的四角習題

　　降低成本與顧客回應一向難以兩全其美，因為兩者的策略方向不僅各不相同，而且互相衝突，聰明的廠商活用規模經濟與區位經濟手法，一方面將價值創造活動安排在成本最低的國家，創造大規模生產的規模經濟效益；一方面追求產品差異化，回應各個國家的當地化，迎合不同國家消費者的需求，達到兩相滿意的境界。

　　在全球策略佈局中，規模經濟與區位經濟扮演非常重要的角色。規模經濟是指公司的生產或銷售量大，而呈現單位成本下降的現象；區位經濟又稱為位置經濟，是指全球化的公司放眼全世界，在全球最適合某項活動的地點執行價值創造活動所創造的經濟效益。例如在不同國家執行原材料取得、研究發展、產品設計、製造／加工、組合／裝配、廣告企畫、行銷與銷售佈局，如此一來不僅可以創造產品差異化，同時又可以達到總成本最低，因而創造競爭優勢。

　　降低成本與顧客回應一向難以兩全其美，因為兩者的策略方向不僅各不相同，而且互相衝突，前者注重產銷標準化的產品，藉由大量標準化達到降低成本的目的；後者著眼於提供客製化產品與服務，追求顧客滿意最大化。聰明的廠商活用規模經濟與區

位經濟手法，一方面將價值創造活動安排在成本最低的國家，創
造大規模生產的規模經濟效益；一方面追求產品差異化，回應各
個國家的當地化，迎合不同國家消費者的需求，達到兩相滿意的
境界。

　　要回應當地化就無法一廂情願的將公司獨特能耐有關的技術
與產品，從一個國家移轉到另一個國家，而是需要做某些程度的
調整與因應，例如麥當勞在不同國家賣不同口味的漢堡，7-11便
利商店在國外賣熱狗，在台灣賣茶葉蛋，都是因地制宜的作法。
全球佈局的企業可以利用降低成本壓力高低，回應當地化需求壓
力高低，組合成下圖所示四種方格的矩陣，進而發展因應策略。

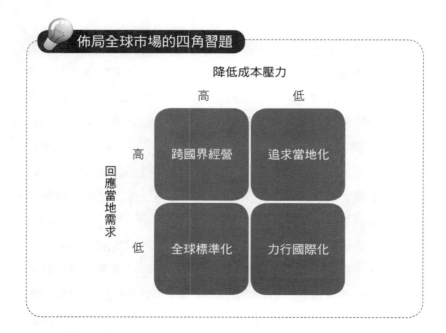

1. 全球標準化

　　當公司面對降低成本的壓力很高，但無須刻意回應當地化需求時，可以採取全球標準化策略。全球標準化策略又稱為全球策略，顧名思義是供應全球一致性的標準化產品，藉由全球大量研發、設計、生產與銷售所產生的規模經濟效應，以及在全球成本最低的國家進行價值創造活動的區位經濟效益，提高公司的獲利能力。這種經營模式顯然是在追求全球規模的低成本策略，邏輯上認為只要產品受歡迎，成本相對低廉，就有機會創造競爭優勢，進而增加公司的獲利。

　　低成本與差異化是競爭策略的兩難，全球標準化顯然是跳過差異化的要求，只需致力於降低公司的成本結構，就有機會贏得市場，例如建設機械的機型與功能幾乎全球都相同，日本小松公司與美國Caterpillar公司等生產廠商，都採取全球標準化的單一產品策略，致力於降低生產與服務成本。可口可樂、百事可樂、7-up等大眾化飲料生產廠商，也都因為追求全球標準化而稱霸全球。

2. 力行國際化

　　當公司面對降低成本與回應當地需求的壓力都很低時，適合採取國際化策略。國際化策略主要是大量生產人們普遍需要的標準化產品，放眼全球銷售到許多不同國家，因為沒有降低成本結構的壓力，所以可以擴大公司獲利來源。公司拓展國際市場初期常採用此一策略，尤其是當公司的標準化產品獲得其他國家消費者的青睞，無須刻意調整或修改產品，就可以以原來的面貌銷售到其他國家，滿足國外消費者的需求，是一種最簡易可行的國際

化策略。

　　許多公司採用根留母國政策，把價值創造活動中最重要項目留在母國，例如將研究發展中心及行銷與銷售企畫總部留在自己的國家，其餘次要活動及執行面的業務則移到地主國，如此一來不但可以防止核心技術外流，同時也可以創造規模經濟與區位經濟效益，是一種一舉數得的策略。高科技產業及其他許多重要產業，都因為採用國際化策略創造競爭優勢因而大幅增加公司收益。

3. 追求當地化

　　當公司所面對的市場需要刻意迎合地主國的需求，而降低成本結構的需求並不迫切時，適合採取當地化策略。當地化策略又稱為多國策略，望文生義可知是為某些國家的消費者量身訂製所需的產品與服務，然後以無須刻意降低成本的方式為其他國家的消費者提供這些產品與服務。

　　汽車生產廠商提供不同車型給不同需求的顧客，不同車型採用某些相同的零組件，例如底盤、板金、輪胎、音響、空調等，在追求當地化過程中，有助於收到某一程度的規模經濟效益。自動販賣機生產廠商也因為採用當地化策略，達到拓展國際市場的目的。

　　當地化策略利用量身訂製的客製化技術，可以充分滿足當地市場的需求，因而在當地市場提高產品價值，但是屬於小規模生產，客製化的成本偏高，以致公司所增加的收益有限。當地化策略最有效的前提有三，其一是客製化所增加的價值可以大幅提高產品價格，其二是客製化所提高的價值有助於盡早收回公司的高

成本投資，其三是客製化所增加的價值可以大幅擴大當地市場需求。

4. 跨國界經營

當公司所面對的市場一方面需要大幅降低成本，一方面又必須迎合當地化的特殊需求時，就需要採取雙管齊下的跨國策略。跨國經營的公司通常都在國外設有子公司，一方面著眼於全球的生產量與銷售量，獲取規模經濟與區位經濟效益，一方面將公司的獨特能耐移轉給國外的子公司，因地制宜的滿足當地市場的需求，進而達到增加公司收益的目的。

跨國經營的公司通常都希望在公司所進入的市場，創造差異化（客製化）與低成本（能耐移轉）優勢的經營模式，這種模式需要處理互相衝突的需求，也是最複雜的經營模式，通常都是大規模公司所採行的策略。

從價值鏈的角度觀之，企業創造價值的許多活動中，研究發展與行銷活動潛藏著無數技術訣竅，因此所創造的附加價值最顯著，製造／加工的成本相對比較透明化，所以所創造的附加價值也比較低，策略精進的廠商都熱衷於追求研究發展與行銷活動，而將製造／加工業務移轉給國外的子公司，這就是宏碁企業集團總裁施振榮先生所說微笑曲線的道理。

加入世界貿易組織後，市場門戶大開，企業競爭加劇，經營者必須經常保持居安思危的心態，因為現有競爭對手無時無刻都虎視眈眈，更強勁的競爭者隨時都有可能出現，競爭態勢旦夕都有可能改觀。企業要在全球競爭中成為贏家，必須銳意經營，不斷改革。國際化策略在降低成本與回應當地顧客方面雖然並不迫

切，當地化策略雖然沒有迫切降低成本的壓力，全球化策略雖然無須刻意回應當地化的需求，但是這三種經營模式將愈來愈不可求。放眼全球市場的競爭，追求規模經濟與區位經濟，殷實回應當地市場的需求，則是贏得全球競爭的不二法門。

經理人實力養成

　　規模經濟與區位經濟是企業在佈局全球策略的主要考量因素。降低成本與顧客回應是全球佈局另一考量因素，兩者的策略方向各不相同，而且互相衝突。聰明的廠商活用規模經濟與區位經濟手法，一方面將價值創造活動安排在成本最低的國家或地區，創造大規模生產的規模經濟效益；一方面追求產品差異化，回應各個國家或地區的當地化，迎合不同國家消費者的需求，達到兩相滿意的境界。請思考下列問題：

1. 貴公司目前全球佈局的策略考量為何？成效如何？
2. 貴公司未來全球佈局將採用什麼策略？為什麼？
3. 貴公司主要三家競爭對手的全球化各採用什麼策略？

第四章

六項基本功助你前進新興市場

新興市場充滿挑戰與機會，需要領先且主動發覺及辨識新興市場，找出在公司現有資產與能耐之下具有吸引力的新興市場，然後調整企業經營策略及產品與品牌組合，提高公司與該市場的連結度。潛藏機會則要設法影響這些新興市場，建構進入障礙，減少競爭者進入的機會，享受先佔優勢。

　　自由經濟時代的特色之一是隨著時間的演變，參與競爭的廠商愈來愈多，市場競爭狀況愈演愈激烈，優勝劣敗的現象愈來愈分明。企業要在此競爭的環境下求生存、圖發展，需要有全方位的眼光，重視策略性思考，落實創造性思維，大方向不能出差錯，小地方也不能疏忽。大塊市場需要極力爭取，新興市場也需要努力開發，為未來的競爭優勢奠定深厚的基礎。

　　新興市場顧名思義是指新近興起或形成的市場，從區域、國家、地區，到狹小的利基市場，不一而足。區域方面如歐盟、拉丁美洲市場。國家則有早期的台灣、香港、新加坡、南韓被喻為亞洲四小龍，前幾年有金磚四國之稱的巴西、俄羅斯、印度、中國大陸，都因為成長潛力雄厚，吸引世人的眼光，成為新興市場的佼佼者。大陸深圳、大西南是近年來典型的新興地區市場。其他如各種健康、養生、保健、美容等產品的利基市場，都是人們

熟悉的新興市場。新興市場之所以受到重視，主要是潛藏成長的
機會，市場吸引力驚人，包括市場規模可觀，市場成長可期，顧
客需求待滿足，競爭廠商少，獲利潛力大，技術發揮空間大，政
府管制少。

　　新興市場的潛力尚未完全浮現出來，因此常被大公司視為不
起眼的次要市場，也因為如此才讓中小企業有進入及發展的機
會。台灣的自動販賣機製造業就是一個例子，一開始家電產品大
規模製造廠商都躍躍欲試，充分展現經營企圖心，幾經評估後認
為時機尚未成熟，市場規模有限，於是紛紛打退堂鼓，把這一個
大好機會留給金雨公司，使金雨公司成為我國唯一一家自動販賣
機製造廠商。

　　新興市場充滿挑戰與機會，充滿挑戰是指廠商需要領先且主
動發覺及辨識新興市場，找出在公司現有資產與能耐之下具有吸
引力的新興市場，然後調整企業經營策略及產品與品牌組合，提
高公司與該市場的連結度。潛藏機會是廠商要設法影響這些新興
市場，建構進入障礙，減少競爭者進入的機會，享受先佔優勢。

　　回想新興市場形成的原因，檢視其興衰史，從下列幾個方向
思考，將有助於發覺及辨識新興市場。

1. 增加產品線

　　新興市場的形成表示市場潛藏有新的需求待滿足，這些新需
求可能不是公司現有產品可以滿足的，因此公司可以增加或擴大
產品或服務項目，以嶄新的面貌和消費者接觸。油電混合車、柴
油引擎小汽車，以及各式各樣的省油車，就是在能源成本高漲的
環境之下，所形成的新興市場，豐田汽車、日產汽車、本田汽車

等，積極開發迎合高能源成本時代的省油新車種，增加產品線，搶佔市場先機。

2. 找利基市場

利基市場是指規模較小的一塊區隔，通常是由較少的小市場區隔中一些尚未被滿足的一群消費者所組成。大規模市場絕大多數都是由利基市場開始，隨著時間的推移及消費者的接受，逐漸發展成為規模龐大，獲利豐厚的市場。

飲料市場去年綻放茶花，就是一個絕佳案例。飲料產品種類及品項雖然五花八門，消費者仍然潛藏許多尚未滿足的需求，消費者買飲料不只是單純的買飲料，而是希望買到具有附加價值的新概念飲料。標榜有助於減重的茶花綠茶飲料，就是一個典型的利基市場，黑松公司、維他露公司、泰山公司、真口味公司，看準此一利基市場的機會，率先進入，而且都創造非常可觀的成果。

3. 擴大應用範疇

新興市場本質上就是一個較小的集合體，小集合市場潛藏有不同於常態的新需求，廠商除了增加現有產品的應用之外，擴大經營模式的應用，提供整體解決方案，往往是找到新發展契機更有效的方法。便利商店的經營模式掀起零售業大革命，勢如破竹的席捲昔日的雜貨店市場，徹底改變了零售業的生態。統一公司將經營7-11的經驗擴大應用到統一麵包、康士美、聖德科斯等連鎖店的經營，創下複製經營模式及擴大應用範疇的最佳典範。

電腦軟體廠商強調不只是賣軟體，而是提供整體解決方案，除了有關電腦軟體應用的範疇之外，更結合許多不同的應用領

域，從顧客關係管理的角度切入，提供全方位解決方案，以電腦科技為基礎，擴大應用領域成為整體解決方案中的佼佼者。

4. 不同使用方法

現有產品的不同使用方法，不僅是發覺新興市場的好方法，有時新使用方法反而比原來的使用方法更受到重視，例如治療心臟病的良藥威而鋼被發現具有治療性功能障礙的功效之後，一直扮演著喧賓奪主的角色。又如調味料生產廠商透過大師級主廚介紹醬油的各種用途，包括煎、煮、炒、滷、烤、拌、沾…，擴大醬油市場，功不可沒。

新近形成且各不相同的產品應用，除了形成一個新興市場之外，也因此界定了相關產品的產業標準，國外的開特力運動飲料，我國的舒跑運動飲料，伯朗易開罐咖啡都因為成功的開發迎合利基市場新需求的產品，而成為該類產品的標準口味，享受先佔優勢，恆久不變。

5. 產品等級再定位

有些產品的定位會隨著時代的改變，而成為不同等級的產品，行銷人員若能洞察先機，掌握產品重新定位的契機，往往可以在新興市場上建立競爭優勢。近年來受到能源成本高漲的影響，沈寂許久的自行車重新受到消費者的青睞，不僅成為現代人休閒及運動的重要工具，政府為因應此一趨勢，積極規劃自行車專用道；部分消費者更將自行車當作上下班的交通工具，許多大型交通工具為迎合此一新趨勢，也紛紛規劃搭載自行車的車廂，方便消費者將自行車帶到距離較遠的地方從事休閒活動。

在飲料大戰中，7up重新將其透明汽水巧妙的定位為「非可

樂」，而得以和可口可樂、百事可樂並駕齊驅。星巴克咖啡專賣店將其專賣店定位為「第三個好去處」，幾乎席捲整個咖啡專賣店市場，這些都是產品等級再定位的最佳案例。

6. 觀察消費新趨勢

顧客的需求永遠不會獲得滿足，他們的消費習慣經常在改變，這些正在改變的習慣會形成一種新的消費趨勢，廠商若能掌握消費脈動，順勢而為，往往可以在新興市場獨領風騷。強調健康概念的養生食品，保健產品，以及使用草本植物萃取添加物製成的飲料，形成了飲料業的新興市場，各種口味的天然果汁飲料，各種各樣的茶飲料，含有不同菌種的乳酸飲料，以及消費者對包裝飲用水殷切的需求，都是消費趨勢改變下的產物。

戰場上講究兵貴神速，行銷競爭除了要快速反應之外，還要洞察先機，搶佔先佔優勢。新興市場潛藏無限商機，深藏成長的機會，是競爭時代不可忽視的市場，行銷經理本著深耕市場、精耕市場的精神，從小處著手，邁向大發展，都努力在發覺及爭取新興市場的銷售機會。

經理人實力養成

　　新興市場之所以受到重視，主要是潛藏成長的機會，市場吸引力驚人，包括市場規模可觀，市場成長可期，顧客許多需求待滿足，競爭廠商少，獲利潛力大，技術發揮空間大，政府管制少。新興市場的特徵之一是市場潛力尚未完全浮現出來，因此常被大公司視為不起眼的次要市場，也因為如此才讓中小企業有進入及發展的機會。請思考下列問題：

1. 回想貴公司當初進入新興市場的情景，是否和本文的論述相接近？如果不是，有哪些不同？
2. 本文所論述6項基本功是否有助於貴公司發覺及辨識新興市場？為什麼？
3. 除了本文所論述6項基本功之外，貴公司在發覺及辨識新興市場時曾採用哪些新方法？成效如何？

第五章

手中籌碼決定搶先機或收漁利

產品進入市場的時機，常常會面臨採用領先或跟隨的策略抉擇。領先進入市場的廠商，通常享有先見之明的競爭優勢；跟隨進入市場的廠商，則享有穩健而安全的競爭優勢。何者為佳，仁智互見，不能一概而論。

產品進入市場的時機，常常會面臨採用領先或跟隨的策略抉擇。

領先進入者所持的觀點，主要是認為市場機會稍縱即逝，經營者必須眼明手快，掌握先機，才能奠定成功的基石。因為尚未有競爭者參與競爭，所以會有「早起的鳥兒有蟲吃」的效應，有助於開創市場一片天，如果因此而一舉成名的話，還可以創造先佔優勢，享受往後的市場榮景與發展。

跟隨策略認為經營環境險惡，風險處處，保守穩健不失為良策，不但可以避開「早起的蟲兒被鳥吃」的風險，還可以穩扎穩打的建構市場基礎。尤其是新產品的行銷充滿許多變數與不確定性，在資源有限的情況之下，抱持老二哲學的觀念，緊跟在領先者之後，可以減少犯錯的機會，節省大筆學費，這也是日本人所稱的蘋果策略，新摘採的蘋果不知是否好吃，未知是否有問題，讓別人先嚐一口，若無問題即刻跟隨進入市場為時不晚。

領先進入或採取跟隨策略何者為佳，仁智互見，不能一概而論。市場上有許多因為領先進入而創下成功的例子，例如菠蜜果菜汁，舒跑運動飲料，愛之味麥仔茶，不勝枚舉。也有不少採取跟隨策略而大放異彩者，例如綠洲果汁、左岸咖啡、茶裏王、御茶園等。

領先進入的優勢

　　領先進入市場的廠商，通常享有下列先見之明的競爭優勢。

1. 優先選擇市場區隔與定位。因為沒有競爭者參與競爭，在市場淨空的情況之下，策略自由度增加，享有優先選擇市場區隔及定位的機會。市場區隔可以讓公司找到正確的目標市場，定位可以使公司發展產品的特色，進而給消費大眾留下深刻而獨特的印象。

2. 享有定義產業標準的優勢。市場開創者除了享有定義產業標準之外，還可以享有界定市場遊戲規則的機會。例如錄放影機VHS與Betamax的規格競爭，VHS採取廣泛授權策略而大獲全勝，不僅贏得一場規格競爭，也成為業界的標準。

3. 享有配銷優勢。領先進入者享有通路的優先選擇權，而配銷通路為現代企業競爭的新利器，誰掌握通路，誰就是競爭的贏家。黑松公司率先採用經銷制度，所建構的經銷體系及綿密的經銷網，在我國飲料市場上無人出其右，曾經有新進入的同業被問到為何沒有採用經銷制，他們都坦承全國各地最優秀的經銷商都已經被黑松公司網羅於其旗下，再採用此制度怎能與之競爭。

4. 享有規模經濟與經驗效果。領先進入意味著市場處於介紹

期，成長空間大，領先進入，掌握此一契機，無論是生產作業或行銷活動，不僅享有規模經濟，因為大量供應而降低成本，同時也享有經驗曲線效果，因為熟練各項作業而降低單位成本，享有成本優勢。

5. 提高使用者的轉換成本。市場上的創新者及早期使用者，接受並使用公司的新產品之後，常常因為熟悉公司的產品，而逐漸形成堅定不移的品牌忠誠度，遇有競爭者進入市場發動引誘攻勢時，往往會因為基於轉換成本的考量而卻步不前。轉換成本包括實質成本與心理成本，品牌忠誠度愈高，轉換成本也愈高，顧客也就愈不想轉換品牌。

6. 搶先佔有稀有資源與供應廠商。領先進入者可以優先和想要開創先事業的供應廠商結盟，掌握稀資源，甚至可以和對他們的原料或零組件的發展機會不看好的廠商議得有利的價格。當跟隨進入的廠商發現這些原料或零組件供應短缺時，他們的擴充計畫不是會受到限制，就是必須付出更高昂的代價。

跟隨策略的優勢

　　跟隨進入市場的廠商，通常享有下列穩健而安全的競爭優勢。

1. 可以坐收領先進入者定位錯誤的利益。在沒有參考對象的情況下，領先進入者常摸不清楚消費者的喜好與購買準則，容易將產品定位錯誤，此時跟隨進入者就可以無須繳交這一筆學費，輕鬆的坐收領先進入者定位錯誤的利益。

2. 可以坐收領先進入者產品錯誤的利益。領先進入者所推出的

新產品，偶而會因為技術上或設計上的缺陷，造成消費者的不安，進而對公司產生不利的形象，例如新上市的汽車、電器產品常會有這種困擾，以致需要召回檢修，不但所費不貲，而且嚴重影響公司形象。跟隨進入的廠商有此前車之鑑，往往可以坐收先佔者產品錯誤的利益。

3. 可以坐收領先進入者行銷錯誤的利益。新市場不僅充滿不確定變數，而且是詭譎多變，領先進入的廠商在行銷策略上若有任何失誤，都是跟隨進入的廠商非常重要的借鏡與發展契機。

4. 可以獲得最新技術。科技發達為廠商大開進步之門，同時也帶給企業經常面臨因為過時而遭淘汰的威脅。在以技術創新的產業中，跟隨進入的廠商常常可以利用更優異的新世代技術推出新產品，反而可以獲得先佔優勢。

5. 可以獲得領先進入者的有限資源。領先進入的廠商若因為生產設備或行銷資源有限，或對新進入的市場無法做出足夠的承諾，而跟隨進入的廠商願意且有能力比領先進入者投入更多資源，做出更多、更貼切的承諾，則所受到的限制條件往往比較少。

成功關鍵因素

　　組織的資源與能耐不僅足以影響領先進入廠商的成功，同時也會影響企業能否在市場上成功扮演先佔者的角色。缺乏必要資源與能耐的公司，通常需要由其他廠商來打前鋒，然後快速跟隨進入市場。領先與跟隨進入策略各有其優勢基礎，何者為優，不易論斷。領先進入策略成功的關鍵端視下列條件而定，（1）公

司擁有龐大的進入規模：可以迅速提高生產及擴充銷售數量，在競爭者展開挑戰之前，達到經驗曲線效益。（2）寬廣的產品線：迅速擴充產品線，或改良初期所推出的產品，使產品更能迎合特定市場的需求。（3）高超的產品品質：一開始就提供高品質、設計精美的產品，令跟隨進入市場的廠商少有創造差異化的機會。（4）龐大的推廣資源：有豐富的行銷資源做後盾，常常是領先進入策略重要的關鍵成功因素。

跟隨進入策略在下列情況之下也常常創下輝煌的成功，（1）比領先進入者擁有更大的進入規模，聲勢浩大的席捲市場。（2）以更卓越的技術、產品品質、顧客服務，以後來居上的姿態超越領先進入者。（3）採取包圍戰術，集中在外圍的目標市場或利基市場，避開正面競爭，獲取藍海策略的優勢。

經理人實力養成

　　新產品上市時，公司常會面臨採用領先或跟隨的策略抉擇。領先策略認為市場機會稍縱即逝，公司必須眼明手快，掌握先機，才能奠定成功的基石。跟隨策略認為經營環境險惡，風險處處，保守穩健不失為良策，不但可以避開「早起的蟲兒被鳥吃」的風險，還可以穩扎穩打的建構市場基礎。領先進入或採取跟隨策略何者為佳，仁智互見，不能一概而論。請思考下列問題：

1. 貴公司最近三年新產品上市採用領先或跟隨策略？為什麼？成效如何？

2. 貴公司所採用的上市策略掌握哪些成功關鍵因素？獲得哪些優勢？為什麼？

第六章　維持競爭均衡的四場賽局

　　企業競爭都希望擴大事業版圖，提高市場佔有率；個別廠商參與競爭都希望冒最小的風險，獲得最大的競爭利益。整體產業透過產業管理與默契，各憑本事，和諧相處，降低緊張，和氣生財，競爭也可以共享產業榮景。

　　面對激烈的競爭，廠商都各有所思，各有所為，也各有所獲，這是經營者的本能，也是企業家的本色。為了求生存、圖發展，公司都會極盡所能的使出勝過競爭者的絕招，建構屬於自己的獨特優勢，發揮領先競爭對手的獨門技法，品嚐勝利者的成果。競爭的定義與內涵隨著情境的不同而有言人人殊的現象，激進派認為競爭就是要互相爭奪，短兵相接，期望自己愈競爭愈茁壯，甚至令競爭對手無奈的退出市場。溫和派主張共創競爭均衡，共存共榮，分享繁榮的成果。從策略管理角度言，面對激烈競爭，廠商在使出競爭絕招的同時，可以從價格訊號、價格領導、非價格競爭、控制產能等四個方向找到適合自己的策略。

1. 價格訊號

　　價格是行銷的基本要素之一，但是絕對不是唯一要素，因此廠商在發展競爭策略時都會審慎處理價格議題，都不希望使自己的競爭策略淪為最廉價也是最危險的價格競爭，此時善用價格訊

號常常具有四兩撥千斤的功效。

價格雖然不是競爭的唯一要素，但也不可否認是競爭的重要要素之一，無論是先佔公司或後進廠商，都會留意市場價格的變化與趨勢，做為研擬競爭策略的重要參考指標。價格訊號（Price Signaling）是指產業內既有的廠商，尤其是產業領導廠商，釋放出調整價格的風聲或訊號，一方面嚇阻潛在進入者進入市場，一方面打亂現有競爭對手的策略佈局，屬於一石兩鳥的策略，最重要的目的是要鞏固自己的競爭地位。

價格訊號有可能是調漲價格，也有可能是調降價格，領導廠商通常會評估產業內外環境狀況，衡諸競爭情境的變化，在適當時機釋放出價格訊號，影響其他公司的產品定價方式。可口可樂公司為反應成本上漲，曾在2011年11月18日宣布不排除於2012年調漲價格，至於調漲的時間與幅度未定，就是典型的價格訊號。

所謂適當時機通常有幾層意義，有些是單純為了反應成本而調漲價格，有些是基於競爭的考量而調降價格，無論是釋放出調漲價格的訊息或調降價格的訊號，通常都是產業領導廠商才享有此一主導的能耐。漲價訊號可以使廠商共享漲價的利基，降價訊息可以讓潛在進入者打退堂鼓，達到維持競爭均衡的局面。

2. 價格領導

產業經過萌芽、成長、震盪等階段，進入成熟期之後，廠商都會深深體會及珍惜共存共榮的重要性，也都希望透過價格領導機制來共享產業的榮景。

價格領導（Price Leadership）是指產業內的公司寄望領導廠商肩負起選擇對產業最有利價格水準的責任，保護及增強產業內

各公司獲利能力的一種共同的競爭策略。然而礙於公平交易法及相關法令規定，價格領導通常都著眼於大局，心照不宣，默契進行。石油公司遵循油價調漲機制，每週宣布調整幅度，各公司調整幅度既使相同，調整時點也各異其趣，通常都由領導廠商率先宣布，其餘廠商採取跟隨策略。非領導廠商基於策略考量，有時也會出其不意的率先行動，令領導廠商跟進。國營事業肩負穩定物價的重任，有時政策性的宣布凍結調漲價格，民營企業也只好配合跟進，這些都是價格領導的案例。

從經濟學的觀點言，價格可以反應市場機能，公司所訂定的價格是目標市場顧客所能接受的價格。從競爭的角度言，廠商訂定價格時所考量的是競爭者的價格，而不是廠商的成本。因此價格領導的特色之一是讓善於採取差異化策略的廠商享有索取較高價格的機會。從另一方面言，價格領導讓成本結構較高的公司有坐享其成的機會，也就是無須致力於提高生產力就能享受競爭均衡的成果。

3. 非價格競爭

非價格競爭（Non-price Competition）顧名思義是指廠商理性的避開價格競爭，改採用價格以外的競爭方式，因為廠商都瞭解價格競爭代價非常高昂，潛藏難以評估的風險，常常是得不償失。從企業策略觀點言，低成本與差異化是競爭策略的兩大主軸，最常見的非價格競爭是選擇產品差異化策略，這也是建構進入障礙，維持產業競爭均衡最根本的方法。

非價格競爭可以從產品與市場的組合思考，即維持產銷現有產品或開發新產品，維持在現有市場競爭或進入新市場，這四個

構面的組合可以發展出市場滲透、產品開發、市場發展、產品增殖等四種非價格競爭策略。市場滲透意指深耕、精耕現有市場，地毯式的找出任何一個可能銷售現有產品的市場，然後一一爭取之。產品開發顧名思義是研究顧客尚未滿足的需求，致力於開發新產品，滿足現有市場的需求。市場發展係指發展現有產品的新功能、新用途，為現有產品尋求嶄新的銷售機會。產品增殖則是從更宏觀的視野思考，同時致力於新產品開發與新市場的拓展，也就是努力開發新產品，迎合新市場的需求，凸顯公司在競爭市場上絕不輕言缺席的決心。

4. 控制產能

經濟學原理告訴我們，廠商過度擴充，新競爭者加入，市場需求減少，產業常會出現產能過剩的現象，此時難免會爆發價格競爭，結果使得捲入競爭的廠商沒有一家是贏家的落魄場面。產能過剩造成供過於求，產能不足容易失去銷售機會，過與不及，均非所宜。控制產能（Maintaining Excess Capacity）就是要在其中取得一個平衡點，藉由預測市場需求，做為擴充最適產能的依據，同時也維持一定程度的過剩產能，做為調節競爭策略，達到嚇阻競爭者進入的目的。

產能可以做為競爭的工具，從個別廠商的角度言，控制產能最有效的方法就是迅速掌握先機，發揮先佔優勢，阻礙競爭對手進入市場。從整體產業的立場觀之，競爭廠商之間透過高度默契，將產業產能控制在最適水準，同時透露出尚有餘裕產能的訊息，讓潛在進入者打消進入產業的意圖，不失為可行之策，但是這種高度默契必須不至於抵觸公平交易法及其他相關法令。

企業競爭都希望擴大事業版圖，提高市場佔有率，個別廠商參與競爭都希望冒最小的風險，獲得最大的競爭利益。整體產業透過產業管理與默契，各憑本事，和諧相處，降低緊張，和氣生財，競爭也可以共享產業榮景。

經理人 實力養成

　　競爭的定義與內涵隨著情境的不同而有言人人殊的現象，激進派認為競爭就是要互相爭奪，短兵相接，期望自己愈競爭愈茁壯，甚至令競爭對手無奈的退出市場。溫和派主張共創競爭均衡，共存共榮，分享繁榮的成果。從策略管理角度言，廠商可以從價格訊號、價格領導、非價格競爭、控制產能等四個方向找到適合自己的策略。請思考下列問題：

1. 貴產業的競爭氣氛屬於激進派或溫和派？為什麼？
2. 貴公司的競爭行為屬於激進派或溫和派？為什麼？
3. 貴公司若屬於激進派，將選用哪些策略？為什麼？
4. 貴公司若屬於溫和派，將選用哪些策略？為什麼？

第七章　價值主張與執行決定廣告成敗

廣告訊息是廠商提供給消費者的獨特價值主張，重點在於「說什麼」；廣告的創意與執行是在表現「如何說」的藝術與功夫，將廣告主想要傳達給顧客的獨特價值主張，轉換為可以在媒體刊播之廣告的過程。成功的廣告是廣告主的行銷團隊提供具有說服力之價值主張的訊息，以及廣告代理商有效執行廣告專業表現的組合。

廣告是一種非常專業的工作，涉及許多學科、科學與原理，包括管理學、行銷學、傳播學、經濟學、心理學、社會學、人類學、藝術、美學等，不一而足。由於牽涉的範疇廣泛，很少有一家公司能夠包辦廣告管理及創意發想與製作的所有工作，通常都是採取策略聯盟方式，廣告主成立廣告管理部門，專責廣告管理與預算控制等相關工作，至於廣告的創意與製作則委託專業廣告公司來執行，雙方合作無間，分別貢獻所長，互補不足，共同產出成功而有效的廣告。

廣告不只是單純的廣告而已，一篇／幅感人的廣告必須要有明確的主題，潛藏深層的心理訴求，表現出濃厚的藝術成分，選對媒體及刊播的版面／時段，才有可能登上成功廣告的殿堂。一篇／幅成功的廣告是廣告主與廣告代理商密切合作的結晶，前者

提供具有說服力的廣告訊息，後者執行廣告的專業創作與藝術表現。質言之，廣告訊息的說服力與執行品質決定廣告的影響力。

　　廣告訊息通常是指廠商所要提供給消費者的獨特價值主張（Unique Value Proposition），獨特價值主張不僅是廣告訊息最重要的精髓，也是公司回報顧客對廣告所投注的時間與注意力的一種利益。所謂回報可能是顧客對某一產品或品牌所需要的特定資訊，也可能只是一種使用或享受的經驗而已。獨特價值主張的重點在於「說什麼（What to Say）」，這是廣告要和顧客溝通的內容，也是行銷經理責無旁貸的職責。許多研究都發現廠商一開始就提供強烈的獨特價值主張，通常都會大幅提高發想有效廣告的驚奇效果。至於廣告的創意與執行是在表現「如何說（How to

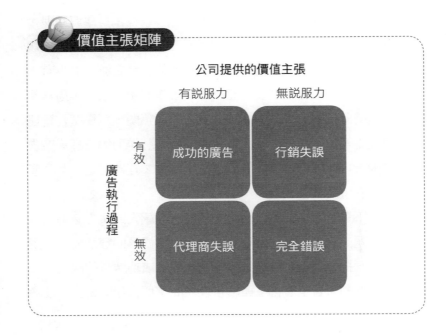

Say）」的藝術與功夫，也就是透過廣告表現手法，將廣告主想要傳達給顧客的獨特價值主張，轉換為可以在媒體刊播之廣告的過程。

麥肯錫顧問公司（McKinsey & Company）將廣告訊息的價值主張區分為有說服力與無說服力兩個構面，將廣告執行區分為有效與無效兩個部分，因此訊息與執行這兩個變數可以組合成四個方格的矩陣，形成成功的廣告、行銷失誤、代理商失誤、完全錯誤等四種結果，如圖所示。

成功的廣告

第一個矩陣方格是有效執行具有說服力的價值主張所組合而成的成功廣告。一篇／幅成功的廣告是行銷管理團隊（廣告主）與創意團隊（廣告公司）密切合作的結果。成功的廣告是廣告主的行銷團隊提供具有說服力之價值主張的訊息，以及廣告代理商有效執行廣告專業表現的組合。質言之，成功的廣告必須是以最有效的方法傳達給顧客有意義的價值主張。

此一矩陣方格最重要的啟示在於廣告主與廣告公司必須合作無間，各司所長，把公司獨特的的價值主張做最正確有效的表現，才能榮登成功廣告的行列。

行銷失誤

第二個矩陣方格是有效執行沒有說服力之價值主張所形成的行銷失誤。無論廣告代理商所提出的創意有多美好，執行過程有多完美，若缺乏具有說服力的價值主張，仍然會陷入空有表面，華而無實的廣告，淪為行銷失誤的下場。行銷失誤顧名思義是指廣告主的行銷部門沒有發展足以使公司的產品與品牌和競爭者產

生差異化的題材，沒能提出對顧客有意義的價值主張。

　　巧婦難為無米之炊，沒有價值主張或構想欠佳的廣告方案，即使廣告代理商正確而有效的執行，所呈現出來的仍然是失敗的廣告。從字面上的意義可知，行銷失誤顯然是廣告主／行銷經理的責任。

代理商失誤

　　第三個矩陣方格是無效執行具有說服力之價值主張所形成的代理商失誤。代理商失誤是指廣告主的行銷部門提供具有說服力之價值主張的廣告訊息，但是廣告代理商卻無法企畫有效的執行方案，這表示良好的價值主張白白被糟蹋掉，太可惜了。代理商失誤是廣告代理商的大忌。廣告代理商所提出的廣告構想若無法迎合廣告主的期望，勢必會被擱置在一旁，甚至更換廣告代理商。

　　廣告代理商所賣的是創意，創意就是要幫客戶「創造生意」，包括創意的發想、創意的包裝、創意的表現、廣告製作、廣告刊播、廣告效果評估等，責任重大，意義非凡，因此必須養精蓄銳，隨時做好準備，提供有效而精彩的服務。

完全錯誤

　　第四個矩陣方格是無效執行沒有說服力的價值主張，這是最糟糕的現象。很多公司為了廣告而廣告，既無法也沒有提供任何價值主張，就匆忙的找來廣告代理商為其執行廣告企畫；廣告代理商抱著成人之美的熱誠，也勉強為客戶製作缺乏廣告靈魂的廣告，結果難免使廣告淪為完全錯誤的窘境。拙劣的價值主張與平庸的執行是廣告失敗的主因，這種失敗的責任應由廣告主的行銷

管理團隊與廣告代理商的創意團隊共同承擔。

　　由以上的矩陣分析可知，只有有效執行獨特價值主張才有機會創作成功的廣告，此一發現很值得行銷經理省思。廣告活動有其門檻效果，沒有達到一定門檻不會有效果可言；廣告也有其遞延效果，今天刊播的廣告過一段期間才會看到效果，這也是廣告投資金額通常都很龐大的原因。廠商在思考廣告活動時必須審慎行事，擬定具體而清楚的廣告目的與目標，發展明確而獨特的價值主張，構思如何將價值主張傳達給顧客，慎選可以將價值主張轉換為廣告訴求的代理商，瞭解需要投入的廣告預算及評估廣告效果，才不至於在廣告活動上有所失誤。

　　在發展廣告過程中行銷經理必須扮演廣告靈魂人物的角色，站在策略高度看廣告活動，尋求廣告代理商的專業協助，並且充分溝通及表達期望。廣告代理商則從廣告專業的立場協力發展廣告方案，忠實扮演廣告方案有效執行者的角色。廣告主所提出的獨特價值主張，加上廣告代理商有效果又有效率的執行，可以大幅提高廣告成功的機會。

經理人實力養成

　　公司所提供的價值主張必須站在顧客的立場思考，對顧客有意義，而且是顧客所關心者，才是良好的價值主張。價值主張必須具有獨特性，獨特價值主張不僅是廣告訊息最重要的精髓，也是公司回報顧客對廣告所投注的時間與注意力的一種利益。獨特價值主張的重點在於「說什麼」與「如何說」，前者是公司要和顧客溝通的內容，後者是廣告創意與執行的技巧。請思考下列問題：

1. 貴公司的價值主張是什麼？顧客瞭解嗎？他們的反應如何？
2. 貴公司在發展顧客價值主張時，如何站在顧客的立場思考？
3. 貴公司提供給顧客的價值主張具有說服力嗎？為什麼？
4. 貴公司和顧客溝通價值主張的執行成效如何？貴公司滿意嗎？為什麼？
5. 請參照麥肯錫顧問公司的觀點評估貴公司的價值主張。

第八章　捨價格戰，就四條競爭活路

企業面對競爭勢不可避免，經營者在思考因應競爭對策時，必須要有宏觀的思維，跳脫價格競爭的桎梏，才不至於掉入紅海競爭的陷阱。從非價格競爭的方向思考，採取藍海策略，從滲透市場、發展產品、開發市場、產品增殖等方向發展，必定能夠找到屬於自己海闊天空的競爭活路。

競爭策略可大略區分為價格競爭與非價格競爭，前者把焦點鎖定在價格，主張以價格做為競爭的手段，認為只要價格低廉就能贏得消費者的青睞，進而贏得市場競爭。後者顧名思義是採取排除價格競爭的藍海策略，把競爭的焦點擴展到產品與市場，認為公司要贏得競爭並非只有價格一途，主張從價格以外的途徑著手，如此一來不僅海闊天空，而且更有助於建立持久性競爭優勢。

主打價格戰的公司通常都過度迷信價格的魅力，只注重價格競爭，忽略價格以外的因素，因此常常會陷入無利可圖的紅海深淵，落得一籌莫展的下場。行銷原理告訴我們，價格只是行銷成功的基本要素之一，絕對不是行銷活動的全部，企業要贏得競爭必須同時兼顧許多因素，例如產品、價格、通路、推廣等，不同產業、不同公司對這些因素重視的比重各不相同，這就是「行銷

組合」的意義。假使其他因素都不堪一擊，只有靠價格競爭，這是非常危險的佈局，因為價格絕對不是競爭的萬靈丹，試想當競爭者的成本結構比你低時，你的價格勢必會有走上窮途末路的一天，當你的價格失靈時，也就是你退出市場的時候了。

　　非價格競爭是更具有前瞻性的競爭思維，可以從產品與市場的角度思考，發展可長可久的競爭策略，例如思考公司只要賣現有產品，或是要積極發展新產品，公司只要在現有市場參與競爭，或是要努力開發新市場，這四種思維可以組合成四個方格矩陣的非價格競爭策略，分別稱為市場滲透（Market Penetration）、產品發展（Product Development）、市場開發（Market Development）、產品增殖（Product Proliferation），如下圖所示。

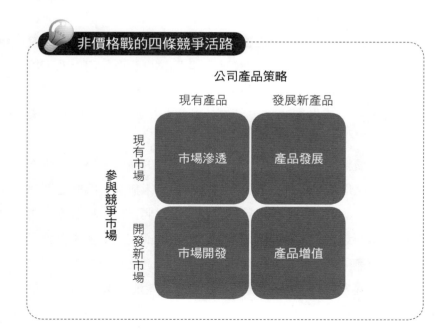

1. 市場滲透

採取市場滲透策略的公司，主張在現有市場銷售現有產品，以現有產品的獨特特徵來深耕、精耕現有市場，將現有產品滲透到現有市場的每一個角落。採取這種策略的公司通常都會輔之以廣告、公關、人員推銷、促銷等推廣手法，致力於提高市場佔有率。

當公司產品受到顧客青睞時，把握契機且務實的經營現有市場，往往可以創造滿意的績效。此時行銷經理需要冷靜思索幾個問題，做為活路行銷的關鍵思考，例如，現有市場還有哪些空隙？還有哪些發展空間？還有哪些顧客需要服務？顧客都獲得滿意的服務嗎？還有哪些通路需要開發？還有哪些新賣店需要爭取？可以透過不同類型的銷售點銷售現有產品嗎？然後展開地毯式的搜索，發覺現有市場任何可能的銷售機會，找出任何可能銷售的據點，進而與顧客維持良好關係，用心且務實的耕耘現有市場。

傳統思維認為女生穿的褲襪一定要在百貨行才買得到，精明的廠商在便利商店、雜貨店、書報攤、路邊攤找到更好的銷售據點，提供給顧客更方便的購買地點，因而創造輝煌的業績。以往買手錶一定要到鐘錶行，電子手錶廠商大膽的突破傳統，將電子手錶鋪貨到一般零售店，結果創造了銷售長紅的紀錄。其他如書店賣咖啡，五金行賣飲料，計程車司機在車上兼賣茶葉及小紀念品，實例之多，不勝枚舉。

2. 產品發展

產品或服務是行銷的標的，需要注入創新思維，經常有新產

品上市的公司，給人留下朝氣蓬勃、積極承諾的印象。產品發展是指公司改良現有產品或開發創新性產品，以新產品致力於滿足現有市場的新需求。

　　產品發展不應只是研發部門的工作，而是公司所有部門的共同職責，站在顧客的立場思考現有顧客對公司產品不滿意的地方，務實、踏實的改良現有產品，積極、主動尋求顧客尚未滿足的需求，進而開發新產品滿足之。採取產品發展策略的廠商認為，改良現有產品及維持差異化是領先競爭者的不二法寶，滿足顧客尚未滿足的需求是提高公司市場佔有率的重要關鍵。

　　產品發展成功的關鍵在於以顧客為師，向顧客學習，從顧客的觀點思考，才不至於陷入閉門造車的窘境。電動刮鬍刀廠商從單刀頭刮鬍刀、雙刀頭刮鬍刀，到三刀頭刮鬍刀，到隨著人們臉上的弧度調整刀頭角度，不斷改良與創新，因而發展出許多創新性新產品。洗衣粉、洗髮精生產廠商，不斷研究顧客尚未滿足的需求，致力於產品發展，推出許多種不同功能的新產品。

3. 市場開發

　　現有產品的行銷若僅侷限於在現有市場，由於受限於市場胃納量，加上同類產品與替代品的競爭，以及產業結構變化等因素，市場終會有衰退的一天，所以廠商為贏得競爭都會努力開發新市場。市場開發是公司為現有產品找出活路行銷的新機會，也是利用公司品牌差異化優勢的重要契機，把在現有市場表現良好的產品與品牌，推廣到新市場，在新的市場上和競爭者一較高下。

　　開發新市場包括國內市場與國外市場，前者致力於國內的新

市場，進入新通路，爭取新據點；後者將市場領域延伸到國外，拉長戰線，以更寬廣的視野致力於國際行銷。許多企業家都把開發市場當作公司發展的首要要務，因而創造輝煌成果，在國際經營舞台上大放異彩的例子不勝枚舉。

4. 產品增殖

產品增殖是指公司努力發展新產品，同時積極開發新市場，重點在於開發多種新產品，進入許多新市場，是一種多方向發展的策略。簡言之，產品增殖是公司在每一個區隔市場都積極參與競爭，是大規模公司常常採取的策略。統一公司從食品產業發展為多事業的企業，成功的擴大事業版圖，就是產品增殖策略的最佳典範。

產品增殖除了透露公司積極參與競爭的企圖之外，還有幾項策略意義，首先是可以阻礙競爭者進入市場，達到管理產業競爭強度的目的；其次是有助於產業競爭的穩定發展，激發產業致力於以產品差異化做為競爭基礎，取代以價格為競爭工具的廉價競爭手段。耐吉公司與愛迪達公司面對眾多競爭者的競爭，不僅積極發展各種不同功能的專業運動鞋，同時也利用其強勢行銷手法大力推廣，主打產品品質及其獨特優勢，漂亮的避開價格競爭，終於創造遍地開花的增殖效果。

企業面對競爭勢不可避免，經營者在思考因應競爭對策時，必須要有宏觀的思維，跳脫價格競爭的桎梏，才不至於掉入紅海競爭的陷阱。從非價格競爭的方向思考，採取藍海策略，從滲透市場、發展產品、開發市場、產品增殖等方向發展，必定能夠找到屬於自己海闊天空的競爭活路。

經理人實力養成

　　價格競爭是以價格做為競爭的手段，認為只要價格低廉就能贏得消費者的青睞，進而贏得市場競爭。非價格競爭採取排除價格競爭的藍海策略，把競爭的焦點擴展到產品與市場，主張從價格以外的途徑著手，如此一來不僅海闊天空，而且更有助於建立持久性競爭優勢。假使其他因素都不堪一擊，只有靠價格競爭，這是非常危險的佈局，因為價格絕對不是競爭的萬靈丹。請思考下列問題：

1. 貴公司的競爭邏輯主張價格戰或非價格戰？為什麼？請舉例說明。
2. 貴公司未來還會延續目前的競爭思維嗎？為什麼？
3. 貴公司若是採取非價格競爭，將從本文所述的哪些方向發展？為什麼？

第九章　產業衰退時企業進退的四個思考

企業經營可貴的是要在變革中尋求發展契機，產業成長時期企業有多種成長策略可循，產業衰退時期公司也有許多因應策略。當產業衰退時到底要成為小市場領導者或退出競爭，是經營者重要的決策議題，不但考驗公司的敏感度與預測能力，更需要務實評估公司的資產與能耐。

　　產業和產品一樣都有其生命週期，產業生命週期可區分為胚胎期、成長期、消退期、成熟期、衰退期。隨著人類文明的演進，新科技與新技術的出現，社會潮流的變遷，人們生活習慣的改變，人口統計變數的變化，以及受到產業內外競爭因素的影響，理論上每一個產業都有可能面臨衰退的時候。有些產業很快就走完生命週期歷程，不久就進入衰退期，有些產業雖然持續很長時日，歷久不衰，但是並不保證不會走上衰退之路。

　　處於成長期的產業，市場充滿成長機會，各自發展得很愉快，廠商之間的競爭通常都比較緩和，無須短兵相接都可以享受成長的成果。產業一旦進入衰退期情況就不一樣了，廠商為求生存，都會不惜一切展開激烈的競爭，竭盡所能的使出顧客爭奪戰。產業衰退時期競爭激烈程度視幾項因素而定，例如衰退速度愈快，競爭愈激烈；退出障礙愈高，競爭愈激烈；固定成本愈

高，競爭愈激烈；產品無顯著差異化的產業，競爭愈激烈。無論是哪一種因素所引起的激烈競爭，所伴隨的就是爆發價格戰，市場競爭一旦出現價格戰，就是公司獲利銳減的時候。

　　產業進入衰退期表示產業需求銳減，市場胃納量縮小，動作快的廠商相繼退出市場，形成競爭廠商家數減少的局面。儘管市場需求銳減，產業仍然有一定的需求，以致造成此一局部市場衰退速度比整個產業的衰退緩慢，甚至沒有明顯衰退現象，這種現象稱為小市場的基本需求。有些廠商為了滿足小區隔市場忠誠顧客的需求，產品銷售量雖然大不如前，仍然繼續供應這些產品，就是實踐企業承諾的美德。面對產業衰退的情景，經理人的策略選擇可以從下列方向思考，如圖所示。

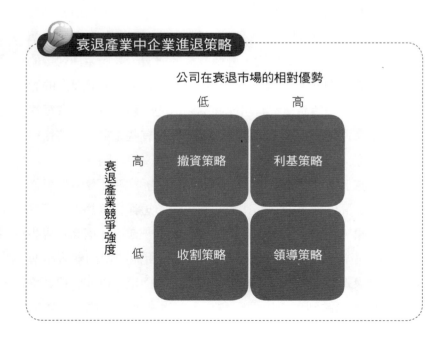

衰退產業中企業進退策略

公司在衰退市場的相對優勢

	低	高
衰退產業競爭強度　高	撤資策略	利基策略
衰退產業競爭強度　低	收割策略	領導策略

1. 領導策略

採取領導策略的公司主要是看準小市場需求的機會，除了衡量及充分利用自己的供應能量之外，樂於接收退出產業的競爭者所遺留下來的市場佔有率，積極追求成長，試圖在衰退產業中扮演領導者的角色。公司之所以有能耐採取領導策略，從外在環境言，通常發生在產業衰退初期，衰退速度緩慢，尚未出現激烈競爭，產業經營尚有幾分可為的時候；從內部能耐觀之，一般都出現於公司在某些小區隔市場享有明顯的競爭優勢，足以擊敗有意爭取此一市場的競爭者，而且有能耐吸納競爭對手所遺留下來之市場佔有率的場合。

競爭者參與產業競爭，都不是省油的燈，絕對不會無緣無故就退出市場，也不會輕易的把市場佔有率拱手讓人。從另一方面言，即使產業處於衰退狀態，競爭者退出產業所遺留下來的市場佔有率，也絕對不是天上掉下來的禮物，需要付出相當的代價與努力，用盡心思去競爭爭取得來的。採取領導策略的公司都會巧妙的發出策略訊號，然後精緻的發揮行銷組合的威力，積極回應顧客的需求，努力擴大在某些小市場的佔有率；同時透過收購、購併競爭者的事業，進行產業結構整合，遂行小而美的經濟經營；以及設法提高競爭者的經營風險，鼓勵競爭者退出市場，營造對自己有利的環境，達到成為該小市場領導廠商的目的。

2. 利基策略

利基通常是指需求尚未獲得滿足的小規模市場。利基策略是指公司集中有限的資源，專注於經營需求穩定的局部市場，或衰退速度比較緩和的某些小區隔市場，使盡全力滿足這些利基市場

的需求。採取利基策略的公司，先決要件除了要正確辨識利基與市場需求之外，還必須具備有獨特的競爭優勢與能耐，才足以服務此一尚有強勁需求的市場。

利基策略原來是小規模公司或新進入產業的廠商，面對大規模廠商競爭，期望迅速在產業內尋求一個立足點所採取的競爭策略，此一立足點不是規模狹小的市場，就是大公司不感興趣或忽略的市場。產業進入衰退期後，市場需求銳減，可能只容納得下一家或少數幾家利基廠商，因此採取利基策略的廠商，必須充分瞭解顧客的特殊需求，在產品品質、服務效率、經營模式創新、快速回應顧客的需求等方面特別用心，才有可能在競爭後期贏得利基。

3. 收割策略

收割策略是指公司預期產業前景堪慮，有計畫的退出市場，並且致力於獲得最多的短期現金流入，支應更有發展潛力的其他事業所需要的資金。簡言之，採取收割策略的公司趁著還有變現的價值與機會，掌握還可以賣得好價錢的時候出售現有事業，創造最大的現金流量的一種脫困策略。

公司採取收割策略通常有三個前提，其一是預期產業即將步入衰退期，即將面對無利可圖的窘境；其二是感受到競爭加劇，公司現有的資源與能耐都難以因應激烈的競爭；其三是公司缺乏獨特優勢，在衰退市場中不再有揮灑的空間。面對此一情境，公司直覺的反應就是停止對該事業投資，以免愈陷愈深，甚至為自己設下退出障礙。我國證券產業從初期有如雨後春筍的蓬勃成長，到證券公司呈現過多的現象，不少眼明手快的公司採取收割

策略，以滿意的價碼出售公司。

4. 撤資策略

　　撤資策略顧名思義就是廉價出售現有事業，使公司的淨投資收回達到最大化，然後退出產業競爭。當公司所經營的產業呈現嚴重衰退，而且同業紛紛展開短兵相接的激烈競爭，公司又缺乏經營小市場的相對競爭優勢，眼看著時不我予，好景不再，於是主動洽詢有意採取領導策略的廠商，尋求出售現有事業，使出走為上策之計，乾淨俐落的退出市場。最極端的撤資就是清算事業，結束營業，也是企業經營的下下之策。

　　進入產業需要有過人的智慧，退出競爭更需要有超人的勇氣。撤資時點常是撤資策略的關鍵，雖然是走為上策之計，但是也要走得瀟灑，退得有尊嚴，要做到這種境界涉及經營者的預測能力，以及對事業前景的敏感度。有些經營者對事業發展前景的敏感程度過人，加上經營團隊的預測能力得法，選擇在最佳時機採取最佳的撤資策略，適時出售現有事業。

　　企業經營可貴的是要在變革中尋求發展契機，產業成長時期企業有多種成長策略可循，產業衰退時期公司也有許多因應策略，所不同的是前者充滿發展機會，公司紛紛加碼投資，掌握發展契機，甚至唯恐落後；後者市場需求銳減，競爭加劇，前途堪慮，經營者需要步步為營，決策必須更加審慎。在產業衰退時期到底要成為小市場領導者或退出競爭，這是一個非常嚴肅的問題，也是經營者重要的決策議題，除了衡諸產業環境因素之外，還要考量公司的競爭優勢，前者考驗公司的敏感度與預測能力，後者需要務實評估公司的資產與能耐。

經理人實力養成

　　產業一旦進入衰退期，廠商都會不惜一切展開激烈的競爭，竭盡所能的使出顧客爭奪戰。產業雖然進入衰退期，局部市場仍然有一定的需求，形成小區隔市場忠誠顧客需求的局面，產品銷售量雖然大不如前，有些廠商仍然願意繼續供應提供物。請思考下列問題：

1. 貴公司所進入的產業屬於產業生命週期哪一個階段？

2. 貴公司所進入的產業若屬於衰退階段，目前採取什麼因應策略？未來將採取什麼策略？為什麼？

第十章　資源與能耐：企業競爭二大支柱

資源與能耐是企業建構獨特能力的兩大支柱，資源豐富可建構獨特能力，發展競爭優勢，卓越能耐可使有限資源發揮最大效果。不同事業單位共用資源，有助於降低成本；能耐移轉可以充分發揮槓桿作用，創造範疇經濟效益，增強競爭能力。

資源與能耐是企業建構獨特能力的兩大支柱，也是發展競爭優勢的兩大潛力。資源是指公司所擁有的有形與無形資產，資源愈豐富，愈有助於建構獨特能力，其中無形資產又比有形資產更有利於發展持久性競爭優勢。能耐是指企業整合及活用現有資源，發展競爭優勢的能力，能耐愈強的公司，愈能夠發展持久性競爭優勢。資源豐富固然有助於建構獨特能力，進而發展競爭優勢；然而卓越能耐更能夠使有限資源發揮最大效果，常見資源相若的公司，經營績效迥異，就是這個緣故。經營多事業單位的公司，不同事業單位共用資源，有助於減少投資，降低成本；將某一事業單位的能耐移轉用於其他事業單位或創立新事業，可以充分發揮槓桿作用，創造範疇經濟效益，增強競爭能力。

從經濟學的角度言，範疇經濟是指一家公司生產或銷售兩項產品或服務的成本，低於兩家公司個別生產或銷售一項產品或服務的成本。從策略管理的觀點言，多角化經營的公司，某一事業單位的獨特能耐移轉應用於其他事業，或應用於創立新事業，因

而降低成本的現象，表示公司享有範疇經濟效益。多角化經營的公司，不僅藉助能耐移轉所創造的範疇經濟擴大事業版圖，並且使競爭優勢發揮到最高境界。

資源共享營造降低成本效果

　　公司的資源可區分為有形資源與無形資源，前者包括財務資源、建築物、廠房、機器、設備、產品等，因為有形所以容易被複製；後者包括公司的商譽、品牌、專利、研發技術、行銷技術、推廣策略等，由於無形因此不容易被模仿。資源與能耐不但具有高度互補的特性，同時也具有互相回饋關係，也就是資源與能耐可以創造公司的獨特能力，獨特能力可用來發展公司的經營策略，良好的策略又有助於公司建立及取得新的資源與能耐。

　　企業所擁有的資源具有獨特性與共通性才有共享的可能，公司所擁有的能耐具有獨特性與稀少性也才有移轉的價值。獨特資源是指公司擁有競爭者所沒有或難以模仿的資源，使公司得以在競爭中大幅領先同業；獨特能耐是指可以使公司的產品或服務與競爭廠商產生顯著差異化，並且得以持續以相對低成本獲得競爭優勢的能力。

　　資源共享通常發生在同一公司的不同產品共同使用同一資源所產生的降低成本效益，例如不同產品使用同一研發技術，使用同一設備生產，共同使用同一訂貨系統，利用同一物流配送系統，使用同一品牌名稱，透過同一通路行銷，共同使用同一家廣告公司所提供的創意服務。黑松公司利用其卓越的行銷通路銷售碳酸飲料、果汁飲料、咖啡飲料、茶類飲料、健康補給飲料、水飲料、酒類產品，把行銷通路的優勢發揮得淋漓盡致。

能耐移轉創造範疇經濟效益

能耐移轉通常出現在多角化經營的公司，將某一事業單位的某一獨特能耐移轉應用於其他事業單位或應用於創立新事業，所產生的範疇經濟效益。範疇經濟所產生的效益比共享資源更勝一籌，共享資源可以充分應用資源而降低成本，範疇經濟更有助於公司擴大事業版圖。例如統一企業集團應用其獨特的能耐與內部創業發展物流中心、便利商店、藥粧連鎖店、宅急便、生物科技等事業，成功的擴大事業版圖。台灣菸酒公司將其獨特的發酵技術，移轉用於開發以紅麴為基底的休閒食品及飲料產品，將其經營觸角延伸到休閒食品及飲料市場。

許多公司收購和現有價值創造活動相關的事業，藉助某一或某些價值創造活動的共通性，將其獨特能耐移轉應用於所收購的事業。例如國外有菲力普莫里斯菸草公司收購美樂啤酒公司，可口可樂也曾收購釀酒公司；國內有金融控股公司將銀行、證券、保險等事業納入旗下，以及許多企業集團收購與其事業相關的其他事業單位，都是藉助能耐移轉擴大事業版圖的案例。

能耐移轉除了可以減少公司的投資，獲得範疇經濟效益之外，也因為移轉後在某一事業密集使用資源與能耐，因而創造規模經濟效益，在增強公司的競爭力方面具有加分效果。公司創造範疇經濟通常有兩個前提，首先是公司現有或新的價值創造活動中具有共通性，有共通性才有移轉及共享的可能；其次是公司內不同事業單位共享資源與能耐可以創造顯著的競爭優勢，也就是所創造的優勢大於所投入的成本，才有範疇經濟的價值可言。

獨特能耐之所以獨特，就是很難被複製或模仿，通常都是公司經過長時間練就的真功夫。能耐很少附在某個或某些組織成員

身上，而是潛藏在組織的系統深處，而且以嚴密的團隊方式運作，不容易分割，也不容易外流。很多公司迷信挖角競爭對手的相關人士，希望透過挖角取得競爭對手的某些經營訣竅，結果往往落得一場空。

競爭優勢良方藏在經理人的腦袋裡

　　資源共享的構想雖然美好，但是常常因為應用不當及執行偏差，導致不但沒有出現共享資源的效果，反而徒增協調的複雜性。能耐移轉看是簡單可行，但是也潛藏著許多障礙，因此並非公司擴大事業版圖的萬靈丹。資源共享與能耐移轉之所以無法收到預期效果，往往是因為公司高估整合資源的能力，以及超估能耐的共通性，以致空留遺憾。許多公司在購併其他事業之後才發現資源整合原來是困難重重，始料未及。不少飲料廠商進入酒類市場，都是著眼於賣飲料和賣酒具有高度共通性，可以發揮策略槓桿作用，於是積極引進各種酒類產品，結果發現賣飲料和賣酒存在著很大的差距；台灣菸酒公司進入休閒食品與飲料市場也有同樣的經驗。

　　為了避免一廂情願之樂觀行事所造成的缺失，經理人必須善於使出反求諸己的功夫，從改善決策品質下手，除了評估內外環境，理性、務實的發展策略之外，也需要輔之以魔鬼擁護法及辯證探詢法，事前將資源分享與能耐移轉所可能遭遇到的問題攤在陽光下，逐一檢視，詳實確認，才能提高成功的機率。若要問競爭優勢的萬靈丹何處尋，其實創造競爭優勢沒有萬靈丹，只有發展競爭優勢的良方，此一良方就藏在經理人的腦袋裡。

經理人實力養成

　　資源與能耐是企業建構獨特能力的兩大支柱，資源豐富可建構獨特能力，發展競爭優勢，卓越能耐可使有限資源發揮最大效果。多事業單位的公司，不同事業單位共用資源，有助於減少投資，降低成本；將某一事業單位的能耐移轉用於其他事業單位或創立新事業，可以充分發揮槓桿作用，創造範疇經濟效益，增強競爭能力。多角化經營的公司，需要藉助能耐移轉所創造的範疇經濟擴大事業版圖，才能使競爭優勢發揮到最高境界。請思考下列問題：

1. 請具體描述貴公司不同事業或產品間創造綜效的模式與成效。

2. 貴公司不同事業或產品間，共享資源曾遭遇到什麼困難？如何克服？

3. 貴公司不同事業或產品間，移轉能耐曾遭遇到什麼困難？如何克服？

4. 貴公司如何塑造共享資源與移轉能耐的企業文化？未來將如何改善？

第十一章　規模經濟＋學習曲線＝競爭力UP！

隨著產出數量的增加，使得單位成本逐漸下降的現象，稱為規模經濟；學習曲線是因為作業人員的熟練度增加，使得成本結構下降，單位成本降低的現象。兩者結合更有助於提高企業的競爭優勢。

降低成本不僅是企業經營活動非常重要的一環，也是提高公司競爭優勢必不可少的要件之一。追求規模經濟效應與學習曲線效果都是企業降低成本的重要方法，規模經濟可以降低單位成本，學習曲線可以降低公司的成本結構，兩者結合更有助於提高企業的競爭優勢。

企業經營過程中常見隨著公司產出數量的增加，導致單位成本逐漸下降的現象，這種現象稱為規模經濟。形成規模經濟的產出數量並不侷限於生產量，其他如研發、行銷、銷售、財務、採購、資訊、人力資源等功能都有同樣的現象。

規模經濟效益

規模經濟主要來自兩方面，一是因為專業分工導致效率提高，二是由於產出數量大所分攤的單位成本相對降低。專業分工

是指公司員工經過良好訓練後專責從事特定工作，由於無須經常變換工作，因而產生熟能生巧效應，大幅提高工作效率，工作效率提高的另一面就是降低成本，降低成本對提高競爭優勢有絕對性的貢獻。產出數量大可以降低所分攤的單位成本，其中最主要的貢獻是在分攤固定成本，固定成本是指公司無論產出多少數量，甚至沒有任何數量產出，都必需支付的成本。有更多產出數量來分攤固定成本，單位成本會呈現下降的現象，而成本降低則是企業競爭優勢的重要來源。

單位成本和產出數量的關係可以從經濟學的角度進一步解析，若座標的縱軸表示單位成本，橫軸代表產出數量，則隨著產出數量的增加，座標上會呈現一條由左上角向右下角延伸且向上開口的弧形曲線，完整的呈現單位成本會隨著產出數量的增加而逐漸下降的現象，這一條曲線也稱為規模經濟曲線或規模經濟效應，如圖上方的曲線所示，單位成本從A降到B。

單位成本雖然會隨著產出數量的增加而下降，但是也有一定的極限，並非無限制的下降。換言之，產出超過某一定數量後，成本不但沒有繼續下降，反而會呈現逐漸上揚的現象，這種現象稱為規模不經濟。規模不經濟現象主要是因為產出數量龐大到超過公司的管理能力後，許多作業無法面面俱到，於是無效率、浪費多，甚至出現反效果的現象。此外，產出數量超過一定限度後，公司的管理工作演變得更複雜，需要有一套新機制及更多人員來管理複雜的業務，以致提高公司的官僚成本。

未達最適產能沒有規模經濟效果，過度擴張會產生規模不經濟現象，正好驗證了「過與不及，均非所宜」的說法。為了克服這種現象，經理人必須具有預測及判斷最適產能的能力，也就是

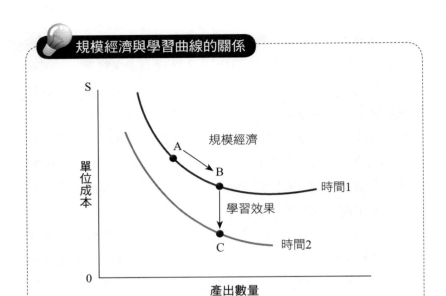

需要預測規模經濟的範圍，以及判斷規模不經濟出現的時點，同時把公司資源做最有效果與最有效率的應用。此外，經理人也都會輔之以學習效果，希望結合規模經濟與學習效果，大幅提高公司的競爭優勢。

學習曲線效果

　　學習效果的原理建構在大量產出與熟能生巧的基礎上，除了規模經濟效果之外，當員工的工作熟練度提高後，從事一項工作所需要的時間會大幅縮短，尤其是複雜度愈高的工作愈顯著，時間縮短表示效率提高，效率提高的另一面就是成本降低。從管理的觀點觀之，員工的工作熟練後，自主能力增強，失誤降低，浪費減少，經理人的管理負擔相對減輕，甚至可以減少管理人員，

有助於提高管理效果。

　　學習效果並不侷限於製造業，其他各行各業也都有同樣的現象。個別員工因為熟能生巧所產生的效果稱為學習效果，用於整個團體或公司則稱為經驗效果。學習效果與經驗效果同樣可以用經濟學的角度解析之，因而分別有學習曲線與經驗曲線。學習曲線在座標上的長相和規模經濟曲線相似，同樣是由左上角向右下角延伸且向上開口的一條弧形曲線，所不同的是學習曲線（經驗曲線）的成本結構更低，如圖下方的曲線所示，單位成本從B降到C，也就是呈現在同一座標上的兩條曲線，學習曲線位於規模經濟曲線的下方，因此更有助於提高公司競爭優勢。

　　學習曲線是指產品生命週期中，因為作業人員的熟練度增加，成本結構呈現系統性下降，所造成單位成本降低的現象。學習曲線效果最早用在飛機製造過程，研究結果發現當累積產量增加一倍時，飛機的製造成本會呈現20％的幅度下降。此一發現後來被應用到各行各業，當公司增加累積產出數量，無論是生產數量或銷售數量，除了產生規模經濟效應之外，同時也會出現學習曲線效果。此一發現給經理人最大的啟示是增加產出數量與市場佔有率，有助於使公司比競爭者擁有更低的成本結構，因而享有相對競爭優勢。但是和規模經濟一樣，學習曲線效果也有一定的極限，並非可以無限制的降低成本，因為在享受一段時間的學習效果之後，常常會發現學習效果會逐漸失去其效益。

　　大量生產／銷售可以降低成本，這是經理人皆知的道理，實際運作上以量取勝的例子也處處可見，例如同一種口味的飲料，採用不同包裝銷售；同一種包裝材料包裝不同口味的飲料；汽車、機車、家電生產廠商，同時推出多種車型、機型。又如連鎖

便利商店、速食店、洗衣店、髮廊、藥局等,持續展店,擴充規模,都希望藉助規模經濟與學習曲線效果達到降低成本的目的。

創新才能持續領先

　　規模經濟或學習效果雖是降低成本的良方,但是都具有一定極限的特性,因此今天享有經濟效益的公司不能就此滿足現狀,必須經常思索突破現狀的新方法,才能使公司繼續領先競爭者。除了前述降低成本有一定的極限,量大不一定能降低成本結構之外,顧客要求的水準也不斷在提高,今天的優勢可以滿足顧客的需求,未來不見得會繼續贏得顧客的青睞。此外,競爭者也都在力行革新,銳意經營,引進新方法,採用新技術,降低成本結構的努力從來不曾間斷。

　　企業經營就是一場永無止境的競爭,不進則退的現象非常明顯,經理人必須營造創新的環境,練就創新的功夫,唯有創新才有機會領先競爭者,唯有不斷創新才能拉開與競爭對手的距離,享受持久性競爭優勢。

經理人實力養成

　　規模經濟是指經營成本隨著產出量增加而降低的現象，學習曲線效應則是指工作熟練而使作業時間縮短，進而降低公司的成本結構。追求規模經濟效應與學習曲線效果，都是企業降低成本的重要方法，兩者結合更有助於提高企業的競爭優勢。請思考下列問題：

1. 請具體説明貴公司因為規模經濟效果而提升競爭力的實例。
2. 請具體説明貴公司因為學習曲線效應而提升競爭優勢的實例。
3. 請説明因為上述兩種方法，貴公司提升競爭力與同業的比較。

第十二章　規模經濟需考量效益與價值

　　規模經濟的主要效益是降低成本，而低成本是企業贏得競爭的重要利器，成本降低則是企業競爭優勢的重要來源。但從策略管理的角度言，公司追求規模經濟需要有科學評估方法，不能因為擴充而擴充，更不能盲目追求規模經濟，而是必須同時考量效益與成本，唯有能夠確實實現規模經濟與綜效效果，而且所創造的效益大於投入成本時，規模經濟才有價值可言。

　　企業經營過程中常見隨著公司所提供特定產品或服務產出數量的增加，導致單位成本逐漸下降的現象，這種現象稱為規模經濟（Economies of Scale）。形成規模經濟的產出數量並不侷限於生產量，其他如研發、行銷、廣告、銷售、財務、採購、資訊、人力資源等功能都有同樣的現象。從經濟學的角度觀之，當產出數量增加而導致平均成本下降時，產出最後一個單位的邊際成本勢必會低於平均成本；但是產出數量增加若導致平均成本提高，則邊際成本勢必會高於平均成本，此時就會出現規模不經濟（Diseconomies of Scale）現象。

規模經濟的主要來源

　　無論是從經濟學的觀點或企業經營實務立場言，公司的產出數量與成本有著密切關係，這就是公司之所以要努力增加產出數

量，降低成本，增強競爭力的主要原因。規模經濟有下列5大來源。

1. 分攤固定成本。固定成本是指不隨產出數量變動而變動的成本，也就是無論產出數量多寡，甚至沒有任何產出也必需支付一定數額的成本，所以稱為固定成本。固定成本的重要習性之一是可以藉由增加產出數量來分攤固定成本，當產出數量增加時，單位固定成本會顯著下降，這種分攤效應是規模經濟最常見的來源。產出過程中成本若具不可分割性，固定成本勢必會提高。不可分割性是指公司所投入的成本，無法降低到某一最低水準，甚至產出數量非常小，亦不例外。

2. 提高投入效率。公司利用產出新技術與善用計畫產出數量管理得法，可以因為提高效率而創造規模經濟效果。例如公司引用產出新技術，活用彈性產出系統，降低經濟產出批量，可以大幅提高投入效率，豐田汽車公司就是利用精實生產系統，使該公司生產效率技術的應用成為世界級企業競相學習的標竿。

3. 增加存貨周轉。公司藉由持有存貨可以達到規模經濟，包括傳統存貨管理與非傳統存貨管理，前者如零組件存貨，後者如客服中心的顧客服務。適時、適量持有存貨，可以減少斷貨機會，公司應用科學預測技術，預估未來產銷需求數量，不僅可以創造經濟採購批量效果，更重要的是可以增加存貨周轉率，同時還可以達到平衡產銷數量等多重效果，這些效果都因為可以降低固定成本而創造規模經濟。

4. 實現相乘效果。公司加工物的實體特徵常是規模經濟的另一

重要來源,當公司的大型產出量(例如儲存槽或管線)呈現某一比例增加時(例如產量倍增),會因為降低此一比例(例如降低一倍)而增加產出量。某些生產程序中,產能和產量有一定的比例關係,在某一產能水準下,總成本佔產量的某一比例,當增加產能時,因為產出的比例降低,會使平均生產成本隨著下降。此一產出實體的特性使公司擴充產能後,成本不至於成比例增加,因而產生規模經濟。

5. 追求範疇經濟。範疇經濟(Economies of Scope)是指公司同時產出多項產品或服務時,有效匯集、分享、利用資源或能耐,使公司得以獲得降低成本或提高差異化優勢。範疇經濟和價值鏈有密切關係,價值鏈不同階段所代表的是不同事業領域,公司進入不同事業領域,擴大經營 範疇,可以創造範疇經濟,這也是公司採用多角化策略的主要動機,不同事業分享資源與能耐,首先會產生範疇經濟效益,進而可以創造規模經濟效果。

規模經濟的策略價值

規模經濟的主要效益是降低成本,而低成本是企業贏得競爭的重要利器,成本降低則是企業競爭優勢的重要來源。規模經濟所締造的低成本,使公司享有更大定價空間,此一定價空間的策略價值可以從下列五個構面來詮釋。

1. 獲取超常利潤。低成本的另一面表示高利潤,當公司的獲利率高於該產業平均獲利水準時,表示公司享有超常利潤。低成本使公司在定價上享有更大自由度,在售價相同的情況下,因為規模經濟效應而享有低成本的公司可以獲得更高利

潤。若遇到競爭而需要調整定價結構時，低成本結構的公司享有更大調整空間，甚至售價定得比競爭者低，但是獲利仍然有可能高於競爭廠商。

2. 贏得顧客青睞。價格是企業贏得競爭的重要利器，大多數顧客都是屬於高價格敏感度者，他們在選購產品或惠顧服務時，都會展現其精打細算的功夫，當品質水準相同或相近時，價格就成為左右購買決策的因素。因為規模經濟效應而享有低成本結構的公司，更有能力比競爭者訂定較低價格，因而贏得顧客青睞。

3. 公司主導性高。降低成本屬於公司內部作業管理領域，無論是減少原材料浪費，降低人工成本，管理工作合理化，杜絕無效率作業，提高決策品質，公司都具有高度主導性。在高度主導性原則之下，公司可以致力於追求低成本策略，使公司因為低成本結構而享有競爭優勢。

4. 享差異化優勢。低成本結構除了可以使公司在定價方面享有更大自由度之外，更可貴的是使公司擁有創造差異化的本錢。產品或服務差異化需要投入可觀資本資源，這些資本資源最佳來源就是低成本所創造的保留盈餘，公司所獲得的超常利潤愈高，保留盈餘愈可觀，利用這些保留盈餘創造產品與服務差異化，使公司享有競爭優勢。

5. 創持久性優勢。現代先進公司都致力於發展迎合消費需求與趨勢的創新經營模式，當此一新經營模式可以促成和現有事業共享資源與能耐而產生綜效，或是可以將資源與能耐移轉應用於新購併的不同事業時，此時的規模經濟更有助於使公司因為享有持久性競爭優勢而立於不敗之地。

規模經濟現象的特徵是並非無限延伸，而是有一定極限，也就是當產出數量超過某一定水準後，成本不但不會繼續下降，反而會呈現逐漸上揚的現象，這種現象在經濟學上稱為規模不經濟。規模不經濟現象主要是因為產出數量龐大到超過公司的管理能力後，許多作業無法面面俱到，於是開始出現干擾、停頓、無效率、浪費多，甚至出現反效果的現象。此外，產出數量超過一定限度後，公司的管理工作演變得更複雜、更困難，需要有一套新機制及更多人員來管理這些複雜、困難的業務，以致提高公司的官僚成本。

　　從策略管理的角度言，公司追求規模經濟需要有科學評估方法，不能因為擴充而擴充，更不能盲目追求規模經濟，而是必須同時考量效益與成本，唯有能夠確實實現規模經濟與綜效效果，而且所創造的效益大於投入成本時，規模經濟才有價值可言。

經理人實力養成

　　規模經濟的產出數量並不侷限於生產量，企業其他功能都有同樣的現象。但是規模經濟也不是可以無限制延伸，超越某一限度後會出現規模不經濟現象。無論是從經濟學觀點觀之，或從企業經營實務立場言，公司的產出數量與成本有著密切關係，這就是公司之所以要努力增加產出數量，降低成本，增強競爭力的主要原因。請思考下列問題：

1. 貴公司規模經濟主要來自哪些功能領域？這些功能領域如何產生規模經濟效益？
2. 貴公司在創造競爭優勢過程中，規模經濟扮演什麼角色？規模經濟具有什麼策略價值？
3. 請說明貴公司所創造的規模經濟和綜效的關係。

第十三章 通路主導權移轉的四項備戰策略

通路領袖或稱通路主導權，會隨著時空背景與經營環境的不同，以及新通路的出現及其影響而改變。當新通路出現時，必須釐清新通路和現有配銷通路互補或取代的程度，以及新通路會增強或削弱公司現有能力或價值網路的程度。

傳統習慣都把行銷通路排在4'P的第三順位，現代行銷則把通路視為企業決勝的關鍵，誰能夠掌握通路，誰就是行銷的贏家。掌握通路主導權的廠商稱為通路領袖。

通路領袖（Channel Captain）或稱通路主導權（Channel Power），簡稱通路權，會隨著時空背景與經營環境的不同，以及新通路的出現及其影響而改變。生產導向時代，生產者扮演通路領袖的角色，行銷與銷售規範是由生產廠商訂定，例如早期物資缺乏時代，產品要不要賣給某一特定雜貨店，要買給多少產品，賣給什麼價錢，收現金或賒帳，提供多少服務，完全由生產廠商制訂。行銷導向時代，通路主導權掌握在通路商手上，行銷與銷售作業由通路商發號施令，例如便利商店要不要賣某一特定品牌產品，產品在貨架上擺放位置與排面數，交易條件，交貨時間與地點，配合促銷等活動，都是由便利商店業者所主導。通路權在生產廠商與通路商之間移動的現象稱為通路主導權移動。

新通路出現代表新競爭局面形成，當新通路出現時，行銷經理必須嚴肅的自問兩個基本問題，第一、新通路和現有配銷通路互補或取代的程度為何？第二、新通路增強或削弱公司現有能力或價值網路的程度為何？回應這兩個問題的答案必須有助於指出公司行銷通路移動的必要性，內部抗拒的程度，預測外部通路衝突，以及通路主導權移動過程。

　　新通路出現對外部會有兩種影響，一是和現有通路互補，一是取代現有通路；新通路出現對公司內部也會有兩種衝擊，一是增強現有通路能力，一是發展通路新能力。這兩種影響與兩種衝擊可以組合成四個象限的通路主導權移動矩陣，進而窺知公司行銷通路發展方向，分別稱為通路滲透策略、改變策略、發展策

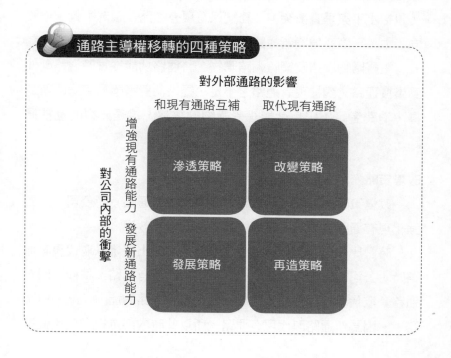

通路主導權移轉的四種策略

對外部通路的影響

和現有通路互補　　取代現有通路

對公司內部的衝擊

增強現有通路能力　　發展新通路能力

滲透策略　　　改變策略

發展策略　　　再造策略

略、再造策略，如圖所示。

滲透策略

　　滲透策略的特徵是新通路可以彌補現有通路之不足，而公司也致力於強化現有通路能力，也就是一方面強化現有能力，一方面發揮通路互補效能。

　　通路滲透顧名思義是要發展綿密的行銷通路網，有效的滲透到市場每一個角落，方便消費者購買。採取滲透策略的公司，顯然是要利用多重通路策略，佔有通路優勢，深耕與精耕市場，進而成為行銷贏家。公司在發展通路主導權時，必須做好安內攘外的工作，安內是要緩和內部抗拒力量（整合資源，一致對外），強化現有通路的能力（配銷動能，服務水準），降低通路衝突（包括水平與垂直衝突），務實保有現有通路（穩健配銷，增強向心力），廣泛增闢新通路（多重通路，擴大接觸面）。

　　電視購物頻道及網際網路購物，將通路功能從實體通路延伸到虛擬通路，彌補現有通路之不足，提供消費者購物管道的新選擇，消費者足不出戶就能享受購物的樂趣，這是典型的互補通路。

改變策略

　　改變策略的主要特徵是新通路取代現有通路，而公司致力於強化現有通路能力，期望減緩新通路的取代效應。

　　時勢比人強，趨勢難阻擋，當新通路的出現足以取代現有通路時，公司一方面會選擇退出逐漸沒落的現有通路，積極增闢新通路（取代現有通路），一方面強化現有通路的能力（配銷與服務）。因為新通路取代現有通路，所以此時內部抗拒力量比較不

明顯，但是通路衝突會隨著升高。

超級市場與便利商店興起，橫掃整個零售市場，幾乎全面取代傳統雜貨店，是新通路取代現有通路的最佳實例。超級市場標榜提供更多產品品項，滿足顧客一次購足的需求，陳列空間寬敞、明亮，產品陳列合理化，價格更便宜；便利商店提供給消費者更多便利，包括更方便的購物地點、時間、服務，明亮的購物空間，結果使傳統的雜貨店為之式微。

發展策略

發展策略具有兩層意義，一是拓展新通路，一是發展新能力。發展策略一方面是新通路出現足以彌補現有通路之不足，有助於接觸及爭取新顧客，另一方面是公司致力於發展新能力，期望藉助拓展新通路與發展新能力的雙重優勢，更有效贏得行銷競爭。

採取發展策略的公司通常都會珍惜及保有現有通路（穩定既有顧客），積極增闢新通路（提供新服務管道），致力於發展新能力（增加服務項目，提高服務水準）。因為發展新通路與新能力，所以內部抗拒力量與通路衝突並不明顯。

金融業為迎合現代顧客的多元需求，在金融控股公司的主導下，結合銀行、保險、證券三大功能事業，有效拓展新行銷通路，各金控公司旗下的金融機構紛紛招募新血輪，積極發展新能力，推出各種金融產品，提供專業理財服務。

再造策略

新通路的出現足以取代現有通路，而公司致力於發展通路新能力，這是再造策略最主要的特徵。因為新通路會取代現有通

路，所以公司要在競爭中立於不敗之地，必須不斷發展通路新能力，才能迎合顧客的新需求。

　　通路再造非同小可，公司需要有堅定的決心與過人的毅力，在外部作為方面，要毅然退出日薄西山的通路，將資源與注意力轉移用於增闢新通路，在內部管理方面，致力於發展新能力，增加服務項目及提高服務水準。由於徹底力行通路再造，所以公司可能面對很大的內部抗拒力量及嚴重的通路衝突。

　　網路音樂的盛行，興起一陣通路革命，業者為了防止被現代消費潮流淘汰，一方面必須面對新通路取代現有通路的挑戰，一方面需要迅速發展新能力。

　　新通路出現，無論是互補性通路或取代現有通路，都顯示通路權移動的特性。互補通路有助於爭取新顧客，為現有產品增添新價值，迫使公司將某些交易與顧客移轉到新通路。新通路取代現有通路，顯示現有顧客傾向於疏離現有通路，轉而惠顧新通路，此一現象迫使經理人必須確認哪些通路或市場受到新通路的影響，進而採取因應對策。

經理人實力養成

　　通路主導權會隨著時空背景與經營環境的不同，以及新通路的出現及其影響而改變。生產導向時代，生產者扮演通路領袖的角色；行銷導向時代，通路主導權掌握在通路商手上。當新通路出現時，公司必須面對新通路和現有通路互補或取代的問題，以及新通路增強或削弱公司現有能力或價值網路的問題。請思考下列問題：

1. 貴公司採取單一通路或多重通路策略？請說明採用現行通路策略的主要理由。
2. 貴公司最近所建立的新通路屬於互補通路或取代通路？為什麼？
3. 請參照本文所論述的通路發展方案，說明貴公司如何發展通路策略？

第十四章　以服務贏得最終勝利的秘訣

回應顧客的速度與精準度，已經成為當今企業優勝劣敗的評比指標之一。誰更有能力滿足顧客的需求，誰更能快速迎合顧客的期望，誰更能精準解決顧客的問題，誰就更有機會成為競爭的大贏家。

顧客泛指購買公司產品與服務的消費者，他們購買產品是為了要滿足需求，解決問題。他們購買特定公司產品與服務，是因為這家公司比競爭者更有能力滿足需求，更有能力快速解決問題。在自由經濟體系下，競爭廠商眾多，各顯神通，所提供的產品與服務五花八門，於是顧客選擇的自由度大增。顧客不一定要依賴某一家公司，但是公司不能沒有顧客，因此心中最有顧客的廠商，最能快速回應顧客的公司，將是競爭的最大贏家。快速回應顧客，有許多方向可供參考。

經理人以身作則

公司的經營活動以顧客為中心，處處為顧客著想；行銷策略規劃以顧客為師，時時心繫顧客，這是企業經營最基本的要件，也是公司成功最佳典範。

「顧客第一」，「服務至上」，「顧客永遠是對的」，這些老生常談的基本理念，不能只掛在嘴邊光說不練，而是要在日常

服務作業中一一落實與展現，讓顧客確實感受到「實在真感心」的感動顧客。公司要實踐這些理念，經理人必須率先展現心中有顧客的決心，先視員工為顧客（內部顧客），愛護之，教導之，訓練之，然後以身作則做服務顧客的先鋒，力行「跟我來」的實踐哲學，則再激烈的競爭都有被突破的一天。

西堤牛排館主管不僅親自率領員工清掃廁所，而且要清洗到用嘴唇去親吻馬桶，若不敢親吻馬桶就表示沒有洗乾淨，這種務實作法傳為以身作則美談。7-11所有主管在公司所選定的服務日，親自到其超商商店服務顧客，贏得無數掌聲。

態度是致勝關鍵

態度是指一個人對事物的看法與主張，積極樂觀者看到美好燦爛的一面，凡事雖有困難，但是都有可能完成，於是想盡辦法，務實執行，終有完成的一天；消極悲觀者看到窒礙難行的一面，凡事雖有可能完成，但是困難重重，於是搬出一大堆理由，逃避現實，結果當然一事無成。

行銷服務不在顧客購買多少，爭取顧客及留住顧客的關鍵在於服務態度。很多公司都把行銷重新定位為「提供服務」，強調服務確實太重要了，不能只讓行銷部門獨撐大局，也不能讓業務單位專美於前，必須全體員工一起來實踐。公司所有員工心中都有顧客，全員一條心，其力可斷金，商場上沒有克服不了的競爭。

美國四季酒店一名員工發現一位顧客遺忘在酒店的手提包，緊急聯絡後得知顧客已經搭上飛機正在趕往另一個城市途中，於是立刻搭上飛機主動去歸還手提包。國內一家租車公司的廣告也

有異曲同工之處，一位員工親自將顧客遺忘在車上的重要合約送還給顧客，贏得讚賞與信任。這兩則溫馨感人的故事詮釋了「問題不在大小，關鍵在態度」的真諦。

與顧客沒有距離

回應顧客的前提條件是要「用心」傾聽顧客的聲音，無論是正面的讚賞或負面的批評與期望，都必須「洗耳恭聽」，務實面對，快速做出適當回應。顧客是企業的導師，公司經營上很多新構想或新點子都是向顧客學來的，公司和顧客之間沒有距離，表示溝通管道暢通無阻，顧客願意說出心聲，公司樂當重要訊息。

IBM公司發現整個資訊市場不斷成長，該公司的市場佔有率卻不升反降，在獲知此一重要警訊後，馬上著手追蹤原因與尋求對策，終於在「以顧客為師」的理念下找到答案。麥當勞發現業績成長趨緩，導因於顧客對「麥當勞都是為了你」不再有新鮮感，於是虛心向顧客請益，發展出「I'm lovin' it」新廣告用語，贏得全球喝采，成為快速回應顧客的典範。

日本岡崎食品公司經常性的舉辦座談會，邀請全國各地家庭主婦到公司參加座談，虛心傾聽顧客對味噌需求的意見與期望，發現不同地區顧客的口味有很大差別，於是發展出上百種口味的味噌產品，不僅豐富了公司產品線，同時也滿足顧客的多元化需求。

提供客製化服務

快速回應顧客的最高境界就是提供客製化服務，也就是按照顧客的期望量身訂作所需的產品與服務。拜科技及電腦技術進步之賜，以往被視為遙不可及的事，現在都可以迎刃而解。提供客

製化產品與服務，可以因為差異化而滿足顧客個別需求，同時也可以縮短回應顧客的時間，以及滿足顧客需求的特定時間。

戴爾(Dell)電腦發現顧客在購買電腦時，花費許多時間與精力，仍然無法買到所需要的電腦，於是應用客製化概念發展出「接單後才生產」的新經營模式，完全按照顧客所選擇的需求與期望，組裝顧客所需要的電腦，而且在二天之內就把產品交到顧客手上，樹立客製化服務的新標竿。

顧客購買假髮時，常為無法買到十分中意的假髮而苦惱。我國一家假髮製造公司發展一套電腦模擬系統，儲存顧客對髮型需求與期望的各種參數，顧客選購假髮時只要輸入自己所期望的參數，包括髮型、長短、顏色、直髮、捲髮、髮質…，配合購買者的臉型與使用場合，模擬及調整到滿意為止，為顧客提供滿意的假髮。

速度快慢分高下

速度已經成為現代人非常重視的生活要件，購物希望立即擁有，接受服務不喜歡等待。人們對時間的企盼越來越精準，對速度的要求也越來越嚴苛。現代企業競爭，以速度快慢分高下的情況非常明顯，大企業不見得一定勝過小公司，但是可以確定的是快速回應顧客需求的公司一定可以領先動作緩慢的企業。

快速反應顧客的需求，不但有助於建立品牌忠誠度，同時也因為適時滿足顧客的需求而賣得好價格。大同公司最早標榜「打電話服務就來」，贏得好口碑；比薩外送不僅使用保溫設備保有原味，同時嚴守三十分鐘之內送達的承諾（日本要求十七分鐘）。美國建設機械生產廠商Caterpillar承諾，無論顧客分散在

全球那個角落，所訂購的零組件保證二十四小時內一定送達。

　　回應顧客的速度與精準度，已經成為當今企業優勝劣敗的評比指標之一。企業競爭是一場永無止境的顧客爭奪戰，誰比競爭者更有能力滿足顧客的需求，誰比競爭者更能快速迎合顧客的期望，誰比競爭者更能精準解決顧客的問題，誰就更有機會成為競爭的大贏家。

經理人 實力養成

　　現代企業競爭不見得是大企業贏過小公司，而是回應顧客速度快的公司勝過行動緩慢的企業，因此快速回應顧客成為現代企業競爭優勢的重要來源。在自由經濟體系下，競爭廠商眾多，顧客選擇的自由度跟著大增。顧客不一定要依賴某一家公司，但是公司不能沒有顧客，心中最有顧客的廠商，最能快速回應顧客的公司，將是競爭的最大贏家。請思考下列問題：

1. 請舉例說明貴公司快速回應顧客的案例，此一案例對滿足顧客需求產生什麼迴響？

2. 請舉例說明貴公司執行客製化的案例，此一案例對爭取新顧客產生什麼漣漪？未來會繼續擴大客製化策略的應用嗎？如何擴大？

第十五章　BCG矩陣不是急救藥

> BCG矩陣分析是用來幫助公司在複雜環境中發展可行策略的方法之一，投資組合分析是一種決策分析的工具，也是一種經常性、持續性的工作，經理人在做決策時，必須體認到，知識領先是成為競爭贏家的先決條件，探究BCG矩陣分析原理的奧妙與限制，做到「瞭解競爭者所不知道的事」，將更有助於正確使用而發揮策略效益。

　　投資組合分析是多角化公司用來決定進入哪些事業領域，以及如何管理這些事業，使公司經營績效達到最大化的決策工具，屬於公司層級策略的範疇。BCG矩陣是被使用得最普遍的投資組合分析工具，可以幫助公司清楚辨識事業／產品的競爭地位，同時也指引資源及所產生現金的正確使用流向。

　　BCG矩陣分析雖然最常被使用，為眾多企業提供很有價值的指引，但是也被認為太過簡化，不切實際，因而引起許多批評，是其美中不足之處。美國康乃狄克大學Subhash C. Jain教授及New Haven大學George T. Haley教授指出，BCG矩陣分析所受到的批評可以整理如下。

1. 變數二分法太過簡化

　　以市場成長率高低，相對市場佔有率高低之二分法組成明

星、金牛、問題、落水狗四個象限的矩陣，太過粗糙，不切實際，於是奇異（GE）公司發展出高、中、低三分法，組成九個象限的GE輪廓矩陣。

2. 市場佔有率不切實際

市場佔有率是影響行銷策略最重要因素受到的質疑。BCG矩陣分析源自學習曲線原理應用於製造及其他成本，公司增加產出（市場佔有率），總成本會以某一定百分比的幅度下降，對許多產品或許正確無誤，然而對大多數產品／市場而言，產品都具有某些程度的差異性，而且新產品與新品牌陸續問世，加上技術不斷精進，使得產品可能從一個學習曲線移向另一個學習曲線，甚至遇到不連續情況也司空見慣。因此公司在決定是否採用市場佔有率做為策略思考變數時，必須先徹底理解市場佔有率的適合性。

3. 產品／市場範圍不明

產品／市場範圍的界定受到挑戰。由於產品／市場的定義各不相同，市場佔有率也各有不同的解讀，如何適切界定產品／市場範圍受到挑戰。

4. 產品生命週期非穩定

假設產品生命週期相當穩定，太過天真。隨著產品生命週期階段之不同，學習曲線也會有所改變，例如產品回收再利用可以延續產品生命週期，甚至在成熟期後可以創造第二春。一般都假設高成長市場的投資遠比低成長市場更熱絡，這也是國際性公司最感困惑者，因為同一種產品在不同國家可能處於不同的生命週

期階段，自行車就是最好的例子。

5. 投資風險不見得相同

假設所有產品／市場的投資風險都相同，事實並不盡然。公司財務投資組合管理特別重視風險管控，在高風險、高報酬的指引下，投資風險越高，期望投資報酬率也越高，但是BCG矩陣並沒有把風險因素納入考慮。

6. 忽略變數的互依關係

產品／市場之間沒有相互依賴關係的假設不被贊同。不同產品／市場可以共享技術，分攤成本，具有相互依賴關係，這種相互依賴關係必須納入矩陣分析的重要考量因素。

7. 過渡依賴傳統的智慧

假設分析方法具有追溯既往的特性，因此在處理市場吸引力與事業／產品優勢時，會有過度依賴傳統智慧的現象。傳統智慧認為市場佔有率是使公司享有及維持高價格的主要力量，或是因為學習曲線效應而獲得成本優勢；高市場成長率表示競爭者可以擴大產出而獲得更多利潤，不至於使產業陷入價格競爭；高進入障礙讓既有廠商得以維持高價格，繼續享有高獲利率。

8. 衡量方法與權重不妥

衡量方法與變數權重也有不足之處。矩陣模式中各變數的衡量方法不同，事業／產品定位會因為所使用的衡量方法而各異其趣。此外變數衡量權重也會影響衡量結果，事業／產品的定位也會因為使用權重之不同而改變。

9. 忽略環境的影響效果

環境對公司的潛在影響不可忽視，投資組合分析必須同時考慮外部與內部環境，環境因素對投資組合的影響並無一定定則可循，但是對公司都具有獨特特性，必須務實納入考量。

10. 歸類錯誤則全盤皆輸

事業／產品的特定策略視矩陣的正確歸類而定，如果錯將某一事業／產品歸類到矩陣的特定象限，不但會因為錯誤的決策而使事業／產品陷入困境，同時也會因為膚淺及盲目應用投資組合分析而誤導企業策略方向。

11. 定位標準化不切實際

主張根據個別事業／產品策略定位，採用標準化或一般性策略，太過僵化，不切實際，會使公司失去機會，甚至阻礙創造力。

12. 許多問題未獲得解答

矩陣分析無法回答的問題還有許多，例如公司如何確認事業／產品目標和財務目標是否相契合，策略目標如何和所要追求的成長目標相匹配，以及所發展的策略如何因應來自國外廠商的競爭。

BCG矩陣分析是用來幫助公司在複雜環境中發展可行策略的方法之一，而不是用來為策略開急救藥方。分析方法本身並沒有問題，只是實際應用上常被誤用罷了。倫敦商業學院Gary Hamel有鑑於此，呼籲公司在應用BCG矩陣分析時必須留意下列事項：建立投資組合分析的正當性，訓練經理人精通分析方法，

重新定義事業／產品，利用矩陣分析為不同事業／產品建立策略方向，高階層管理者主導將矩陣分析納入管理，高階層管理者利用矩陣分析檢視不同事業／產品績效，不同事業／產品活用彈性及非正式管理，資源分配與事業／產品計畫密切配合，將策略成本與人力資源視為資本投資，新事業／產品發展要有完整計畫，所選擇的技術或市場要有堅定的策略承諾。

企業為了要在激烈競爭中脫穎而出，都不遺餘力的在思索有效的方法，不斷在發展突破現狀的策略，這些方法與策略都是經理人應用科學方法，參考前人智慧，絞盡腦汁苦思而得的結晶。在眾多投資組合分析工具中，BCG矩陣分析堪稱企業經理人最熟悉，也是被應用得最多的決策分析工具，然而企業經理人最感興趣者莫過於分析工具的實用價值與應用方法，至於理論基礎背後所潛藏的深層意義與限制，不一定都了若指掌。投資組合分析是一種決策分析的工具，也是一種經常性、持續性的工作，而不是急救藥，經理人在做決策時必須做好功課，有備而來，臨時抱佛腳絕對成就不了大事。

有一句廣告詞說：「你知道競爭者昨晚學到什麼新知嗎？」知識領先是成為競爭贏家的先決條件。企業進一步探究BCG矩陣分析原理的奧妙與限制，做到「瞭解競爭者所不知道的事」，將更有助於正確使用而發揮策略效益。

經理人實力養成

　　BCG矩陣是被使用得最普遍的投資組合分析工具，可以幫助公司清楚辨識事業／產品的競爭地位，同時也指引資源及所產生現金的正確使用流向。BCG矩陣分析雖然最常被使用，為眾多企業提供很有價值的指引，但是也被認為太過簡化，不切實際，因而引起許多批評，是其美中不足之處。請思考下列問題：

1. 貴公司使用BCG矩陣時曾經造遇到什麼問題？如何解決？
2. 從實務觀點言，你對BCG矩陣分析有何評論？為什麼？
3. 你贊同BCG矩陣分析不是急救藥的說法嗎？為什麼？

第十六章　條條道路通行銷

行銷觀念在實務上的發展，有從生產者角度看行銷活動者，有從顧客立場思考行銷策略者，有從公司實務操作觀點規劃行銷活動者，也有結合地方特色與人文特徵發展專屬行銷策略者，不一而足。每一種觀念的思考焦點各不相同，但是目標一致，都希望爭取顧客的青睞，為公司創造最大行銷利益。

行銷觀念的演進理論上是由生產觀念、產品觀念、銷售觀念、行銷觀念，到今天普遍被重視的社會行銷觀念。行銷觀念在實務上的發展，有從生產者角度看行銷活動者，有從顧客立場思考行銷策略者，有從公司實務操作觀點規劃行銷活動者，也有結合地方特色與人文特徵發展專屬行銷策略者，不一而足。每一種觀念的思考焦點各不相同，但是目標則相當一致，都希望爭取顧客的青睞，為公司創造最大行銷利益。

功能觀點的4P's策略

主張功能觀點的Jerome McCarthy，在1964年率先提出行銷活動具有四項基本功能，即產品功能、定價功能、通路功能、推廣功能，也就是一般所稱的4P's行銷組合策略。功能觀點主張公司要做好行銷工作，產品（Product）、定價（Price）、通路（Place）、推廣（Promotion），必須同時納入考量，不可偏

廢。其中推廣策略還可以細分為廣告、公共報導、人員推銷、促銷，稱為推廣組合。

　　無論行銷組合或推廣組合都在強調「組合」概念，意指組合中的各項元素必須同時兼顧，只是隨著產業差異與公司特性不同，各元素的比重各異其趣，例如工業用品與消費品的行銷組合有著明顯的差別，統一公司與味全公司的推廣組合也有顯著的不同。

　　功能觀點的4P's策略顯然是站在生產者的立場思考行銷策略，所關心的是如何提供最適產品、合理價格、廣佈通路、積極促銷，爭取顧客，贏得競爭。

顧客觀點的4C's策略

　　美國北卡羅萊那大學Robert Lauterborn教授，在1990年主張公司要贏得競爭，應該從顧客觀點發展行銷策略，於是提出4C's行銷策略，建議企業應該努力幫助顧客解決問題，滿足顧客需求與欲望（Consumer needs and wants），生產顧客所需要的產品，而不是銷售公司所能生產的產品；公司應該關心顧客為了滿足需求與慾望所必須支付的成本（Customer cost to satisfy the wants and needs），而不是一味的按照生產成本來定價；企業應該考慮顧客購買過程中的便利性（Convenience to buy），而不是僅從公司方便的角度來建構行銷通路；公司應該和顧客進行有效的溝通與對話（Communication），而不是單方面進行高壓推銷。

　　4C's觀點的行銷策略主張把顧客擺在第一順位，力行「顧客之所欲，長存在我心」的行銷哲學，顯然更適用於當前的競爭環境。

可口可樂的4P's策略

　　可口可樂公司從實務操作觀點發展屬於自己的4P's行銷策略，認為公司鮮紅商標是一項重要資產，必須善用來提高企業知名度，於是全面推廣大紅廣告標誌（Paint it in red），果然收到驚人效果，2011年底可口可樂的品牌價值高達718.61億美元，居全球知名品牌之首；認為公司要贏得顧客的青睞，必須發展顧客渴望的產品（Preferred product），同時要廣闊通路，方便顧客購買，做到讓顧客「垂手可得」的境界；認為公司要永續發展，必須塑造尊榮形象（Persuasive image），讓顧客不僅喜歡而且與有榮焉；認為公司必須提供物超所值（Priced relative to value ）的產品與服務，不斷發展優質產品與貼心服務，吸引顧客，感動顧客。

　　可口可樂力行其4P's行銷策略，使該公司成功席捲全球清涼飲料市場，成為行銷策略的最佳典範。

埔里酒廠的4W's策略

　　公賣局改制為台灣菸酒公司後，引進行銷觀念，銳意經營，活化資產，成效斐然。埔里酒廠成功轉型為觀光酒廠，成為觀光客必訪的知名景點。

　　埔里酒廠利用地方獨特特色，結合當地特有文化資產，發展專屬的4W's行銷策略，多年來致力於推廣紹興酒（Wine）的故鄉，結合酒文化發展出許多當地名產，加上發揚埔里出美女（Woman），氣候宜人（Weather），水質（Water）冠全台等地方人文資產，不僅成功營造鄉土文化特色，使埔里小鎮揚名全台，更把埔里酒廠的知名度推向國際市場。

埔里酒廠成功轉型為觀光酒廠，成為國營事業轉型的楷模，其專屬的4W's行銷策略更是企業競相學習的標竿。

經理人實力養成

行銷觀念在實務上的發展，有從生產者角度看行銷活動者，有從顧客立場思考行銷策略者，有從公司實務操作觀點規劃行銷活動者，也有結合地方特色與人文特徵發展專屬行銷策略者。每一種觀念的思考焦點各不相同，但是目標則相當一致，都希望爭取顧客的青睞，為公司創造最大行銷利益。請思考下列問題：

1. 貴公司在發展行銷策略時，現在和十年前的思考邏輯有何改變？為什麼？
2. 貴公司如何發展屬於自己的獨特思考邏輯？請舉例說明。
3. 你知道主要競爭者用什麼邏輯發展行銷策略嗎？請舉例說明。

第十七章　飲料業合作模式大翻新

企業經營拜科技進步及技術發展等有形創新之賜，加上企業家慧眼獨具及腦筋全迴轉等無形的觀念創新的結果，成功的造就了企業合作新模式。近幾年飲料業掀起一陣合作模式版本大翻新的現象，尤以寶特瓶生產技術與設備的發展，以及駐廠生產連線作業合作模式最具特色，不僅改變了飲料產業合作生態，同時也改寫策略聯盟的新史頁。

競爭環境變化無常，企業間合作模式也不斷在創新，從資源基礎理論到交易成本觀念的應用，從異業合作到和競爭者聯盟的既競爭又合作，從各自發展專屬資產到提供專屬資產供合作對象使用，花樣之多，不一而足。企業經營拜科技進步及技術發展等有形創新之賜，加上企業家慧眼獨具及腦筋全迴轉等無形的觀念創新的結果，成功的造就了企業合作新模式。

最近幾年飲料業掀起一陣合作模式版本大翻新的現象，其中尤以寶特瓶生產技術與設備的發展，以及駐廠生產（In House）連線作業合作模式最具特色，不僅改變了飲料產業合作生態，同時也改寫策略聯盟的新史頁。這是企業家觀念創新，順勢掌握技術精進的契機，漂亮的創造企業合作新典範的最佳案例。

寶特瓶生產技術的演進可區分為傳統的市場機制法、同步連線自我供應（In Line），以及駐廠生產連線作業等三個階段。

傳統的市場機制法

　　傳統方法是由寶特瓶專業供應廠商投資購置生產設備，供應寶特瓶給飲料廠商使用。由於設備體積大，需要有足夠大的廠房與倉儲空間，加上技術精密且複雜，原料供應廠商又只有少數幾家，所以新光紡織、遠東紡織就是我國僅有的兩家寶特瓶專業供應廠商，飲料大廠也只有黑松公司具有規模經濟效益，設有寶特瓶生產工廠，供應自己所需的寶特瓶。傳統方法中，寶特瓶生產過程無論是採用One Stage或Two Stage技術，都將所生產的寶特瓶儲放在倉庫內，視飲料生產廠商／生產線生產排程的需要適時供應各種規格的寶特瓶。

　　傳統方法除了黑松公司自行設廠生產寶特瓶之外，其餘純粹都是飲料廠商與供應廠商之間的商業買賣行為。生產飲料品與製造寶特瓶分屬不同產業，傳統方法的運作可以做到專業分工，各有專精，寶特瓶供應廠商享有規模經濟，提供專業服務。但是不同產業的廠商之間的供需落差、運輸時間、品質要求、規格不一、衛生安全、交貨時點、淡旺季生產排程調整等，往往難有完美的配合，這些都是傳統方法運作的大問題。

同步連線自我供應

　　同步連線是指飲料生產廠商自行購置寶特瓶生產設備，並將寶特瓶生產設備安裝在飲料品生產線上，自行管理，自我供應所需寶特瓶的一種創新商業模式。

　　最近幾年寶特瓶生產技術有著革命性的發展，設備體積大幅縮小，小而美的優點充分表露無遺；製造程序縮短，效率提高，速度加快，可以和快速運轉的飲料品生產線連線同步運作；精密

度大幅提高，可以即時供應生產線所需的高品質寶特瓶；製造完成的寶特瓶馬上輸送到飲料生產線灌裝飲料品，不僅節省運輸成本，同時也更符合衛生安全的要求。此一技術突破與精進，最偉大的貢獻除了降低成本之外，另一項創新是寶特瓶的製造機成為飲料生產線的附屬設備，同步連線自我供應所需的寶特瓶。

同步連線的新技術，投資小，操作易，衛生佳，品質可以自我控制，供需可以絕對配合，最重要的是有助於降低成本，引起飲料廠商的高度興趣，黑松公司率先引進採用，使得寶特瓶供應市場生態產生明顯的蛻變。飲料廠商自行生產寶特瓶不再是高不可攀的夢想了，以往供需落差、淡旺季失衡、協調不易、成本居高不下等問題也都一併獲得解決。

駐廠生產連線作業

駐廠生產連線作業是同步連線自我供應模式的大突破。駐廠生產連線作業是指生產設備由專業廠商投資購置，然後將設備安裝在顧客公司的生產線上，由設備供應廠商派員駐廠操作、維修、管理，配合顧客公司的作息及需要，就近提供高水準的客製化專業服務的一種創新合作模式。

同步連線自我供應雖然有其創新與優點，但是生產飲料品和製造寶特瓶分屬不同領域，專精於飲料品生產作業的廠商，不見得也擅長於寶特瓶的製造作業。駐廠生產連線作業是在這種氛圍之下，基於專業技術與就近提供客製化服務的考量，在競爭激烈的市場上發展出來的一種企業合作模式，也是企業家觀念創新，慧眼獨具，看到競爭者沒看到的商機，做競爭者做不到的投資，此一嶄新的觀念結合寶特瓶製造技術的精進，終於發展出企業合作的新典範。

駐廠生產連線作業頗有「綁樁」的味道，供應廠商投入龐大
資金，提供專業技術與客製化服務，取得為顧客廠商提供長期服
務的機會，雙方雖各有盤算，但是各自都很滿意，務實達到雙贏
的境界。顧客端無須投入及積壓龐大資金，將投資風險轉嫁給合
作廠商，也就是在沒有風險的情況之下，即可在廠享有高水準的
客製化專業服務，何樂而不為。供應廠商無須籌建廠房，駐廠就
近提供連線服務，即可取得長期供應合約，而且這種合約沒有被
競爭者搶走的風險，顯然是漂亮的建構一道牢不可破的進入障
礙，因而享有持久性競爭優勢。

　　飲料業以往也曾出現由供應廠商提供相關設備的案例，例如
碳酸氣供應廠商在顧客公司內自備碳酸氣儲存槽；果糖供應廠商
自備果糖儲存槽設置在顧客工廠內；潤滑劑供應廠商提供潤滑劑
滴漏設備，安裝在顧客的生產線上供顧客使用，這些案例都僅止
於「自備」設備的觀念，鮮少論及企業間大規模的合作。

In House成功案例

　　以生產瓶蓋及包裝材料起家的宏全國際股份有限公司，看準
國內外飲料市場的前景，洞悉飲料包裝材料發展趨勢，近年毅然
投入寶特瓶生產作業，大幅調整經營策略，積極與顧客建立長期
合作關係，除了設有飲料品代工工廠之外，更積極爭取In House
聯盟機會，開啟企業間合作模式的新史頁，成效之豐碩，令人刮
目相看。

　　宏全公司目前在國內外共有二十八個In House合作案例，把
In House策略聯盟從國內發揚到國外。在台灣和可口可樂公司、
統一公司、真口味公司，都締結有In House策略聯盟。在大陸上

海、吉林、蘇州、河南、廣東等地都簽訂有In house合作案。在越南、泰國、印尼也都有宏全公司In House策略聯盟的足跡。去年在大陸和百事可樂蘭州廠簽訂有In House策略聯盟新合約，在印尼和Futami公司也締結有In House新合作案。

宏全公司並不因為In House合作案的成功而自滿，為了使企業發展更上一層樓，為了要創造持久性的競爭優勢，積極在規劃垂直整合及模擬整合新模式，預料將會再度掀起另一波企業合作模式的新典範。

創新是企業永續發展的一條重要途徑，改變則是為了要創造新價值，宏全公司充分掌握發展契機，以其慧眼獨具的觀念創新，加上技術精進的加持，造就了與顧客合作的新典範，值得喝采。

經理人實力養成

企業經營拜先進科技之賜，新技術日新月異，新設備推陳出新，提高效率，降低成本，增強競爭力，獲益匪淺。新技術可以自己研發，也可以自外界引進，完全取決於公司的資源與能耐。複雜設備及新設備大多向專業供應廠商採購，視當時的市場機制而定。無論自己研發或自外界引進或採購，技術是經營紮根的基礎，絕對錯不了。請思考下列問題：

1. 貴公司技術發展態度與做法為何？未來將採取什麼策略？
2. 飲料業技術發展歷程與嶄新合作方式給貴公司帶來什麼啟示？

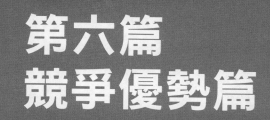

第六篇
競爭優勢篇

第一章　打造成本領導優勢

低成本是在一定品質水準之下，竭盡所能的降低成本結構，比競爭者以較低的成本生產和銷售產品或服務，因而創造總成本領導效益。總成本領導具有兩種策略意涵，其一是低成本意味著企業擁有高利潤，其二是低價格是持久性競爭優勢的重要來源。

差異化與低成本策略，一直是企業創造競爭優勢的兩張王牌。差異化講究的是產品或服務的差異性，因為具有競爭者所沒有的獨特特性，所以在定價上享有溢價效果，例如凌志汽車（Lexus）標榜「專注完美，近乎苛求」，不但得以比豐田汽車（Toyota）索取更高的價格，而且也獲得更好的評價。低成本則是在一定品質水準之下，竭盡所能的降低成本結構，比競爭者以較低的成本生產和銷售產品或服務，因而創造總成本領導效益。總成本領導具有兩種策略意涵，其一是低成本意味著企業擁有高利潤，其二是低價格是持久性競爭優勢的重要來源。

成功創造低成本優勢的廠商都是善用多重方法的公司，這些方法包括提供陽春型產品、提高生產效率、創造規模經濟效應、獲取經驗曲線效果。

1. 提供陽春產品

降低成本最直接的方法，就是檢討及刪除產品所不必要或額

外的部分。引用輪迴概念來詮釋陽春型產品，可以啟發很有價值的策略思考。公司推出新產品或服務，都是想要協助人們解決生活上的問題，也都因為構想新奇、結構簡單、容易使用、容易處理，而獲得廣大消費群的青睞。然而，隨著市場擴大，銷售增加，為了滿足消費者尚未滿足的需求，不斷增加產品功能，以致產品變得愈來愈複雜，成本負擔也隨著水漲船高，結果讓新進入的競爭者有可乘之機。

人們日常生活所使用的許多產品，功能之多令人佩服，例如行動電話、數位相機、電腦、音響等，從研發的觀點來看，確實是一大創舉，若從實用性角度觀之，很多人都只用到少數幾種功能，以致浪費許多功能，徒增成本負擔。因此許多業者從提供陽春型產品的方向著手，創下驚人的效果，例如購物中心鼓勵顧客自備購物袋；消費者購買冷氣機，若自行提貨及安裝，可以享受價格優惠；自助加油站可以降低汽油價格。汽車製造廠商提供基本標準配備的汽車，其餘採用自行選擇方式，達到既能降低成本，又能滿足不同顧客需求的境界。

2. 提高作業效率

提高作業效率，刪除不必要的作業環節，消除無謂的浪費，都是創造成本優勢的絕佳途徑。企業利用組織再造機會，徹底檢討組織的價值鏈活動，重新檢視製造過程及服務流程，都是提高作業效率的良方。戴爾電腦（Dell）與亞瑪遜書店（Amazon），採用創新配銷的直銷模式，消除價值鏈中許多作業項目，大幅提高效率，成為市場新秀。百貨公司、大賣場及便利商店所發展的POS系統，將運送成本、倉儲成本、存貨、以及

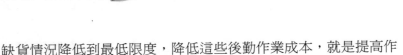

缺貨情況降低到最低限度，降低這些後勤作業成本，就是提高作業效率。

　　日本豐田汽車公司所發展的及時系統（Just in Time, JIT），堪稱為提高作業效率的最佳典範。豐田汽車公司堅信作業上的每一部分或小環節，都是降低成本的機會，於是本著「持續改善」的信念，和汽車零組件供應廠商達成一項非常有創意的協議，將品質管理工作移轉給上游供應廠商執行及保證，零組件則在要用時才交貨，所交貨適質、適量的零組件直接上線使用，消除許多重複作業的成本，大幅提高作業效率，創下世界級生產效率的典範。現在許多企業紛紛效法豐田的及時系統，實施免檢上線制度，提高作業效率，貢獻厥偉。

　　非核心作業委外處理，也是提高作業效率的有效方法。從交易成本理論觀之，市場機制靈活時，企業可以較低的成本自市場上取得更佳品質的原材料與服務，而把有限的資源投注在自己做得最出色的作業上，因而大幅提高作業效率。現代企業紛紛把運輸、出貨、警衛、清潔、廚房、電腦軟硬體維護等非核心作業外包給專業公司承攬，提高作業效率，降低成本功不可沒。

3. 追求規模經濟

　　企業常因為大量的產出，而導致單位成本下降，這種現象稱為規模經濟效應。規模經濟效應不僅常見於生產作業，同時也出現在銷售、行銷、研發、採購等不同領域。規模經濟主要有三個來源，其一是大規模的產出數量所導致的固定成本分攤效果，例如廣告、銷售人員的間接費用、主管人員的薪資、研發、設備維修等，都可以由更多產出單位共同分攤。其二是大規模經營可以

支撐公司所需要的專屬資產與活動，例如行銷研究、財務績效、採購作業、法務業務、製造工程作業等，都可因為規模經濟而獲得有利的支撐。其三是因為大量產出所帶來的高度分工與專業化效果，例如當年福特汽車公司率先啟動裝配線生產方式，推出T型車時，創下規模經濟效應的經典範例，藉由引進大量生產技術，首開勞動分工與專業化先例，除了大幅提高生產力之外，也因此而降低可觀的成本。

企業可以藉由結合各事業單位來獲取規模經濟效果，例如近年來我國銀行業、證券業、保險業的整合，以及其他企業的整合與購併，就是為了追求規模經濟效果。企業若因為經營規模太小，無法支撐所需要的專屬資產或作業，勢必會處於嚴重的競爭劣勢。

4. 經驗曲線效應

經驗曲線是指在產品或服務的生命週期中，因為熟練而使成本結構呈現系統性的下降，造成單位成本降低的現象。經驗曲線效應是由規模經濟和學習效果所共同促成，主要是因為產出數量倍增時，單位成本會以某一特定比例下降的效應。因此增加產量和市場佔有率，可以讓公司比競爭者享有更低的成本結構。當產生經驗曲線效果時，第一個進入市場且獲得高市場佔有率的公司，可望享有持久性成本優勢。

日本松下電器公司推出VHS錄放影機時，採取廣泛授權策略，堅信出租的VHS錄影帶愈多，VHS錄放影機對消費者的價值就愈高。於是授權消費性電子產品公司製造VHS規格的錄放影機，同時鼓勵電影工作室發行VHS的出租錄影帶，快速擴大VHS

錄放影機的市場，因為廣收經驗曲線效果，而享有持久性成本優勢，成為市場競爭的大贏家。

　　開源與節流是企業獲得競爭優勢的兩項法寶，開源除了企業本身的能耐與資源條件之外，還受到外在環境因素與競爭者反應的影響，往往不是一廂情願可以如願。降低成本結構的節流工作，則是公司相對可以主導及容易掌控的工作。公司只要抱持「勿以善小而不為」的信念，持續改善，不斷創新，創造成本優勢之路非常寬廣。

經理人實力養成

　　低成本是企業創造競爭優勢重要來源。提高營業額不見得能如公司所願，但是降低成本則是企業可以主導者。低成本是在一定品質水準之下，竭盡所能的降低成本結構，比競爭者以較低的成本生產和銷售產品或服務，因而創造總成本領導效益。低成本具有兩種策略意涵，其一是低成本意味著企業擁有高利潤，其二是低價格是持久性競爭優勢的重要來源。請思考下列問題：

1. 貴公司的成本結構在產業中具有競爭優勢嗎？為什麼有？為什麼沒有？

2. 貴公司的成本優勢主要來自哪些方面？

3. 貴公司的成本優勢中哪一項屬於業界的創舉？這一項優勢未來還可以繼續享有嗎？未來可能產生什麼變化？

第二章

集中成本領導五招打造競爭力

差異化與成本領導是企業提高競爭力的兩大支柱，差異化走的是凸顯產品獨特性路線，成本領導則靠低成本取勝。獨特產品吸引廣大消費者青睞，可使公司在市場上揚眉吐氣，贏得高市場佔有率；成本領導意味著低成本結構，使公司在定價上享有更大揮灑空間，除了獲取更高利潤之外，還可以提升競爭優勢。在拓展市場不易的情況之下，成本領導的廠商比較有可能在競爭中勝出。

全面性與集中化的差異

成本領導策略可以再細分為全面成本領導與集中成本領導，全面成本領導是指在廣泛市場上創造成本優勢，由於市場範圍廣大，需要投入相當可觀資源，常非小規模公司所能勝任。集中成本領導是指公司專注於服務一個或少數幾個利基市場，因為專注於具有成本優勢的利基市場，使公司可以抗衡採取全面成本領導策略的競爭者。至於利基市場可以是某一狹小的地理區域市場，也可以鎖定某一顧客類別，更可以聚焦於某一特殊產品線，例如黑松沙士只在台灣銷售，日月潭的日月行館與涵碧樓等高檔旅館專注於服務尊榮貴賓，日本的汽車公司專精於生產小型、省油車。

全面成本領導和集中成本領導有著明顯的差別，前者主張極盡所能的全面降低成本結構，使公司的成本比競爭者更低，主要著眼點有二，其一是在價格相同的情況之下，低成本所反應的是高利潤，使公司得以創造超常利潤。其二是低成本使公司更有能力訂定較低價格，因而在市場上享有競爭優勢，甚至因為訂定較低價格而使公司獲利更豐厚。全面成本領導與集中成本領導的目標都是在降低成本結構，所不同的是所選擇的市場範圍有別，前者放眼廣泛市場，後者只選擇在少數利基市場執行降低成本工作，成為利基市場的佼佼者，也因為專注而有強勁的力道可以抗衡追求全面降低成本的競爭者。

集中成本領導的優勢

　　力行集中成本領導策略的公司，因為專精於經營利基市場，通常比追求全面成本領導的廠商擁有更低成本結構，因而享有競爭優勢，主要原因有五：

1. 聚焦於利基市場：競爭範圍集中在一個或少數幾個利基市場，管理與協調容易，可以大幅減少無效率與浪費現象，無論是原材料取得、生產作業、運輸成本、行銷與服務，都因為接近市場而享有較低的成本。

2. 提供客製化服務：針對利基市場的特定顧客提供複雜產品與服務，甚至提供客製化服務，這些特定服務常常不是追求全面成本領導的廠商所能做到，因而同時享有低成本及差異化優勢。

3. 另闢藍海大市場：專注於經營利基市場意味著避開和大規模公司直接競爭，避開大多數廠商所提供的標準化產品與服

務，專精於迎合顧客特定需求的特色產品與服務，不僅可以緩和產業競爭，同時還可以達到另闢藍海大市場的策略目的。

4. 精耕市場獲青睞：由於專注於耕耘利基市場，可以有效深耕及精耕市場，深入瞭解顧客的問題與需求，掌握消費趨勢與脈動，比大規模公司更貼近市場，可以捷足先登搶得先機。

5. 對大廠構成威脅：利基市場規模相對狹小，相較之下成本結構雖然比較高，但是可以就近服務及建立良好顧客關係，這種快速回應顧客的作風，往往對大規模廠商構成威脅。

集中成本領導的作為

集中成本領導策略因為只專注於經營利基市場，所以必須要有高瞻遠矚的眼光，抱定破釜沉舟的決心，立志成為利基市場領導者，更有效率、更有效果的使用公司有限資源與獨特能耐，才足以抗衡採取全面成本領導廠商的競爭。採取集中成本領導策略的公司可以朝下列方向努力：

1. 持續降低成本結構：不斷增強集中化效應，從中持續改善，充分發揮「勿以善小而不為」的功夫，絕不放棄降低成本結構的任何機會與方法，以臨淵履薄心情繼續向前行，而且不能有所閃失，真正做到「低成本領導者」的境界。

2. 發展自己的新利基：市場上採取相同競爭策略的公司大有人在，集中成本領導也不例外，因此專注於經營利基市場的廠商必須面對來自內外的競爭，要在此險惡的環境中贏得競爭，廠商必須不斷發展屬於自己的新利基，推陳出新，永遠走在最前面，讓競爭者望塵莫及。

3. 因應經營環境變化：競爭環境變化無常，以不變應萬變的經營勢必會被競爭洪流所淘汰，因此必須輔之以權變措施，適時、適度調整策略與腳步，確實掌握產業機會，避開可能威脅，使公司各項活動都做到靈活且精緻的境界。

4. 勇敢力行組織變革：好的策略需要有縝密的組織來執行，集中成本領導的公司需要塑造積極進取，勇於創新，敢於冒險的組織文化，顛覆傳統思維，加速降低成本的腳步，擴大與競爭對手的差距，讓採行全面成本領導策略的公司想要模仿都追趕不上，因而在利基市場締造持久性競爭優勢。

5. 適時回應可能競爭：企業經營不能假設沒有競爭，更不能因為一時的成功而得意忘形，必須隨時準備迎接另一場挑戰，卯足全勁，保持高度競爭意識，適時、適切回應任何可能的挑戰。尤其是回應採用差異化策略廠商的競爭，不斷精進，持續提高產品與服務的品質，不能因為降低成本而損及品質水準。

產業環境越來越複雜，不確定性越來越高，廠商之間的競爭也隨著越來越激烈，經營者深知「成功只留給有充分準備者」的道理，也都瞭解要贏得競爭絕對不是很容易的事，於是紛紛絞盡腦汁，想出新方法，發展新策略，試圖成為競爭的大贏家。公司要提高營業額並不容易，但是降低成本的主導性比較高，集中成本領導顯然是從成本領導中區分出來的一種新策略，專注於在利基市場追求成本領導，創造競爭優勢。大規模公司資源雄厚，比較有能力在廣泛市場發動全面競爭，小規模企業要發揮小蝦米鬥大鯨魚的本事，必須更有智慧，更有勇氣，在經營佈局上因為「有勇有謀」而贏得競爭。

經理人 實力養成

　　集中成本領導和全面成本領導都在尋求低成本優勢,兩者有著明顯的區別,前者專注於服務一個或少數幾個利基市場,後者放眼廣泛市場範圍。集中成本領導因為專注於具有成本優勢的利基市場,更有效率、更有效果使用公司資源,使公司更有能耐可以抗衡採取全面成本領導策略的競爭者。請思考下列問題:

1. 在競爭策略選擇上,貴公司採取全面成本領導策略或集中成本領導策略?主要思考邏輯是什麼?
2. 貴公司若是採取集中成本領導策略,是否順利達成策略目標?請描述達成哪幾項策略目標?如何達成?
3. 貴公司在達成策略目標過程中,遭遇到哪些困難?如何克服?

第三章　贏得競爭優勢的四種策略

> 公司要贏得競爭，光靠發展獨特能耐尚不足以竟全功，還必須不斷強化獨特能耐，才能建立可長可久的競爭優勢。公司在建構及強化獨特能耐時，必須以前瞻性的新思維，利用資產與能耐發展出填補空隙、黃金十年、能耐重組、偉大發展等四種策略。

　　資產與能耐是公司贏得競爭優勢的重要基礎。資產是指公司所擁有的有形資產與無形資產的總和，資產愈豐富的公司愈有助於發展競爭優勢。能耐是指公司運用資產的能力，能耐愈強勁的企業愈能夠在競爭中屹立不搖。公司運用資產的能力更勝一籌，更能凸顯能耐的獨特性。獨特能耐是指公司所具有的特定優勢，使其能與競爭對手的提供物產生差異化，並且持續以低成本獲得競爭優勢。

　　公司要贏得競爭，光靠發展獨特能耐尚不足以竟全功，還必須落實PDCA的功夫，不斷強化獨特能耐，才能建立可長可久的競爭優勢。Hamel與Prahalad建議公司在建構及強化獨特能耐時，必須以前瞻性的新思維，將公司視為獨特能耐的組合，取代過去將企業視為產品組合的舊觀念。獨特能耐是公司的能耐與產業組合的函數，若將公司能耐區分為「現有能耐」與「發展新能耐」，而將公司所參與競爭的產業區分為「現有產業」與「進入

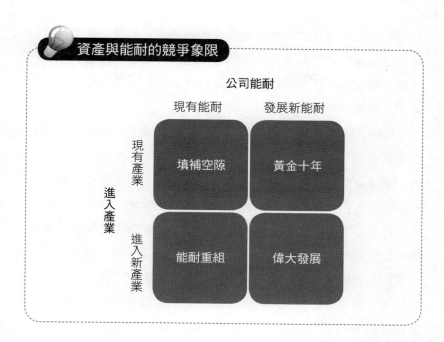

資產與能耐的競爭象限

公司能耐

現有能耐　　　發展新能耐

現有產業

進入產業　　　　　填補空隙　　　黃金十年

進入新產業　　　　能耐重組　　　偉大發展

新產業」，可以組合成填補空隙、黃金十年、能耐重組、偉大發展等四個象限的矩陣，如圖所示，這四種策略在協助經營者評估何時及如何發展獨特能耐及進入新產業時，各具有不同的策略意義。

1. 填補空隙

　　公司必須經常思索如何運用現有獨特能耐，提高在現有產業的競爭地位。填補空隙策略是指公司利用轉移現有的獨特能耐，改善公司在現有產業的競爭地位。也就是採取市場深耕與精耕策略，善用公司現有能耐在現有產業內尋求精緻發展的機會。

　　經營環境瞬息萬變，加上現代科技日新月異，在激烈競爭之下公司既有的能耐不見得仍然具有獨特性，所以必須經常檢視並

強化之。公司現有的能耐若還具有獨特性，而且現有產業也還充滿著發展與成長空間，此時公司可以活用產品增殖的概念，採取填補空隙策略，積極進入每一個有發展潛能的市場，擴大市場佔有率，進而發展持久性競爭優勢。

　　自動化一直是人們所追求的便利生活方式之一，自動控制與自動販賣技術的普及與運用，開創人們便利生活之門，功不可沒。家電廠商把自動控制技術植入家電產品，在現有產業發揮得淋漓盡致，例如全自動洗衣機、洗碗機、烘乾機、清掃機、冷氣機、熱水器等，甚至擴大應用到工廠所使用的機器人及各式各樣的自動化設備。自動販賣機廠商善用自動販賣技術，從單純販賣日常用品到賣車票、郵票、月票、門票、加值卡、停車場管理，甚至把自動販賣技術運用在大頭貼自動照相販賣機與遊樂器上。這些都是廠商利用既有技術深耕現有市場，填補空隙的具體成效。

2. 黃金十年

　　人無遠慮，必有近憂，企業亦然。經營者熟諳其中的道理，經常在思索長治久安的良方。黃金十年策略是指公司持續發展新能耐，因應現有產業現在及未來發展的需要。採取這種策略的公司，通常都著眼於未來導向，甚至以每十年為一個階段，審慎思索未來十年內要領先競爭者，需要發展什麼獨特能耐，然後務實的朝此方向推進。此時經營者所思考的核心課題，就是要在現有產業持續領先競爭者，公司需要發展哪些新的獨特能耐。

　　日本Canon公司發現傳統的類比技術無法滿足顧客的需求，於是積極發展數位技術，試圖迎合顧客尚未滿足的需求。拜數

位新技術之賜，Canon公司接二連三的開發數位相機、彩色影印機、雷射印表機等創新產品，遙遙領先競爭者。統一公司成功的研發生物科技新能耐，多項產品率先獲得國家健康食品認證，在我國食品產業創下競爭優勢的最佳典範。

3. 能耐重組

公司現有能耐發展到某一程度後，如果缺乏正確而明確的引導，常常會不知不覺的陷入各自為政的風險中，此時就需要重新整合公司現有的能耐，使之發揮更強勁的威力，繼續維繫競爭優勢。能耐重組策略顧名思義是指公司重新整合現有的獨特能耐，積極用來發展新的提供物，不僅期望在新產業搶下灘頭堡，更希望在新產業穩穩的佔有一席之地。此時公司最重要的課題是要思考：重新整合現有獨特能耐，可以創造哪些嶄新的提供物。

現有能耐經過有系統的重組與整合後，往往成為另一種嶄新的獨特能耐，這一股嶄新的獨特能耐更有助於公司在新產業中嶄露頭角。Canon公司整合精密儀器、光學透視、微電子影像等先進技術，成功的進入傳真機與噴墨印表機等產業。金雨公司整合板金、電子、通信、自動控制、自動販賣等技術，除了發展出大頭貼自動照相販賣機之外，也成功的進入電玩及液晶面版產業。

4. 偉大發展

企業的偉大成就常來自重大的突破。偉大發展策略主要是在突破傳統，追求新機會，以更宏觀的思維，超越現狀，致力於發展新的獨特能耐，以期在新產業尋求嶄新的發展，建構持久性競爭優勢。因此公司必須未雨綢繆，經常思索為了參與未來新產業的競爭，公司需要致力於發展哪些獨特能耐。

發展嶄新的獨特能耐有助於公司發展多角化，而多角化可以使公司因為移轉能耐、締造範疇經濟、豐富產品線、緩和產業競爭等優勢而提高獲利能力，因而獲得大企業的青睞。台塑關係企業積極發展醫學、醫療、醫護、生物科技等能耐，此一重大發展不僅成功的進入醫院、醫療、醫護、生物科技等新產業，更在新產業贏得良好的口碑，也因此而享有競爭優勢。遠東企業集團為擴大事業版圖，積極發展電信領域的獨特能耐，此一偉大發展使公司在電信產業及高速公路電子收費系統上領先群倫。

　　企業所擁有的資產各不相同，能耐更是各異其趣，要在競爭中脫穎而出除了需要擁有足夠的資產之外，還需要輔之以善用獨特能耐的真功夫。無論是現有產業或新產業，只要有助於提高公司獲利能力與發展競爭優勢的機會，企業家都不會輕易缺席。獨特能耐雖是公司發展競爭優勢的基礎，但是獨特能耐也會有過時與落伍的風險，無論公司要精耕現有產業，或是要在新產業搶建灘頭堡，公司都必須經常檢視及增強現有獨特能耐與發展新獨特能耐。

經理人 實力養成

　　公司要贏得競爭，光靠發展獨特能耐尚不足以竟全功，還必須落實PDCA的功夫，不斷強化獨特能耐，才能建立可長可久的競爭優勢。Hamel與Prahalad建議公司利用資產與能耐可以發展出填補空隙、黃金十年、能耐重組、偉大發展等四種策略。請思考下列問題：

1. 請比較貴公司和三家主要競爭者的資產與能耐的優勢與劣勢。
2. 以貴公司目前的資產與能耐，最適合發展哪一種策略？為什麼？
3. 貴公司若要發展黃金十年策略，需要積極強化哪些新能耐？為什麼？

第四章　避紅海，迎藍海

集中化是要把公司有限的資源集中於經營一個或少數幾個利基市場，從中建立競爭優勢，提昇公司的獲利能力。利基市場可以利用地理區域、產品屬性、顧客特徵、消費者生活形態與心理因素等區隔變數加以辨識。

麥可波特（Michael Porter）所提出的一般競爭策略中，第三種策略稱為集中化，集中化顧名思義是要把公司有限的資源集中於經營一個或少數幾個利基市場，從中建立競爭優勢，提昇公司的獲利能力。利基市場可以利用地理區域、產品屬性、顧客特徵、消費者生活形態與心理因素等區隔變數加以辨識。集中化可以再細分為兩種策略，一是集中追求差異化，二是集中發展低成本。

集中差異化

差異化策略主要是走創新路線，透過創新思維與獨特手法發展嶄新的經營模式，或開發具有差異化的產品與服務，使之和競爭廠商有著明顯的差別，而且這些差別必須是消費者所需要與企盼者。在競爭日趨激烈的時代，差異化是公司發展競爭優勢的絕佳策略，大規模公司為維持其市場的領先地位，不斷推出差異化產品與服務，中小企業為抗衡大規模公司，紛紛發現差異化是求

生存、圖發展的最佳出路。

　　廣泛追求差異化是贏得競爭最理想的方法，但是並非所有的公司都有足夠的資源與能耐，因此出現集中差異化這一招。走集中差異化路線的公司，主要特徵是同時採用集中化與差異化策略，尋求利基市場，然後致力於發展差異化，不但可以避開和競爭者面對面競爭的紅海場面，同時還可以在嶄新市場建立灘頭堡，是一種高招的藍海策略。此外，採行集中差異化策略的公司，產品或服務和競爭廠商有著明顯的差異，通常都有機會訂定比競爭者更高的價格，因而可以獲得超常利潤，展現卓越的獲利能力。

　　集中差異化有兩層意義，第一層是指公司將資源集中於經營一個或少數幾個利基市場，第二層是公司致力於在此利基市場中發展差異化。公司在辨識利基市場後，接著將自己定位為專注於經營此一市場的能手，以及追求差異化的廠商。

　　因為專注於利基市場，所以比任何競爭者更瞭解消費者的需求與企盼，一方面能夠精準的開發消費者所需要的產品與服務，迎合顧客的特殊需求，一方面可以把公司的資源做最有效果與最有效率的應用，進而創造最佳績效。

　　公司要集中在利基市場發展差異化，除了可以從發展經營模式著手之外，也可以從效率、品質、創新、顧客回應等四個方向下手。經營模式創新主要是在發展一套嶄新而且更貼近顧客的經營方法，例如便利商店業者發展一套和傳統雜貨店完全不一樣的經營模式，顛覆傳統，改變了零售業的競爭生態。速食店業者發展一種迎合現代忙碌社會之消費者所追求的方便需求（包括得來速），搶走餐廳業者的大半市場。連鎖洗衣店業者設計一種兼顧

專業分工與環保概念的嶄新服務模式，贏得廣大顧客的青睞。

效率、品質、創新、顧客回應是企業發展競爭優勢的四項法寶，公司要在利基市場發展差異化當然必須重視這四項法寶。採用競爭導向及標竿學習的方法，持續不斷致力於創造領先競爭者的契機，舉凡提高工作與經營效率、講究產品與服務品質、產品與製程（流程）創新、快速回應顧客的需求與反應，都有助於公司發展集中差異化。

既然要採行集中差異化策略，公司就必須謹守在利基市場求發展的初衷，不宜過度擴充，以免掉入力多必分的陷阱。科技發展日新月異，典範會隨著競爭而移轉，顧客需求水準也會不斷提升，今天的優勢有可能成為明天的包袱，因此公司必須在利基市場力求精進，立志成為利基市場的領導者。

集中低成本

低成本策略主要是走高效率路線，透過高超效率來降低經營成本。集中低成本也有兩層意義，第一層是將公司資源集中於經營一個或少數幾個利基市場，第二層是致力於在此市場發展低成本，藉助在利基市場發展低成本的經營模式及產品與服務，因應其他廠商的競爭。

追求集中低成本策略的公司，相對於採用廣泛成本領導的公司享有某些成本優勢，例如取得特定原材料的成本、物流成本、客製化成本、彈性營運成本、精實生產系統，都有可能因為相對低的成本而在競爭中脫穎而出。採取集中低成本策略的廠商，雖然不若廣泛成本領導廠商享有規模經濟效益，但是在利基市場上並沒有明顯的成本劣勢，所以有機會賺取超常利潤。

追求集中低成本策略的公司，通常只在利基市場供應相對少數量的產品與服務，並且本著勵精圖治的精神，銳意經營的決心，不斷引進各種降低成本的新方法，因此往往對大規模公司構成重要的威脅。例如許多廠商採用及時交貨系統、推出982方案（98％的訂單，2天之內完成交貨）、e98計畫（98％的維修工作，當天完成）、接單後才開始生產，以及豐田汽車公司聞名於世的CCC21計畫（21世紀降低成本計畫），都是降低成本的絕佳良方。

參與競爭的廠商都希望成為競爭的贏家，絕對不可能將市場拱手讓人，因此採取集中低成本策略的公司，必須時時挑戰自己，惕厲自己，並且朝下列幾個方向精進，第一、時時檢視外界環境的變化，精準的掌握策略主軸與方向，彈性調整經營策略，使公司永遠保持領先。第二、本著持續改善的精神，不斷創新，尋求降低成本的新方法，在利基市場做真正的低成本領導者。第三、適時且適切的回應競爭者的策略行動，除了降低成本之外，效率、品質、創新、顧客回應等項目都要面面俱到，厚植競爭實力。

策略啟示錄

採用集中差異化或集中低成本策略的公司，最重要也是可貴的是要想競爭者沒有想到的方法，做競爭廠商做不到的事，只有這樣才有機會從中獲得獨特的競爭優勢。

現代企業所面對的競爭生態，不見得都是大規模公司勝過小公司，而是動作快的企業領先動作緩慢的企業。大規模公司都試圖在利基市場建立灘頭堡，更何況是中小型企業。小規模公司嗅

覺靈敏，動作靈活，無論是在利基市場發展差異化或追求低成本，都有絕佳的好機會，無論是面對中小企業的挑戰或抗衡大規模公司的競爭，也都大有可為。

經營環境隨時在改變，無論是採取集中差異化策略或集中低成本策略的公司，必須比採取其他策略的廠商更精準的掌握市場脈動，才能夠在利基市場立足。披薩廠商及麥當勞發覺外食市場及現代宅男宅女的廣大商機，紛紛推出外送服務，試圖搶攻此一新市場；全國電子推出一天之內到府安裝的卓越服務，成為服務的新典範；愛之味公司推出送貨到家的貼心服務，突破競爭的重圍；網路商店業者利用電子商務技術掌握市場脈動，都是迎合現代消費習慣改變的最佳案例。

經理人實力養成

　　集中化策略是要把公司有限的資源集中於經營一個或少數幾個利基市場，從中建立競爭優勢，提昇公司的獲利能力。利基市場往往是大企業忽略的小市場，卻是公司避開紅海競爭的絕佳策略，公司可以利用地理區域、產品屬性、顧客特徵、消費者生活形態與心理因素等區隔變數加以辨識。請思考下列問題：

1. 貴公司應用哪些區隔變數尋找利基市場？請說明具體做法？
2. 貴公司產品中，哪些是針對利基市場而開發？成效如何？
3. 貴公司在經營利基市場時，曾經遭遇到什麼困難？如何因應？

第五章

3V策略厚植競爭實力

公司在服務多種市場時，不只是需要採用多重行銷通路，同時還要針對客戶的特徵與獨特需求，提供不同的服務內容與時間上的配合，這種顛覆傳統的創新思維包括精準的瞄準價值顧客（Valued Customer）、正確的提供價值主張（Value Proposition）、建立快速而有效的價值通路（Value Network），統稱為3V行銷策略。

行銷經理在發展行銷方案時，必須要有豐富而縝密的策略思維，才能從策略性市場區隔中厚植公司的競爭實力。策略性市場區隔有別於傳統STP行銷策略，力挺從正確的方向著手，發展獨特的價值主張，然後輔之以價值通路的一種市場區隔方法，而不只是單純改變行銷組合要素而已。

行銷經理徹底瞭解策略性市場區隔的內涵，有助於精準的找到最有價值的顧客，確認公司需要發展什麼價值主張，以及確定公司需要採取哪一種價值通路。公司在服務多種市場時，例如風景區、遊樂場、大飯店、機關學校、軍中營站，以及其他重要客戶（KA），不只是需要採用多重行銷通路，同時還要針對客戶的特徵與獨特需求，提供不同的服務內容與時間上的配合，絕對不只是單純的調整行銷組合要素就可以竟全功。這種顛覆傳統的

創新思維包括精準的瞄準價值顧客（Valued Customer）、正確的提供價值主張（Value Proposition）、建立快速而有效的價值通路（Value Network），統稱為3V行銷策略。

價值顧客

顧客不見得都可以使公司獲利，價值顧客是指使公司有可能獲利的顧客。要辨識價值顧客，行銷經理首先必須明確的指出我們的顧客是誰？他們分布在哪裡？他們具有什麼特徵？他們的期望是什麼？他們現在使用什麼產品或服務？他們有什麼需求尚未被滿足？進而從中確認哪些是使公司有可能獲利的最有價值顧客。要確認最有價值的顧客，就必須正確而有效的區隔市場。

市場區隔變數很多，應用顧客的人口統計變數、地理區域、心理特徵、行為特色、消費習慣，都可以找到公司最有價值的顧客。辨識最有價值的顧客，公司可以把有限行銷資源精準的瞄準這些顧客，不僅可以避免浪費資源，而且有助於提高行銷績效，同時也因為比競爭者更瞭解顧客而贏得青睞。

早期的鐵路局把搭乘火車的所有旅客視為顧客，因此只開出普通車、對號車、直達車等一般列車服務顧客。隨著時空環境的變化，不僅旅客人數增加，旅客種類與需求也各不相同，於是應用策略性市場區隔的概念，針對不同的顧客提供不同的服務，因而進步到發出各種不同特色的列車，例如專門服務上班族的短程區間車，專門服務學生上下學的學生專車，專門提供旅遊服務的觀光列車，不一而足。各種列車都為各自的價值顧客提供最好的服務，贏得最佳服務的美譽。

價值主張

公司要厚植競爭實力，行銷經理必須發展獨特的價值主張，也就是要確認顧客要的是什麼，進而確定公司要提供什麼產品或服務給最有價值的顧客。航空公司的旅客可以大略區分為商務旅客和一般旅客，商務旅客執行洽公業務，出差就是辦公時間的延伸，因此都由公司負擔機票並支付旅費，他們的共同需求不外乎是節省候機及轉機時間，舒適的商務艙（甚至頭等艙），免費提供餐點，選擇劃定喜歡的座位，累積飛航里程，以及其他的尊榮服務。一般旅客在選擇航空公司及飛航航線時，因為不常搭乘，通常都以經濟實惠為主要考量，尤其是短程旅行更是如此。航空公司深諳顧客的特性與需求，紛紛針對不同的旅客提供獨特價值主張的服務。

發展顧客價值主張必須站在顧客的觀點思考，以顧客的真正需求為依歸，才不至於陷入自我感覺良好的迷思之中。賓士汽車提供給顧客的是尊榮、地位的象徵；富豪汽車強調安全、耐用；法拉利跑車提供駕馭的快感與速度感；豐田汽車主張提供品質保證的汽車（專注完美，近乎苛求），這些公司都把顧客價值主張表露得可圈可點。

價值主張需要隨著顧客喜好的改變而調整，以迎合當前顧客的需求為最高指導原則，並非一成不變，也不是無限上綱可以奏效。Kim與Mauborgne建議公司在發展顧客價值主張時必須思考四個重要問題，（1）一向被產業視為理所當然的屬性中有哪些可以被刪除？（2）有哪些屬性可以降低到產業標準以下？（3）有哪些屬性可以提高到超越產業標準？（4）需要增加產業目前沒有提供的哪些新屬性？

價值通路

　　價值通路或稱為價值配銷網路，也就是如何將公司的獨特價值主張精準而有效的傳遞給價值顧客。簡言之，價值通路就是要提供給公司和顧客一個絕佳的約會地點，使價值顧客得以在所需要與方便的時間接觸到公司的產品與服務。

　　現代企業面對激烈的競爭，行銷通路不僅成為兵家必爭之地，在速度就是競爭力的新觀念之下，價值通路更是決定企業競爭優勝劣敗的關鍵因素。價值通路的主導權具有動態特性，隨著產業環境的變化，主導權會在生產廠商與銷售業者之間移動。以往生產導向時代，行銷通路的主導權大都掌握在生產者手中，當今行銷掛帥時代，價值通路的主導權則普遍由通路廠商所掌控，形成誰掌控價值通路，誰就是行銷贏家的局面。

　　Nirmalya Kumar主張廠商要贏得競爭必須重新改造價值通路，同時提出五項重要建議給公司參考，（1）盡可能避免固定成本；（2）若無法避免固定成本，必須比競爭者創造更大的成本效益；（3）盡可能刪除一般可被接受的變動成本；（4）將變動成本控制在最低水準；（5）重新檢討公司所提供的服務和變動成本有關的因素，並將這些因素轉換為創造收益的來源。

　　公司在發展產品與行銷策略時，必須把顧客擺在第一順位，只有在心中有顧客的前提下所發展出來的策略，才稱得上是好的策略。行銷經理所要關心的是顧客的需求與感受，而不是閉門造車的只顧開發叫好不叫座的產品。公司在創造行銷績效的過程中，新顧客當然要積極爭取，現有顧客也不能任其流失，因為顧客和公司來往的時間維持得愈長久，公司的獲利愈可觀。公司所

發展的價值主張需要有創意、有特色，而且必須是顧客很在意、所需要者，如此才容易打動顧客的芳心。兵貴神速，價值通路貴在快速與正確，服務貴在貼心與感動，快速、正確、貼心、感動，就是價值通路的基本要件。

經理人實力養成

公司在服務多種市場時，不只是需要採用多重行銷通路，同時還要針對客戶的特徵與獨特需求，提供不同的服務內容與時間上的配合，絕對不只是單純的調整行銷組合要素可以竟全功，這種顛覆傳統的創新思維，包括精準瞄準價值顧客、正確提供價值主張、建立快速而有效的價值通路。請思考下列問題：

1. 請說明貴公司建構行銷通路的思考邏輯及主要考慮點。
2. 請參考本文所論述的3V策略，檢討貴公司現行行銷通路的成效。並請思考強化通路競爭力的具體方法。

第六章　提高競爭優勢的三方向

「產出／投入＝績效」的公式可以用來詮釋競爭優勢來源，同時也可以用來比較經營績效優劣。企業要提高競爭優勢，可以從三個方向著手，一是提供比競爭者更大的附加價值；二是比競爭者投入更少資源；三是雙管齊下，一方面比競爭者提供更大的附加價值，一方面比競爭者投入更少資源，此時的效果最佳。

競爭優勢有多種來源，從經濟學的角度觀之，「產出／投入＝績效」的公式可以用來詮釋競爭優勢來源，同時也可以用來比較經營績效優劣。競爭優勢高低取決於公司比競爭對手創造及提供給顧客經濟利益大小。從上述公式觀之，在其他條件相同或相似的情況下，產出與投入的比值越高，表示經營績效越佳，企業競爭居於優勢；產出與投入的比值越低，表示經營績效越差，公司處於競爭劣勢。

產出是指公司所創造的附加價值，尤其是指企業提供給顧客的價值；投入是指公司為了要創造附加價值所投入的相關資源，包括有形資源與無形資源。再用數學的觀念來詮釋上述公式，假設企業所投入資源（分母）的量與質相同或相近，產出附加價值（分子）越大的公司經營績效越佳。如果產出的水準（分子）相同或相近，則投入資源（分母）越少的公司經營績效越佳。

產出／投入公式提供給經營者一個重要意涵：企業要提高競爭優勢，可以從三個方向著手，一是提供比競爭者更大的附加價值；二是比競爭者投入更少資源；三是雙管齊下，一方面比競爭者提供更大的附加價值，一方面比競爭者投入更少資源，此時的效果最佳。

方向一：增加價值

　　企業所創造的附加價值必須有助於解決顧客的問題，否則就會陷入孤芳自賞的泥沼。從供給的角度言，增加附加價值必須站在顧客立場思考，迎合顧客的需求與期望，而且要比競爭者更有能力解決顧客的問題，才能贏得眾多顧客的青睞。從需求的角度言，唯有滿足顧客需求與期望的提供物才有價值可言，閉門造車式經營，與顧客漸行漸遠，會淪為自我感覺良好，甚至陷入自嚐敗果的深淵。

　　企業所創造或增加的價值可區分為兩個層面，其一是經濟價值，其二是心理價值。經濟價值又可以細分為廣義價值與狹義價值，前者是指顧客購買公司的產品或服務所獲得的知覺利益與所支付的經濟成本之間的差額，差額越大，價值越高；後者是指產品在生產或銷售過程中所增加的價值可以用數量加以衡量者，也就是在製造的轉換過程或配銷系統中提供給顧客的額外效用，這就是經濟學所稱的價值效用。

　　心理價值是顧客內心感受的價值，是指廠商發揮極致創意，專精於設計，擅長於行銷活動，精通推廣技巧，形塑企業聲譽及品牌與產品形象，因而提升顧客所感受到的價值，這種價值通常不容易用具體數量衡量，僅能用內心感受來表達。顧客內心的

感受價值雖然各不相同，但是對某些企業聲譽及品牌與產品形象的評價卻相當一致，而且全世界皆然，例如顧客都一致認為Mercedes-Benz、Lexus、Carter、LV、GUCCI等名牌帶給他們高貴、品質、安全、時尚、尊榮等心理價值。

方向二：降低成本

　　降低顧客所負擔的成本，幫助顧客省錢也是公司提高競爭優勢的良方。公司降低經營成本，反應在產品或服務售價上，有助於降低顧客成本，進而提高競爭優勢，所以公司都不遺餘力的在追求降低成本。在產品與服務水準相同或相近的情況下，顧客所願意惠顧的當然是所支付成本較低的公司或產品。

　　成本可以區分為有形成本與無形成本，前者是指顧客可以看得見的成本，例如品質與服務水準相同或相近的產品，售價較低者表示為顧客省錢較多；後者是指隱藏在售價中的成本，顧客雖然看不見，但是購買後可以享受實質優惠。例如購買汽車贈送五萬公里保固，購買大型家電產品附贈小家電或餐具，Panasonic洗衣機強調ECONAVI省更多，SAMPO洗衣機標榜省電、省水、更省力，省電燈泡超高亮度、超長壽命，為顧客節省電費高達80％。無形成本還包括公司提供給顧客便利與省力，例如便利超商提供給顧客的便利包括地點便利、時間便利、產品與服務項目便利。

　　全聯福利中心為吸引顧客惠顧，猛打「為顧客省錢」牌，強調「實在真便宜」，利用電視廣告教導顧客日常生活中各種省錢方法，有強調產品容量比競爭者多者（衛生紙、洗髮精），有教導將產品用到最後一滴者（牙膏），有利用大撲滿演出全國最大

養豬場的廣告（省錢最多），令人印象深刻。

方向三：雙管齊下

第三種方法是雙管齊下，一方面增加顧客價值，一方面降低顧客成本，從數學觀點詮釋上述產出／投入公式，在增大產出的同時也減少資源投入，這是速度最快，效果最佳的方法，也是廠商提高競爭優勢的首選。

廠商為了要在競爭中脫穎而出，通常都會把握任何可能的方法，絞盡腦汁試圖增加顧客價值及降低顧客成本。例如拜先進生物科技之賜，乳品生產廠商一方面精心研發比一般牛奶擁有更多營養價值的優酪乳，一方面引進最新製造技術，降低生產成本。又如拜電腦與通信技術進步之賜，電腦及行動電話生產廠商，研發擁有多種功能的新產品，不斷增加顧客價值，一方面引進新技術及採用新材料，大幅降低顧客成本，使顧客買到的產品功能越來越多，價格越來越便宜。

公司的產出是為了要滿足顧客的需求，從滿足顧客中創造績效，奠定競爭優勢基礎；顧客惠顧公司或購買公司的產品，表示對公司的一種肯定與回饋，從回饋中表達對公司的讚賞。增加顧客價值相當於Michael Porter所稱的差異化策略，降低顧客成本則與總成本領導策略有異曲同工之效，都是公司競爭優勢的重要來源。增加價值與降低成本可以相輔相成，兩者並不衝突，有些公司擅長於增加顧客價值，有些企業專精於降低顧客成本，有些公司擁有超越競爭者的能耐，兩者兼而有之，因而創造傲人績效，享有超常利潤。

經理人實力養成

　　「產出／投入＝績效」的公式是評估競爭優勢的重要方法，也是衡量經營績效優劣的客觀指標。產出／投入公式提供給經營者一個重要意涵：企業要提高競爭優勢，可以從三個方向著手，一是提供比競爭者更大的附加價值；二是比競爭者投入更少資源；三是雙管齊下，一方面比競爭者提供更大的附加價值，一方面比競爭者投入更少資源，此時的效果最佳。請思考下列問題：

1. 請參考本文所論述公式，貴公司競爭優勢主要來源為何？請舉例說明。
2. 請比較最近三年貴公司與主要競爭對手的產出，貴公司有何優勢與劣勢？為什麼？
3. 請比較最近三年貴公司與主要競爭對手的投入，貴公司有何優勢與劣勢？為什麼？

第七章　掌競爭情報　握制勝先機

　　行銷競爭，必須掌握相當程度的競爭情報，才能發動行銷攻勢。競爭情報雖然客觀存在，但是情報絕對不會自動找上門，需要有心人用心蒐集。有關競爭廠商行動的偵測與研究，平時就要不斷進行，隨時掌握，經常更新，甚至在競爭廠商採取行動之前就要確實瞭解，才能真正做到掌握制勝先機。

　　任何一位將軍都不會在尚未充分瞭解敵人的戰力與意圖的情況之下，下達作戰命令。行銷經理掌公司行銷競爭兵符，對競爭情報雖然需求若渴，也必須掌握相當程度的競爭情報，才能發動行銷攻勢。競爭情報是指有關現有及潛在競爭者既有的資訊，以及未來策略行動情報，可供行銷經理發展競爭策略的重要參考。

　　競爭情報所涵蓋的範圍非常廣泛，遠超過公司例行性所公布的營運資訊，也不限於產業及政府所發佈的各種統計資料與商業評論。競爭情報雖然客觀存在，但是情報絕對不會自動找上門，需要有心人用心蒐集，提供給相關單位參考。有關競爭廠商行動的偵測與研究，平時就要不斷進行，隨時掌握，經常更新，甚至在競爭廠商採取行動之前就要確實瞭解，才能真正做到掌握制勝先機。

情報三類型

　　競爭情報有如經濟發展指標，可根據情報內容及廠商行動區分為三種類型：落後指標、同時指標、領先指標。行銷經理在發展競爭策略時必須確實瞭解及掌握這三種指標（情報）的意義、來源與應用。

　　落後指標又稱為防禦性情報，是公司已經公佈的經營結果資料，這些資料雖然缺乏前瞻性與時效性，但是瞭解這些資料一方面可以看出競爭者過去活動的歷史軌跡，一方面可以防範公司在競爭中戰力失衡現象，例如競爭者的規模、成長率、獲利能力、品牌定位與形象、目標與承諾、優勢與弱勢、成本結構、經營策略、退出障礙、組織結構與企業文化等。同時指標又稱為因應性情報，是指競爭者目前正在執行的計畫與活動，而且形之於外者，例如擴建新廠房、推廣新產品、促銷活動、廣告活動、增聘新人、購併同業、策略聯盟等，公司蒐集及掌握這些情報，目的是要因應競爭及做為特定經營決策之依據。領先指標又稱為攻擊性情報，是指公司正在醞釀與發展中的策略情報，包括未來發展目標、方向、人事佈局、策略變革等，公司蒐集這些情報，主要是用來研判競爭者的未來動向，預先做好因應的準備，從策略觀點言，領先指標情報最具有前瞻性策略價值。

　　蒐集競爭情報是行銷經理平日的例行功課，也是公司致勝的關鍵因素之一。蒐集競爭情報的方法不外乎確認市場上的主要競爭廠商，花更多心思研究之；分析每一家競爭廠商的經營績效，瞭解他們創造績效的獨特方法；瞭解每一家競爭廠商對目前經營績效的滿意程度，窺知未來可能的策略方向；掌握每一家競爭廠商的行銷策略，研擬瓦解其優勢的方法；分析每一家競爭廠商現

在與未來的資源與能耐，評估競爭者未來可能用來和你競爭的能耐；預測每一家競爭廠商未來可能採取的行銷策略，預估未來的戰鬥力；評估競爭廠商的策略對公司產品與市場的影響，務實提出因應對策。

辨識競爭者

　　準確辨識競爭對象，才能把有限資源用在最正確的地方。分析競爭者之前需要先確認競爭者是誰，包括公司經常和誰競爭？誰是最主要競爭者？誰不是主要競爭者但卻是不容忽視的競爭者？未來三年的競爭者又是誰？誰是替代品製造廠商？誰是潛在競爭者？他們準備什麼時候進入市場？他們的進入障礙是什麼？有何策略可以阻止他們進入？他們的退出障礙又是什麼？

　　競爭廠商是在市場上和公司一較高下的競爭對手，市場上通常都會出現許多競爭對手，公司雖然無法針對個別對手一一擬定競爭對策，但是都會採用策略群組的概念與方法，將競爭廠商予以分類，然後針對各策略群組發展競爭策略。公司需要瞭解競爭者的項目與內容很多，而且每一家廠商的情況都不一樣，瞭解愈多愈有助於研擬競爭策略，瞭解愈徹底愈能夠幫助公司掌握致勝的機會。

　　出現在面前的競爭者容易瞭解，潛在競爭者雖不易辨識，但常常是不可忽視的可敬對手。確認潛在競爭者也是競爭分析不可或缺的一環，例如潛在競爭者的市場擴張、產品擴充、向前整合、向後整合、資產與能耐輸出、報復或防禦策略，都是值得審視的策略行動。

分析競爭者

競爭情報是競爭者分析的主要產物，競爭者分析主要是在累積「知彼」的功夫，目的是要瞭解競爭對手在競爭中的相對競爭地位，窺知競爭者的經營策略，包括過去、現在、未來可能的策略走向，瞭解競爭者的策略特徵，掌握競爭者的優勢與弱勢。競爭者的目標、形象、定位、經營績效、成本結構、企業文化，也都是分析的重點。

競爭者都不是省油的燈，他們絕對不是按兵不動的等著你來分析，他們的做法時時刻刻都在改變，他們的競爭力每天都在精進，因此要分析競爭者也就充滿挑戰。分析競爭者最好的辦法就是不斷自問下列問題：每一家主要競爭廠商的目標、目的、策略是什麼？他們做得最成功的是什麼？為何做得那麼成功？未來還能持續成功嗎？理由何在？某一個特定市場對競爭者的重要程度為何？他們對特定市場的投入程度為何？每一家競爭廠商的相對弱勢與限制為何？哪些弱勢與限制使競爭者容易被攻擊？競爭者未來將採取的策略有可能改變些什麼？為什麼能改變？改變的方向為何？這些改變會增強競爭者的戰力嗎？

評估競爭者

評估競爭者是要將競爭者分析所獲得的情報，結合外部環境分析與公司內部分析結果的資訊，用來發展公司的經營策略。此時最重要的是評估個別競爭者的資產與能耐，列出競爭者的優劣勢方格，以及評估競爭者的策略對產業、市場、本公司有何影響及其影響程度，做為公司發展競爭策略的依據，以期做到「趨吉避凶」、「四兩撥千斤」、「百戰百勝」的境界。

軍隊組織都有情報單位專司情報蒐集與提供的職責，常勝軍的共同特徵之一是消息靈通，情報正確，研判無誤，適時行動。企業組織甚少有專責情報蒐集的部門，通常都由各相關業務部門指派一人兼辦，競爭情報之蒐集與分享往往比不上軍隊之順暢與務實，小規模公司甚至沒有人處理競爭情報業務。競爭情報平時就要蒐集與研判，然後分享相關部門，絕對不是臨時抱佛腳可以發揮功效。積極蒐集及重視情報的策略價值，才能讓公司掌競爭情報，握制勝先機。

經理人實力養成

　　知己知彼，才能百戰百勝。競爭情報雖然客觀存在，但是情報絕對不會自動找上門，需要有心人用心蒐集，提供給相關單位參考。偵測及研究競爭廠商的行動，平時就要不斷進行，隨時掌握，經常更新，甚至在競爭廠商採取行動之前就要確實瞭解，才能真正做到掌握制勝先機。請思考下列問題：

1. 貴公司哪一個單位負責蒐集競爭情報？提供給哪些單位使用？下游單位是否經常缺乏所需要的情報？為什麼？

2. 貴公司蒐集競爭情報的管道有哪些？所蒐集競爭情報中，落後指標、同時指標、領先指標所佔比例各為何？為什麼？

第八章　用槓桿作用建構進入障礙

> 建構進入障礙是公司珍貴的保護傘，從策略價值的角度言，建構進入障礙是一種一石兩鳥的策略，既可阻礙競爭者，又可以壯大自己。從經濟價值的觀點言，公司投入在建構保護傘的成本愈低，競爭優勢愈顯著，策略價值也愈高。

　　卓越的策略不僅要幫助公司贏得競爭，爭一時的勝利，同時也要協助公司維持長期優勢，強化爭千秋的氣勢。爭千秋是一種長期大業，需要有超越常人的智慧與過人的勇氣，一方面建立進入障礙，阻礙競爭者進入產業，防止市場被蠶食與瓜分，一方面也為自己建構保護傘，營造在優勢競爭條件之下，使企業享有持續發展與壯大的空間。

　　雄厚的財務資源，經濟規模的生產，寬廣的產品線，大量銷售與全面服務，專利權的保護，企業經營系統的整合能力，都是公司建構進入障礙的重要法寶。建構及捍衛進入障礙是一種高成本的策略，並不是每一家公司都有此能耐，但是障礙一旦形成，競爭者不是進不來就是進入成本高漲，不利於競爭，無形中也為公司建構一道保護傘，在保護傘庇護之下，公司可以發展其他競爭優勢、新品牌或新事業。例如蠻牛在保力達的保護傘庇護之下逐漸壯大；白馬馬力夯在維士比的保護傘保護之下大有斬獲。

建構進入障礙需要考量投入成本，公司所建構的每一種進入障礙，對自己而言都是一道不可多得的保護傘，從策略價值的角度言，建構進入障礙是一種一石兩鳥的策略，既可阻礙競爭者，又可以壯大自己。從經濟價值的觀點言，公司投入在建構保護傘的成本愈低，競爭優勢愈顯著，策略價值也愈高。反之，投入在建構進入障礙的成本愈高，競爭優勢愈模糊，則策略價值愈低。

　　美國康乃狄克大學教授Subhash C. Jain與New Haven大學教授George T. Haley，在研究企業競爭時指出，公司的競爭優勢視產業進入障礙高低與保護傘庇護成本高低所組成的四種情況而定，這四種情況分別為明智保護、有限庇護、帶有風險、走向敗亡，如下圖所示。

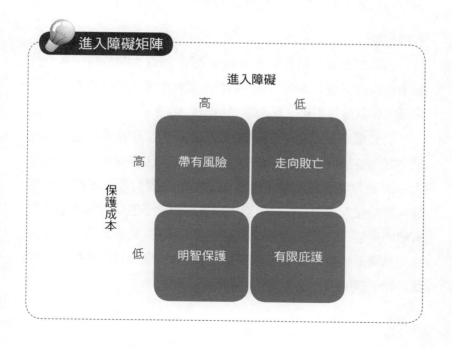

進入障礙矩陣

進入障礙

　　高　　　　　　　低

帶有風險　　　走向敗亡

明智保護　　　有限庇護

保護成本　高

低

明智保護

　　第一個矩陣方格是高進入障礙-低保護成本的策略組合，表示公司投入低保護成本，建構高進入障礙，以四兩撥千斤的姿態，形成明智保護傘的格局，這是最理想的矩陣組合。

　　市場地位良好的產品或公司，投入在建構及維持每一項產品或事業部進入障礙的成本，就是在營造高進入障礙-低保護成本的優勢競爭地位。高進入障礙意味著提高競爭者或潛在競爭者的進入成本，甚至讓潛在競爭者進不來。潛在競爭者進不來，可以減少競爭對手家數，進入成本高漲可以削弱競爭對手的競爭力，於是可以擴大公司的策略自由度與活動空間，進而提高公司的獲利能力。此外，高進入障礙-低保護成本策略，減少公司建構保護傘的投資，可以將資源用在其他更有價值的地方。

有限庇護

　　第二個矩陣方格是低進入障礙-低保護成本的策略組合，公司所投入的保護成本雖然低，但是所建構的進入障礙門檻也相對降低，保護效果不彰，呈現聊勝於無的局面。

　　門檻低，容易引來競爭者；障礙小，容易被潛在競爭者突破，甚至會被取而代之。競爭對手愈容易進出自如，活動空間愈大，愈不利於公司的競爭作為。公司所建構的進入障礙不夠堅強，讓潛在競爭者有可乘之機，以致形成競爭者眾，保護卻相當有限的局面，在這種情況之下，公司很難享有高獲利能力。投資少不見得是一件好事，過度節省有時反而會限制自己的發展，在此得到一個明證。

帶有風險

第三個矩陣方格是高進入障礙-高保護成本的策略組合，公司為了要建構高門檻的進入障礙，投入高昂的保護成本，大陣仗的撐起保護傘，在此情形之下的獲利能力或許相當可觀，但是因為建構及維持高進入障礙的成本也相對提高，因此難免帶有某種程度的風險，尤其是為了保護而保護的過度投資，反而會侵蝕到公司的獲利能力，絕對不是公司所樂見。

成本是企業經營的重要變數，成本的另一面就是公司的獲利，經營者在規劃及選擇策略時，都希望以低投入成本獲得高投資報酬。所以公司在建構進入障礙時，必須放眼整個競爭環境，審慎評估競爭者，衡諸自己的能耐與需求，建構適當規模與格局的進入障礙，留給自己創造高獲利能力的機會。

走向敗亡

第四個矩陣方格是低進入障礙-高保護成本的組合，顯然是一種最糟糕的投資組合，也是最不明智的策略決策。公司投入高昂的保護成本建構保護傘，所換來的卻是低門檻的進入障礙，顯然是沒有做好競爭環境分析的功課，以致策略方向不對，事倍功半，浪費公司寶貴資源，失去創造獲利的機會，如此繼續下去注定會走向敗亡。

投入高成本建構低進入障礙，現實情況或許並不多見，但也是經理人的策略選項之一，必須拿出來檢討，有則改進，無則勉之，不失為策略家的風範。

建構進入障礙目的就是要創造持久性競爭優勢，公司要創造持久性競爭優勢，至少必須做好三件事，第一、讓顧客確實體會

到公司產品或服務的重要屬性和競爭廠商有明顯的差異性。第二、讓員工知道公司和競爭廠商之間的差異性是經營能力差距所呈現的結果。第三、重要屬性與能力差距的差異性不但可以預期，而且可以持續很長的時日。

　　企業經營經常面臨重大抉擇，以不變應萬變無異就是永遠面臨威脅，被動回應都來不及，哪有時間做前瞻性思考，這種做法讓企業難有翻身機會。以高成本建構低進入障礙，方向不對，非明智之舉。以低成本建構低進入障礙，投入雖少，保護也有限。以高成本建構高進入障礙，帶有風險，常有得不償失的遺憾。以低成本建構高進入障礙，表示徹底改變競爭的本質，瓦解現行遊戲規則，發揮策略槓桿作用，這是最明智、最具有策略意義的決策。

經理人實力養成

　　建構進入障礙需要考量投入成本，從策略價值的角度言，建構進入障礙是一種一石兩鳥的策略，既可阻礙競爭者，又可以壯大自己。從經濟價值的觀點言，公司投入在建構保護傘的成本愈低，競爭優勢愈顯著，策略價值也愈高；投入在建構進入障礙的成本愈高，競爭優勢愈模糊，則策略價值愈低。請思考下列問題：

1. 貴公司曾經採用什麼方法建構進入障礙？投入成本如何？成效如何？

2. 請參照本文所論述進入障礙矩陣，舉例說明及分析貴公司所建構進入障礙的成本效益。

第九章　綜效的策略意義與價值

綜效的產生是經營者最感興趣的課題，也是經理人努力追求的目標。企業組織任何階層的密切配合，都可以產生綜效，管理上任何功能的合作協調，也都可以產生綜效，組織與組織之間的策略聯盟，也是在追求綜效。

物理學有「合力大於各分力總和」的現象，企業經營活動有「一加一大於二」的協力效果，策略管理把「整合個別效果的效益大於個別效果之總和」的現象稱為綜效（Synergy）。綜效就是將許多個別投入予以整合，獲得最大協力效果。

以銷售產品為例，如果公司透過第一通路銷售A產品，為公司貢獻的績效為X，透過第二通路銷售B產品，為公司創造的績效為Y，今若將兩條通路予以整合，重新編組後同時銷售A、B兩種產品，所創造的績效為X+Y+Z，則Z就是整合A與B的協力效果，表示A與B整合結果具有綜效。

便利商店服務項目愈來愈多，名符其實的為顧客提供便利生活，從早期單純賣東西、收款、補貨，到現在代收水電費、電話費、稅款、罰單、宅急便、代售門票與車票、代收送洗衣物，不一而足，一家通路商承辦多種業務，一位服務人員提供多項服務，把綜效發揮得淋漓盡致。

企業內不同功能部門目標一致，合作無間，不僅可以提高效率，所產生的綜效可以為公司創造競爭優勢；反之，缺乏協調，各自為政，無法凝聚共識，勢必會使公司在競爭中居於劣勢。綜效何以產生，從何而來，這是經營者最感興趣的課題，也是經理人努力追求的目標。企業組織任何階層的密切配合，都可以產生綜效，管理上任何功能的合作協調，也都可以產生綜效，組織與組織之間的策略聯盟，也是在追求綜效。英國Ashridge 策略管理中心兩位創辦人Michael Goold與Andrew Campbell指出，綜效有下列六種意義與價值。

1. 共享技術

　　兩個或兩個以上的單位共享技術資源，通常都可以產生綜效。所謂單位可能是同一公司內的不同部門，也可能是不同的組織，甚至是競爭廠商。例如同時生產餐巾紙和紙尿布的公司，共享產品的吸水特性與行銷技術；飛機製造公司共同研發飛機引擎；汽車製造廠商共同研發汽車引擎；家電生產廠商共同開發馬達及壓縮機。不同單位或公司分享先進技術或新發明，都可以因為產生綜效而大幅降低成本，創造競爭優勢。

2. 協調策略

　　兩家或兩家以上的公司或事業部互相結盟，通常可以使公司或事業部獲得更大的利益。參與聯盟的公司或事業部雖然各自扮演不同的角色，但是透過密切協調，可以降低公司或事業部之間的競爭，使大家都獲得更豐厚的利益。甚至和競爭者共同回應市場競爭，例如同業公司共同打擊仿冒，共同防堵黑心產品，是因應競爭威脅一種很有效的方法。又如原材料價格波動時期，公司

內部協調移轉價格及反應幅度，不僅可以減輕顧客的負擔，同時也可以兼顧公司的長遠利益。國際油價波動期間，各石油公司雖然不見得能夠協調價格，但是採取追隨領袖定價法，避免陷入價格戰，使公司得以保有合理利潤。

3. 共用有形資源

事業單位或公司共用他人的機器設備或其他有形資產與資源，節省可觀的投入成本，可使合作雙方互通有無，互蒙其利。例如聯合利華公司及雀巢公司，採取「沒有工廠的生產工廠」政策，與地主國公司合作，成功的達到全球化目標，由於選擇地主國最優秀的廠商代工生產產品，共用合作廠商的生產設備，與合作廠商共享品牌資產，一方面可以避免重複投資，一方面使地主國合作廠商因為獲得大量訂單而達到規模經濟，把綜效發揮到最高境界。

4. 垂直功能整合

協調產品或服務從一個單位移轉給另一個單位的流程，可以達到降低庫存及管理成本，加速產品開發速度，提高產能利用率，迅速進入市場等多重目的。無論是公司內價值鏈的垂直整合，或不同公司之間上下游價值創造活動的資源整合，都可以因為垂直整合而產生綜效。前者如新產品開發的同步工程，邀集相關單位同時參與新產品開發工作，因為「知其然，亦知其所以然」而產生綜效；後者如生產作業的及時系統，以生產廠商為核心，整合供應廠商的能力與顧客的需求，使綜效擴大到整個企業資源規劃系統。

5. 結合談判的力量

公司整合各單位的購買數量，購買數量龐大，增強談判籌碼，使公司在和供應廠商談判時可以享有更大談判力量，一方面有助於降低採購成本，一方面可以提高所採購零組件的品質，另一方面還可以提高準時及正確交貨率。許多公司採用集中採購政策，將關係企業的採購業務集中管理，不僅可以減少重複作業，精簡人員，同時還可以達到專業採購，增強談判綜效。公司也可以結合其他利益關係人的力量，獲得降低成本效益，例如聯合同業廠商一起向國外採購農產品或其他大宗物資，聯合顧客一起向供應廠商採購，都可以創造採購綜效。

6. 整合開創新事業

結合公司不同單位的技術，將許多單位的個別活動整合成新單位，成立公司內部合資或策略聯盟，不但可以創造綜效，同時也有助於開創新事業。統一公司善用內部創業技術，開創許多新事業，例如統一超商、統一星巴克、統一速達（黑貓宅急便）、捷盟物流、統一速邁，都是利用綜效開創新事業的成功案例。許多國際性大公司採用策略聯盟與當地企業合作，突破法令限制，成功取得稀有原料或進入當地市場，充分發揮聯盟綜效。

綜效雖然有許多優點與利益，但是也需要審慎評估，務實執行，才能發揮真正效益。實務上有不少案例不但沒有發揮應的綜效，反而造成無謂的困擾。例如有些策略聯盟執行一段時間後，聯盟夥伴改變初衷或另有其他策略考量，使得策略聯盟案不得不告停。有些合作案也因為時空環境改變，或利益分配出現不均現象，迫使合作案草草收場。

可口可樂公司曾經購併啤酒公司，台灣菸酒公司投入清涼飲料產銷，國內不少清涼飲料公司代理國內外各種酒類產品，都認為賣酒和賣飲料有許多相似與相通之處，例如儲存條件與運輸設備相同，由同一位業務員負責推銷與配送，同樣是賣給零售店，消費者的同質性很高，可以大幅發揮後勤與行銷綜效，後來發現清涼飲料和酒類產品的購買者不盡相同，結果使預期的綜效大打折扣。所以有人認為綜效可遇不可求，甚至根本就不存在。

綜效有其貢獻與價值，但是絕對不可能自己找上門，需要納入組織的管理體系，完整規劃，審慎評估，除了考量公司的策略目標之外，還要站在顧客的立場思考，帶給顧客利益與方便，才會有真正的綜效。

經理人實力養成

綜效何以產生，從何而來，這是經營者最感興趣的課題，也是經理人努力追求的目標。企業組織任何階層的密切配合，都可以產生綜效；管理上任何功能的合作協調，也都可以產生綜效；組織與組織之間的策略聯盟，也是在追求綜效。請思考下列問題：

1. 貴公司經營活動運作過程中，綜效主要來自什麼作業？哪些部門？
2. 貴公司所設計的綜效活動有真正產生綜效嗎？為什麼？
3. 貴公司有哪些可以發揮綜效的作業或部門而尚未發揮者？未來將如何促其發揮？

第十章　集中差異化　小蝦米可鬥大鯨魚

差異化是指公司選擇在廣泛市場上，提供和競爭者有著明顯差別的獨特產品與服務，從而獲得領先競爭者的競爭優勢，獲取超常利潤。差異化策略的思考邏輯，主要是因為公司提供具有獨特性的產品與服務，有機會訂定比較高的價格，增加收益，提高獲利能力。

企業在發展競爭策略時，通常都會審慎考慮所要發展的競爭優勢（差異化或低成本），以及公司所要進入的市場範疇（廣泛市場或局部市場），這四種策略變數可以組成競爭優勢策略矩陣，如圖所示，這就是Michael Porter所提出的一般競爭策略，公司可以據以發展差異化、成本領導、集中差異化、集中成本領導四種策略。

差異化是指公司選擇在廣泛市場上，提供和競爭者有著明顯差別的獨特產品與服務，從而獲得領先競爭者的競爭優勢，獲取超常利潤。差異化策略的思考邏輯，主要是因為公司提供具有獨特性的產品與服務，有機會訂定比較高的價格，增加收益，提高獲利能力。許多知名豪宅、大飯店、高檔汽車、智慧型手機、百貨公司、高貴名錶，都因為成功採取差異化策略而享有競爭優勢。

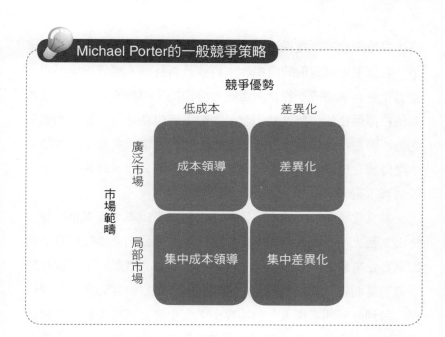

Michael Porter的一般競爭策略

競爭優勢

　　低成本　　　　　　差異化

| 市場範疇 | 廣泛市場 | 成本領導 | 差異化 |
| 局部市場 | 集中成本領導 | 集中差異化 |

高成本、高價格的廣泛差異化

　　差異化策略既然是要凸顯提供物的獨特性，公司通常都會朝下列方向發展競爭優勢，例如追求高度差異化，凸顯優異性與獨創性，進而建構品牌忠誠度；廣泛提供售前與售後服務，提高顧客的附加價值，贏得信賴；致力於滿足顧客的心理需求，塑造尊榮與地位形象；採取多元差異化，一方面領先競爭者，一方面避開紅海競爭；在廣泛市場上力求產品增殖，提供顧客多元選擇；努力發覺可以提供差異化的任何功能與特徵，一則力爭上游，二則阻礙競爭者進入市場。

　　差異化策略也有許多弱點，經營者在發展策略時需要仔細思考，例如發展差異化的成本高昂，所費不貲，常非小規模公司所能承擔；差異化所延伸的創新存在著高度不確定性，以致風險

高，失敗率也高；差異化雖然有機會索取高價，但是也有一定極限，限制了廠商定價的自由度；科技日新月異，經營環境丕變，差異化會有演變成一般化的風險；公司的資源與能耐有限，要長期維持提供物的獨特性並不容易；競爭者也在練兵，他們的競爭能力不斷在增強，對採取差異化策略的公司構成威脅；顧客要求水準持續在提高，眼前的差異化不見得永遠有效，有朝一日會不被消費者認同。

差異化意味著高成本，因此通常都走高成本、高價格路線。然而實務上常令經營者面臨兩難局面，迫使公司必須在兩難中做出適合企業發展的明智抉擇。差異化顧名思義就是主張發展和競爭者有著明顯差別的獨特產品與服務，甚至提供客製化產品與服務，做到回應顧客極大化的境界；然而要發展具有差異化及提供獨特產品與服務，勢必要引進先進設備與技術，投入可觀資源與心力，結果勢必會使經營成本為之水漲船高，不利於和採取低成本策略的公司競爭。

因應資源有限的集中差異化

因為受限於資源與能耐，公司難以兼顧所有差異化變數，通常都會集中有限資源，只專注於在某一區隔市場發展差異化策略，這就是Michael Porter所主張的集中差異化策略。集中差異化策略建議公司有效結合差異化與集中化策略，在利基市場發展獨特能耐，挑戰競爭者的廣泛性差異化策略。尤其是小規模企業憑著自己最獨特的技術，專注於在利基市場發展差異化產品與服務，所獲得的競爭優勢往往對大規模公司構成嚴重威脅。

集中差異化可以從兩個方向來詮釋，第一是把公司有限資源

集中於一個或少數幾個利基市場，致力於市場深耕與精耕，有效鞏固市場領導地位，例如贏得頂級咖啡美譽的牙買加藍山咖啡，90%銷往日本，廣受喜愛。第二是專注於服務某類顧客，贏得該類顧客的心佔率，例如高級房車以潛心追求地位與尊榮的消費者為目標顧客，成功獲得青睞；萬寶隆自來水筆（鋼筆）專門服務講究書寫藝術的顧客，獲得高度認同與熱烈迴響。

採取集中差異化策略的公司，必須努力做好四件事，才足以抗衡來自廣泛差異化廠商的競爭，也才能持續在利基市場享有競爭優勢。第一、努力擴大利基市場佔有率，立志成為利基市場領導者；第二、經常推出差異化新產品與服務，迎合顧客求新求變的需求；第三、發展更快速的顧客回應能力，以敏銳嗅覺與快速行動爭取顧客的長期認同；第四、不斷尋求新學習標竿，提升競爭優勢。

從創新擴散速度觀點言，差異化與集中差異化策略都在爭取三角形頂端的創新者消費群，他們敢於冒險，喜歡嘗試新鮮事，只在意有沒有新產品可買，不擔心有沒有購買力。同樣是在爭取特徵相同或相似的消費群，採取集中差異化策略的公司必須更用心創造差異化，凸顯差異化的獨特性之外，還必須專注於廣告創意、公開報導、人員推銷、促銷活動，結合差異化與精緻行銷，發揮公司經營的相乘效果。

無論是差異化或集中差異化策略，都共同認為發展獨特產品與服務是公司獲得競爭優勢最重要法寶，都在差異化課題上猛下功夫。兩者最大的差別在於公司所選擇的競爭範疇不同，前者主張在廣泛市場上發展獨特產品與服務，試圖全面搶佔市場，大範圍創造競爭優勢。後者主張採用矩陣式市場區隔方法，利用更多

區隔變數，把市場做更細分區隔，以便更精準鎖定目標市場，然後據以發展最適當策略定位，使公司有限資源發揮最大效益。

　　差異化來自創新，無論是採取差異化或集中差異化策略的公司，必須勇於創新，敢於突破，想競爭者沒想到的事，做競爭者做不到的事，找出競爭者所忽略但卻是顧客所在意的事，以「前無古人，後無來者」的雄心，創造持久性競爭優勢。尤其是選擇集中差異化策略的公司，專精於某一種技術或創新，往往令競爭廠商不易模仿，甚至形成移動障礙，有些更獲得政府的專利保護，無形中也構成一道進入障礙。

　　企業競爭無所不在，競爭局勢永無止境，經營者每天所想的都離不開「贏」這個字，所思考的也都是「贏的策略」。策略五花八門，各有訣竅，只要務實可行，可以幫助公司創造競爭優勢，都是好的策略。採取差異化策略的公司除了互相競爭之外，還得面對採用其他策略企業的挑戰，這場永無止境的競爭，每天都在考驗經營者的策略智慧。

經理人 實力養成

　　企業在發展競爭策略時，通常都會審慎考慮所要發展的競爭優勢（差異化或低成本），以及公司所要進入的市場範疇（廣泛市場或局部市場）。集中差異化策略主張把企業有限資源，集中用來發展具有明顯差異化的獨特產品與服務，小規模公司往往因為成功發展差異化而對大企業構成威脅。請思考下列問題：

1. 請舉例說明貴公司如何發展集中差異化策略？主要思考邏輯為何？

2. 集中差異化如何強化貴公司的競爭優勢？這些優勢預計可以持續多久？

3. 請舉例說明主要競爭對手採用集中差異化成功的案例。

第七篇
服務創新篇

第一章　服務到底在賣些什麼？

> 服務是一種抽象的概念，通常泛指公司提供給顧客任何無形的行動或績效，而且在提供過程中沒有造成任何所有權移轉。有形產品因為有服務的加持，更能凸顯其差異性，服務則因為有豐富而優質的內涵，更凸顯其卓越性。

服務是一種抽象的概念，通常泛指公司提供給顧客任何無形的行動或績效，而且在提供過程中沒有造成任何所有權移轉。服務的產出可能伴隨著實體產品，也可能單獨呈現。越來越多生產廠商、配銷商、零售商都致力於提供高附加價值服務或優質顧客服務，藉以凸顯其差異化。

公司提供的產出可以區分為五種類別：純粹有形產品、有形產品附加服務、有形產品與服務各佔一半、服務為主伴隨著有形產品、純粹服務。這五種類別產出中，有四種和服務息息相關，由此可知服務在公司運作過程中的重要地位。

有形產品與服務的關係可以用「紅花綠葉」、「相得益彰」來形容，有形產品因為有服務的加持，更能凸顯其差異性，服務則因為有豐富而優質的內涵，更凸顯其卓越性。然而，服務到底是在賣些什麼？這是一個非常有趣的問題，也是一個非常值得行銷人員探討的課題。公司提供的產出無論屬於上述哪一種類別，

顧客都企盼有下列服務加持，這些加持也是顧客評價公司服務品質的重要指標。

1. 購買便利

顧客向公司購買產品或服務，感覺輕鬆、便利嗎？流程夠短嗎？這是行銷人員必須經常關心的問題。顧客購買產品或服務時，除了品質好、價格合理之外，通常都把便利列為優先考量項目。便利包括時間便利，隨時都可以買到；地點便利，到處都可以買到；選購便利，陳列顯眼、標示清楚、容易挑選；備齊產品，沒有缺貨之虞，購買後馬上享用；品項齊全，方便一次購足；結帳便利，無需排隊等待。

連鎖便利商店標榜「便利」，其實就是在賣「便利」，也因為提供「便利」而成為人們日常生活不可或缺的好伙伴。可口可樂致力於拓展通路，廣泛鋪貨，方便顧客購買，誓言要做到讓顧客「垂手可得」的境界。

2. 交貨迅速

顧客之所以要購買，通常都希望滿足當時的急需，也就是馬上要享用，不希望等待，所以迅速交貨成為評價服務品質的重要指標。交貨迅速程度涉及公司作業流程與物流系統的運作效率，兩者兼備才能滿足迅速交貨的需求。近年來大規模公司紛紛建立屬於自己的物流系統，小型公司除了與專業物流公司簽約之外，也不乏自己處理交貨服務事宜。迅速交貨包括準時交貨，按照顧客指定地點交貨，交貨品項無誤，交貨數量正確，以及貨品品質符合顧客的要求。

戴爾(Dell)公司承諾依顧客需求組裝電腦，提供客製化服

務，並且在兩天之內完成交貨。便利商店要求供應廠商必須在每天清晨六點半以前完成交貨；宅急便公司的服務車隊在大街小巷穿梭，就是要做到迅速交貨。披薩外送服務嚴守三十分鐘內送達，就是要讓顧客品嚐到披薩的原始風味。

3. 代客安裝

　　顧客購買有形產品，例如機器設備、家電產品、電腦、音響，需要供應廠商提供專業安裝服務，因此這類產品的安裝服務就成為廠商責無旁貸的工作，甚至成為廠商競爭優勢的關鍵因素。具備豐富的產品知識與安裝技術，代客安裝對供應廠商而言只是舉手之勞，但是卻給顧客帶來方便與滿足，有些公司除了代客安裝及測試產品之外，也負責將換下來的舊產品帶走，讓顧客有貼心的滿足感。

　　代客安裝必須講究時效與服務品質，全國電子強調顧客購買冷氣機「一天之內到府安裝」，而且安裝時先做好前置準備，服務人員先脫下鞋子才進入顧客家裡，工作範圍鋪上清潔布，防止弄髒顧客家裡，然後小心翼翼的進行專業安裝，安裝完成後把現場清理乾淨，不留任何痕跡。

4. 顧客訓練

　　有些產品完成安裝之後需要供應廠商提供專業訓練，幫助顧客順利使用，例如電腦上線輔導、機器設備操作訓練。顧客訓練表面上是在為顧客訓練產品使用方法，同時也在證實及迅速發揮產品功能，更重要的是要減少供應廠商日後所需付出的服務成本。因為顧客使用得越熟練，問題越少，日後所需要的協助也越少，廠商的服務成本也越低，所以廠商都樂意提供顧客訓練服

務。

　　有些公司為了讓顧客接受完整的操作訓練，將顧客選派的員工送往國外原廠接受訓練，一方面學習機器設備原理，一方面給予正統的操作訓練。在競爭激烈的市場上，顧客訓練服務也成為降低顧客轉換成本的重要因素。

5. 保養維修

　　許多產品都需要保養維修，保養維修的可能性也成為顧客考量是否購買的重要因素，舉凡機器設備、家電產品、汽車、電腦、音響、手錶、手機，都需要保養維修。有些產品甚至需要定期保養，一則延長使用壽命，二則確保使用安全。

　　保養維修需要做到時間的方便性，地點的普及性，技術的優越性，讓顧客在產品需要保養或維修時，及時提供貼心服務，而且到處都可以找到方便的服務據點，至於優越的技術服務可以贏得顧客口碑，引來更多顧客惠顧。寶島鐘錶公司以修錶專家自居，標榜「一家買錶，全省門市維修服務」，同時也引進同步顯微設備，免費e診，提供六星級鐘錶維修服務，深獲消費大眾廣泛支持與信賴。

6. 服務諮詢

　　顧客購買前後都會蒐集產品相關資訊，做為購買決策的參考，此時公司所提供的服務諮詢就扮演非常重要的角色。公司的服務諮詢人員與顧客面對面接觸，攸關公司服務品質之良窳，通常都需要經過特殊訓練，除了具備豐富專業知識之外，服務熱忱、態度親切、溝通技巧、反應靈敏、禮貌周到…都是必修課程。

金融業者成立客戶服務中心，提供各項金融產品、財富管理專業諮詢服務；政府機關設置1999專線，為人民提供各項服務咨詢；公司設置免付費電話，鼓勵顧客來電諮詢，由專人提供服務。

　　服務既看不到，也摸不著，服務品質常憑個人主觀感受而定，公司在設計及提供服務時必須格外用心，行銷人員必須徹底瞭解服務到底是在賣些什麼，並且以同理心模擬顧客的感受，為提供優越、滿意的服務而努力。

經理人**實力養成**

　　有形產品因為有服務的加持，更能凸顯其差異性；服務因為有豐富而優質的內涵，更凸顯其卓越性。越來越多廠商致力於提供高附加價值服務或優質顧客服務，藉以凸顯其差異化。服務到底是在賣些什麼？這是一個非常有趣的問題，也是一個非常值得行銷人員探討的課題。請思考下列問題：

1. 貴公司所提供的服務屬於本文所論述的哪一種？顧客對此服務的需求程度如何？
2. 貴公司所賣的服務中，哪一項或哪幾項最具有競爭優勢？請舉例說明。

第二章

服務差異化的五種途徑

服務具有無形性、不可分離性、易變性、易逝性等特性，所以服務行銷特別重視客製化，致力於和顧客建立長期關係。服務業關係行銷的首要工作是發展服務差異化策略，凸顯和競爭廠商所提供的服務有明顯的差別。

國家經濟發展大致可以區分為農業、工商業、服務業等三個階段，服務業愈發達的國家，表示經濟發展愈健全，人民生活愈富裕。服務是一種無形的產品，是由廠商藉助人員或機器的力量，加諸於接受服務者或其所有物的一種非實體行銷表現與努力的過程。服務具有無形性、不可分離性、易變性、易逝性等特性，所以服務行銷特別重視客製化，致力於和顧客建立長期關係。

爭取新顧客所花費的成本比保留原有顧客所花費的費用更可觀，因此各行各業的行銷都朝著關係行銷的方向在努力。擁有顧客不只是在爭取顧客，更重要的是在於保有原有的顧客，尤其是服務業更是如此。

關係行銷是指爭取、保有、強化與顧客的關係。優質的服務必須建立在良好關係基礎上，成功的銷售必須能夠強化與顧客的關係。行銷的核心思想認為，爭取新顧客只是行銷過程的首要步

驟，和顧客維持穩定的關係，以客為尊，為顧客設想，將一般顧客轉換為忠誠的顧客，這才是服務行銷的真諦。

服務業致力於關係行銷的理由不外乎顧客對服務有持續性或定期性的新期望，顧客享有選擇供應廠商的權力，可供選擇的服務供應廠商很多，顧客可以自由的轉換供應廠商，是典型的買方市場。在這種情況之下，服務行銷的重點不只是在吸引顧客，而是在和顧客建立良好的關係。

服務的特性和有形的產品有著明顯的差異，因此服務業關係行銷的首要工作是發展服務差異化策略，凸顯和競爭廠商所提供的服務有明顯的差別。發展服務差異化有許多途徑可循，朝下列五個策略方向思考，可望贏得顧客的讚賞。

1. 發展核心服務

核心服務顧名思義是致力於迎合核心目標顧客群的需求，而不是針對周邊市場的一般期望。核心服務是廠商利用迎合顧客需求的特性，吸引新顧客的青睞，以及利用公司所提供的服務品質、多樣化選擇、長期承諾，加上額外服務。豐田汽車（和泰汽車公司）除了賣車之外，領先國產汽車業界推出四年或十二萬公里新車保固，此一承諾與保證是目標顧客所企盼的核心服務，也是幫助顧客消除購後失調心理的重要法寶。

服務業關係行銷最重要的是以和顧客建立良好關係為中心，設計及行銷核心服務。美國Wachovia信託銀行財富管理部門所推出的個人理財服務計畫，顧客自銀行所提供的理財服務項目中選擇所需要的服務，包括稅款準備、現金流量分析、預算支援、保險分析、投資分析、基金購買及保值、財務報告、付款、資產管

理，以及房地產規劃等，顧客只需按照所選擇的服務項目支付費用。此一個人理財服務計畫是大多數顧客所需要，也是許多銀行所忽略的服務項目。

2. 建立客製化關係

服務的本質讓提供服務的廠商得以有機會和顧客建立良好關係，瞭解個別顧客的特徵與需要，公司可以更精準的提供顧客化的服務。拜電腦科技進步之賜，結合人員服務能力的提升與態度的友善，使客製化關係更容易實現。日月潭雲品大飯店準備有二十八種枕頭供顧客選擇，有岫玉枕蓆、檜木枕、香茅枕、綠豆枕、竹炭記憶枕、竹炭頸椎枕、薰衣草珍珠球枕，以及供孕婦使用的側睡枕等等，就是希望做到客製化服務。

許多機器設備供應廠商都建立有現場工作支援系統，包括電腦資料庫中保存有顧客需求的歷史資料，當顧客需要服務時，只要利用免付費電話聯絡工作支援工程師，工程師即可馬上獲知顧客座落地點、使用設備型號，以及以往的服務記錄等資料，以便進行判斷及維修服務，問題若無法在電話中利用電腦檢核項目解決，則迅速派出服務人員到現場服務。

銀行理財服務部門針對顧客的個別需要，提供的個人理財計畫；保險公司為個別顧客量身設計保單；美容造型師為個別顧客設計的獨特造型；航空公司接受為顧客準備特定的餐點，都是客製化服務的代表作。

3. 擴大服務範疇

渣打銀行認為銀行不應該只是銀行，應該為顧客提供更廣泛的服務，因此把自己定位為「全方位的金融專家」，擴大服務範

疇。擴大服務是服務業關係行銷很重要的一環，包括提供額外服務，凸顯和競爭者的差異化。提供額外服務，讓顧客確實感受到利益，顧客勢必更喜歡再度惠顧這種公司。要使服務差異化具有意義，公司必須提供真正「額外」的服務，可以增加顧客的價值，因為感動顧客而激發顧客忠誠，最重要的是這種額外服務是競爭者不易模仿或複製。

許多行業都採用整體差異化策略，例如假日旅館除了提供舒適的房間之外，還為他們的服務做了額外的保證：（1）我們所提供的房間保證良好、舒適、乾淨，每一項設施都可正常使用，敬請依需要享用；（2）若有任何問題我們會馬上派員處理；（3）問題若無法解決，我們保證退還當晚的住宿費。假日旅館提供這種額外的保證，目的就是要讓前來住宿的顧客有賓至如歸的感受，爭取再度惠顧。

4. 制定關係定價

關係定價是指利用定價策略鼓勵建立長期關係。關係定價的基本構想是優良顧客理應給予優惠的價格，此一策略也是廠商追求顧客忠誠的有效途徑。公司提供給顧客價格上的優惠，目的是在建立穩固的關係，爭取顧客進一步將所有的生意往來都惠顧同一家公司。

許多行業都採用頗有創意的定價方法吸引顧客繼續惠顧，例如航空公司的飛航里程累積計畫，讓累積達到某一里程的顧客得以座艙升等、兌換免費機票、以優惠價格購買免稅商品等。百貨公司及大賣場推出貴賓卡累積記點，便利商店舉辦集印花兌換禮物活動，都是利用關係定價建立顧客品牌忠誠的實例。

5. 重視內部行銷

　　內部行銷的形式五花八門，但是有一個共同的特徵，認為「顧客」就在公司內，視員工為公司的顧客，視職責為一種產品。購買產品與服務的顧客，其角色就如同求職者一般，行銷產品與服務的方法，也可以適用於行銷職責。外部行銷的重點是要做到顧客滿意，此一概念不僅適用於內部行銷，而且必須優先滿足內部員工。勞力密集的產業更需要優先做好內部行銷工作，有效吸引、保有、激勵高水準的員工，因為公司的服務品質需要靠內部員工來實踐，「有得意的員工，才有滿意的顧客」，這是關係行銷的基本課題。

　　崇越科技公司、士林電機公司除了慎選新進人員之外，經常舉辦員工教育訓練，提升公司的服務水準。中華電信公司設有企業大學，提供各階層員工進修機會，每位員工每年必須修讀什麼課程，修讀幾個小時，職位升遷需要修讀那些課程，都有明確的規範，創下內部行銷的最佳典範。

　　關係行銷旨在吸引顧客的青睞，建立及和顧客維持長期且良好的關係，公司在關係行銷上的投資，不僅有助於達到這些目的，更可以使公司在競爭中脫穎而出。

經理人實力養成

　　服務具有無形性、不可分離性、易變性、易逝性等特性，所以服務行銷特別重視客製化，致力於和顧客建立長期關係。和顧客建立長期關係，不只是要爭取顧客，更重要的是在於保有原有的顧客，優質的服務必須建立在良好關係基礎上，成功的銷售必須能夠強化與顧客的關係。服務業關係行銷的首要工作是發展服務差異化策略，凸顯和競爭廠商所提供的服務有明顯的差別，發展服務差異化有許多途徑可循，請思考下列問題：

1. 貴公司將自己定位為製造業或服務業？定位與現實運作相吻合嗎？為什麼？
2. 本文所提供服務差異化途徑中，貴公司曾經使用過哪幾種？成效如何？
3. 請將貴公司服務差異化的做法，和本文所論述的差異化途徑做比較。

第三章　消除服務品質缺口的不二法寶

服務是一種抽象的概念，看不到，摸不著，容易形成服務品質缺口。服務行銷就是講究以差異化消除服務品質缺口的行銷，而差異化需要注入過人的創新思維，探索顧客尚待滿足的服務，思考競爭者沒有想到的服務，發展公司尚未提供的服務，以差異化服務為公司開創新局。

顧客滿意內涵中，服務品質佔有很高的比率，有形產品講究差異化已是企業經營的常態，要在激烈競爭中脫穎而出，無形的服務儼然成為現代企業關注的新焦點。以往的競爭只要在產品創新上多下功夫，致力於滿足消費者生活上的基本需求，通常都可以贏得顧客青睞；但是在競爭激烈的市場上，單靠優異的產品難以竟全功，於是服務成為現代企業優勝劣敗的關鍵因素，顧客所企盼的除了買到優質產品之外，還希望附加具有差異化的親切服務。

服務是一種抽象的概念，看不到，摸不著，範圍廣泛，衡量不易，消費者不見得能夠具體描述，但是對服務的期望至深則是無庸置疑。服務差異化是指公司提供給顧客優質而有別於競爭者的優異服務。現代企業為爭取消費者的青睞，紛紛在顧客服務上動腦筋，因為提供優質產品與優異服務的公司，才是顧客惠顧的

第三章　消除服務品質缺口的不二法寶

357

首選對象。公司追求優異服務可以朝下列方向努力。

人員差異化

事在人為，服務差異化必須先講求人員差異化，因為所有服務工作都需要靠人來執行，舉凡人員素質、待客禮貌、服務態度、學習精神、工作熱忱、作業落實、工作習慣、組織承諾、執行決心，都是凸顯人員差異化的好題材。

人們都需要學習，也都需要給予訓練，才會成長與進步。人員差異化可以透過有系統的訓練，引導其成長，輔之以執行的決心，協助其進步。日本品管大師石川馨曾說，品質工作要做得好有三個要件：第一是訓練，第二是訓練，第三還是訓練。日本百貨公司電梯服務員、專櫃售貨員，親切笑容，禮貌周到，熱誠服務，顧客至上，成為其他國家與行業競相師法的標竿，也為人員差異化樹立新典範。

過程差異化

服務內容與過程是顧客評價服務品質的兩大主軸，前者是指顧客所接觸到的服務項目與內涵，通常都可以透過創新、學習與模仿而做到優質化，後者是指顧客接受服務過程中所感受到的親切程度，也是讓顧客真正感動的貼心服務。

美容院洗頭方式大革新，讓顧客躺著享受洗頭的舒適感，群起效尤，贏得好評。國內有一家連鎖美容院屬行服務員跪著幫顧客修剪頭髮的新作風，認為在為顧客修剪頭髮的過程中，因為座椅高低，顧客坐姿，髮型設計，美感考量，某些角度需要服務員跪下來修剪才能做到盡善盡美，這種服務過程差異化贏得連連掌聲。

形象差異化

形象會形成口碑，無論是對公司有利或不利的口碑都會不脛而走，企業所努力的是建立良好的口碑，給顧客留下美好印象。公司的作為給顧客留下獨特而美好形象，有助於提高公司的集客力，創造更輝煌績效。

許多公司採用感性訴求廣告型塑良好形象，有計畫的形成差異化形象，不僅達到廣告效果，同時也使銷售業績更搶眼。賓士汽車塑造無可取代的地位與尊榮形象；裕隆公司推出智慧型汽車Luxgen，猛打差異化形象牌，掀起未上市先轟動的熱潮；全國電子足感心ㄟ，都是形象差異化中的佼佼者。

模式差異化

經營模式或稱商業模式，是經營事業的一種基本思考邏輯。經營模式差異化則是以顛覆傳統的新思維，發展出競爭者從來沒有想到的一種作業模式，以及潛心經營某一事業的獨特方式。服務模式創新常常是差異化的重要來源，可以在產業掀起脫胎換骨的旋風，使公司收到組織變革的成效。

速食店服務作業標準化，鮮明的差異化經營模式，改寫國內外餐飲市場新史頁。便利商店採用嶄新經營模式，提供給顧客許多「便利」，因而席捲零售市場。量販店憑著「量大就便宜」的優勢，吸引家庭購物者的群起惠顧。這些都是經營模式差異化的最大贏家。

速度差異化

人們對速度的要求越來越嚴苛，日常生活中有很多事情不希望等待，甚至不能等待，顧客不只是要滿足需求，而且希望迅速

滿足，甚至立刻享有，因此迅速、確實服務顧客成為衡量顧客滿意的重要指標，也是服務差異化的重要來源。

許多公司深知消費者的需求與期望，刻意在服務速度上動腦筋，推出許多令顧客眼睛為之一亮，讓競爭者望塵莫及的差異化策略，創造亮麗的經營績效。美國一家建設機械製造廠商Caterpillar公司，承諾無論顧客遠在世界哪個地方，所訂購的零組件保證二十四小時內送達。國內汽車業者推出982專案、e98計畫，都是因為速度差異化而贏得顧客的好評。

諮詢差異化

服務過程中提供各項諮詢與相關資訊，是現代企業不可或缺的服務項目。提供諮詢屬於公司的附加價值服務，但卻是服務差異化的重要要項。

提供咨詢服務並不是新創舉，但是要做到差異化就必須勤做功課，從訓練服務人員及建立顧客資料庫著手。前者包括專業知識與服務態度的訓練，必須納入公司常態性的訓練活動之中，持續給予最優質的訓練，才能改變服務人員的氣質與態度，提供差異化的優質服務；後者涵蓋瞭解產業、競爭者、顧客，尤其是建立顧客資料庫，提供完整而正確的諮詢與資訊，讓顧客由衷的感受到公司所提供的是有內容又有深度的服務。

有形產品要做到差異化往往不是很容易的事，無形的服務要做到差異化有更高的困難度，因為公司的想法、論述、實做之間常常出現落差，於是形成服務品質缺口。服務行銷就是講究以差異化消除服務品質缺口的行銷，而差異化需要注入過人的創新思

維，探索顧客尚待滿足的服務，思考競爭者沒有想到的服務，發展公司尚未提供的服務，以差異化服務為公司開創新局。

經理人實力養成

在競爭激烈的市場上，單靠優異的產品難以竟全功，於是服務成為現代企業優勝劣敗的關鍵因素，顧客所企盼的除了買到優質產品之外，還希望附加具有差異化的親切服務。服務是一種抽象的概念，看不到，摸不著，範圍廣泛，衡量不易，消費者不見得能夠具體描述，但是對服務的期望至深則是無庸置疑。服務差異化不僅可以消除服務品質缺口，也成為企業為爭取消費者青睞的新法寶。請思考下列問題：

1. 顧客對貴公司所提供服務品質的評價如何？貴公司服務品質存在哪些缺口？為什麼？

2. 貴公司所提供的服務和競爭者比較具有什麼差異性？這些差異性從何而來？

3. 為了提升競爭優勢，貴公司將從哪些方向強化服務品質？

第四章　21世紀客製化服務趨勢

　　創新服務所顯示的是公司擁有不一樣的服務思考邏輯，比競爭者更瞭解顧客，因此更有能力快速滿足顧客的需求。服務創新可以提高顧客的滿足感，增加企業成長與利潤，擴大事業的經營範疇，有效發揮行銷綜效，大幅提升企業形象，同時也是組織學習一種淬煉。

　　服務不是服務業的專利，而是現代組織競爭的新焦點，無論是營利事業、非營利組織、政府機關、醫院、學校、社團，都把自己的事業／組織定位為服務業，最明顯的是製造業的公司都知道他們不只是在賣產品，也在積極提供服務，於是紛紛將自己重新定位為服務業，把競爭焦點從有形的產品轉移到無形的服務上，希望藉助服務的加持，把公司經營績效推向另一高峰，於是服務遂成為現代企業成功的新指標。

　　在超競爭時代，企業都深深感受到顧客是決定公司成敗的最重要因素，無論你的產品有多好，無論你的服務有多周到，如果無法打動顧客的芳心，如果沒能幫助顧客解決問題，這一切都將陷入茫然，因為顧客不一定要依賴某一家公司，但是公司不能沒有顧客，所以管理大師Peter Drucker提醒經營者：企業在思考經營策略時必須心繫顧客，不應該只專注於產品。

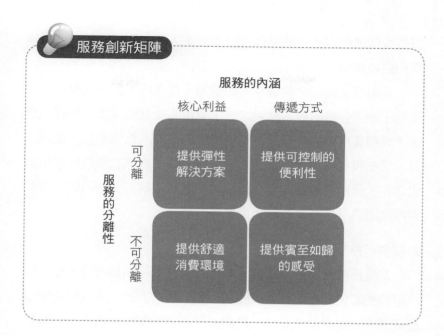

服務創新矩陣

服務的內涵

核心利益　　　傳遞方式

可分離

提供彈性
解決方案

提供可控制的
便利性

服務的分離性

不可分離

提供舒適
消費環境

提供賓至如歸
的感受

　　如同產品一樣，服務也需要講究創新，創新服務所顯示的是公司擁有不一樣的服務思考邏輯，比競爭者更瞭解顧客，因此更有能力快速滿足顧客的需求。服務創新可以提高顧客的滿足感，增加企業成長與利潤，擴大事業的經營範疇，有效發揮行銷綜效，大幅提升企業形象，同時也是組織學習一種淬煉。服務創新的途徑很多，如果從公司所提供服務的內涵（核心利益、傳遞方式），服務的分離性（可分離、不可分離）來思考，可以組合成四個方格的矩陣，從而發展出服務創新的可行途徑，如圖所示。

1. 提供彈性解決方案

　　當服務的特性可以分離，而公司致力於提供核心利益時，提供彈性的解決方案可以滿足顧客的彈性需求。顧客不僅希望公司

提供有價值的服務，同時也企盼基於個人的方便，隨時可以彈性
享用這些服務。

　　公用事業所提供的服務，如電力、自來水、瓦斯、公車、加
油站，除了各自的核心利益之外，更重要的是滿足顧客的彈性需
求，讓顧客可以隨時享用公司所提供的服務。電視節目、廣播節
目、網站服務、快遞公司、外送服務，除了專注於服務內涵精緻
化之外，最重要的是要迎合顧客的彈性需求與方便的時間，讓顧
客因為隨時享用而獲得最大滿足。

2. 提供可控制的便利性

　　當服務的特性可以分離，而公司專注於服務傳遞方式時，提
供可控制的便利性最有效。公司以可分離的方式，透過嶄新的服
務傳遞方式提供精準服務，最能滿足顧客的便利性需求。拜科技
進步之賜，近年來服務傳遞方式有大幅革新，可以滿足顧客迅
速、確實的要求。現代消費者對快捷、便利有著嚴格的要求，於
是便利性已經成為評估服務行銷績效的重要指標之一。

　　Skype、MSN、Facebook、電子郵件、簡訊，這些嶄新傳遞
方式接二連三興起，不僅改變了人與人之間的溝通方式，同時也
擴大人們的社交生活，讓使用者感受到便利性。比薩、麥當勞等
速食業者，為了爭取廣大的外送商機，以特製保溫設備，配合機
車隊快速、靈活而親切的服務，推出三十分鐘送貨到家服務，廣
受消費者喜愛。美國聯邦快遞公司深知顧客對運送貨物時效與安
全的要求，標榜隔夜安全送達服務，贏得顧客的讚賞。

3. 提供舒適消費環境

　　當服務的特性屬於不可分離，而公司又想致力於提供核心利

益時，可以在提供舒適的消費環境多下功夫，以滿足顧客舒適、安逸的臨場需求。顧客購物除了購買所需的產品之外，也在享用公司所提供的購物環境，甚至藉由逛街之便享用公司的部分設施，此時提供舒適的購物環境就顯得特別重要。電影院、大賣場、百貨公司、大飯店、餐廳等大型消費場所，每隔一段時日就投入鉅資重新裝修，目的就是要提供舒適的消費環境。

百貨公司宏偉的建築，高雅、精緻的裝潢，寬廣、舒適的購物空間，琳瑯滿目的精品擺設，同一時間管制進入精品店購物人數，就是在提供舒適的購物環境。星巴克除了賣咖啡之外，強調提供第三個好去處，好讓現代人除了家庭與辦公室之外，找到第三個溫馨的好去處。韓國樂天世界標榜提供夢幻、歡樂、冒險的樂趣，為前來消費的顧客提供最佳遊樂環境。

4. 提供賓至如歸的感受

當服務的特性屬於不可分離，而公司希望以獨特的服務傳遞方式取勝時，可以專注於提供讓顧客感受到賓至如歸的精緻服務。消費掛帥時代最大的特徵就是落實顧客第一的理念，處處標榜以客為尊，時時提供尊榮服務，好讓顧客感受到備受禮遇。許多產業或公司都極盡所能的討好顧客，投其所好，希望藉此拉近與顧客的距離，維繫良好的顧客關係。中華航空公司強調「相逢自是有緣，華航以客為尊」，為賓至如歸做了最佳詮釋。

信用卡公司在信用卡功能上勤下功夫，推出各式各樣的附加價值服務，聯名卡、貴賓卡、無限卡、金卡、白金卡，不一而足，附加價值則從提高信用額度，到特定商店消費享有優惠折扣，到出國時享受機場免費接送服務或機場免費停車等多項額外

服務，讓顧客感受到備受禮遇。百貨公司推出貴賓日活動，在貴賓日當天晚上時段刻意清場，只提供給持貴賓卡的貴賓獨享購物樂趣。另有些百貨公司看準有些貴賓希望在隱私的環境中享受尊榮購物，於是特別設置有貴賓廳，指派專人服務或由高階主管親自接待，讓貴賓在隱私的環境中獨享購物的尊榮。

　　人們內心深處永遠潛藏有尚未滿足的需求，消費者對服務的要求也永遠不會滿足，從供給面言是在激勵廠商精益求精，百尺竿頭，從需求面言意味著顧客內心潛藏不同層面的需求有待滿足。滿足顧客光靠優質的產品難以竟全功，必須輔之以創新的服務，提供競爭者做不到的獨特服務，才能創造持久性競爭優勢。服務創新的途徑很多，現代消費者對獨特性、差異化服務情有獨鍾，於是客製化服務堪稱服務創新的最高境界。日本名顧問師浦鄉義郎指出，21世紀是客製化服務時代，在不欠缺必需品的消費社會中，人們的精神及倫理層次開始受到重視，企業為了確保競爭優勢，必須在創新服務這一塊佔有一席之地。

經理人 實力養成

　　許多公司都將自己重新定位為服務業，希望藉助服務的加持，把公司經營績效推向另一高峰。在超競爭時代，顧客是決定公司成敗的最重要因素，所以企業在思考經營策略時必須心繫顧客，不應該只專注於產品。服務也需要講究創新，服務創新可以提高顧客的滿足感，增加企業成長與利潤，擴大事業的經營範疇，有效發揮行銷綜效，大幅提升企業形象，同時也是組織學習一種淬煉。請思考下列問題：

1. 你認為客製化會加速或阻礙公司的發展呢？為什麼？
2. 貴公司最適合採取本文所論述的哪一種服務創新策略？為什麼？

第五章　整體解決方案更勝游擊服務

顧客遭遇到問題時都引頸企盼有協助者出現，解決顧客所面臨的問題，就是幫助顧客創造價值，而幫助顧客創造價值最有效的方法就是提供整體解決方案。提供整體解決方案不僅可以消除顧客的後顧之憂，同時還可以滿足顧客一次購足的需求，是一舉兩得的良方。

顧客購買公司的產品與服務，目的是為了要解決問題，至於解決問題的方法與過程，常常不是顧客最感興趣的事，所以我們常常比喻說：「顧客只是想要在牆上鑽個孔，而不是要買一組可以在牆上鑽孔的工具。」公司所提供的產品與服務是否能夠幫顧客解決問題，是行銷致勝的關鍵。

許多廠商在供應產品時，都會遭遇到商品化的問題，特別是B2B行銷的企業最明顯，因此幫助顧客解決問題就成為協力廠商責無旁貸的任務。解決顧客所面臨的問題，就是幫助顧客創造價值，而幫助顧客創造價值最有效的方法就是提供整體解決方案（Total Solution）。提供整體解決方案不僅可以消除顧客的後顧之憂，同時還可以滿足顧客一次購足（One Stop Shopping）的需求，是一舉兩得的良方。

協力廠商可以透過許多方法提供整體解決方案為顧客創造價

值，包括全面協助顧客解決問題，協助顧客增加收益，視排除顧客的風險為己任，以及降低顧客的成本結構。

解決顧客問題

顧客常會遭遇到不同的問題，這些問題一部分可以自行解決，一部分需要依賴協力廠商的協助。顧客遭遇到問題時都引頸企盼有協助者出現，此時所期盼的是全面性的問題解決者，而不是束手無策的旁觀者。因此聰明的協力廠商在面對競爭時，一開始就會提出整體解決方案，全面性的扮演顧客問題解決者的角色，如此一來不但可以取得顧客的信任，節省顧客的時間與金錢，絕對有助於爭取新顧客，同時還可以穩穩的保有現有顧客。

先進的設備供應廠商在和顧客進行商務談判，每當討論到價格議題時，常常強調「我們不只是在賣設備，而是在提供整體解決方案」，往往可以巧妙的以四兩撥千斤的姿態化解敏感的價格問題。我國規模最大的瓶蓋與包裝材料供應廠商宏全公司，經常派技術人員到顧客作業現場，瞭解該公司產品使用狀況，協助解決該公司產品使用上的問題，成為幫助顧客解決問題的表率，贏得業界的好評。

解決顧客當前所面臨的問題及潛在的問題，是顧客求之不得的事，因為問題的存在就是經營的障礙，而經營上的任何障礙就是獲利銳減因子。解決顧客的問題貴在審慎評估，全面性的對症下藥，協力廠商要有「解決問題全包在我身上」的胸襟，而且要務實的一次解決，如此一來提高顧客服務價值，贏得信任當屬意料中的事。至於解決顧客問題的方法很多，至少包括協助快速部署資源，縝密的作業設計與排程規劃，核心價值創造活動的管

控，縮短機器設備的整備時間，降低各功能的支援成本，減少內部資源的消耗，不勝枚舉。

增加顧客收益

　　創造價值與增加收益是企業所追求的重要目標之一。協力廠商所提供的整體解決方案如果能夠幫助顧客增加收益，不僅會贏得顧客的信任，同時也會聲名遠播，贏得產業及社會的喝采。

　　研究機構與顧問公司經常提供專業性的整體解決方案，增加顧客收益不計其數。農政單位應用生物科技改良農作物的種植與管理方法，減少病蟲害，提高產量，增加農民收益，功不可沒。顧問公司善於掌握「快速」與「準確」原則，為顧客提供整體解決方案，包括協助產品設計、定價策略、推廣活動、通路部署，快速而正確的把產品在對的時間交到消費者手上，因而增加顧客收益。

　　顧客的眼光雪亮無比，而且都是該產業的道地行家，廠商要幫助顧客增加收益，必須站在顧客的觀點做極深度的思考，徹底瞭解顧客所面臨的問題，務實的提出有效果又有效率的解決之道，才能名符其實的增加顧客的收益。

降低顧客風險

　　千金難買早知道，經營環境潛藏無數的風險，顧客在其產業中從事經營活動，難免也會面臨許多風險。澳洲有一家碎石場苦於傳統作業方式的高危險性，而且屬於勞力密集產業，成本高昂，形成只有少數幾家供應廠商能夠大量供應的寡占局面。設備供應廠商深知顧客所面臨的問題與風險，於是發展出一套突破現狀的整體解決方案，讓顧客一次就將石塊粉碎成標準規格的碎石

（產品），不僅成功的降低作業危險性，同時還減少浪費，可謂一石兩鳥之計。

天有不測風雲，顧客常會面臨風險。保險公司深諳現代顧客的需求，運用大數法則概念，針對顧客的特殊需求，規劃客製化的保單，提供安全而務實的各種保險方案，取代傳統的制式保單，目的就是為了要降低顧客的風險。

降低顧客成本

低成本是企業贏得競爭的重要利器，能夠幫助顧客降低成本結構的協力廠商，不僅是顧客的最愛，也是使協力廠商自競爭中脫穎而出的關鍵法寶。

美國一家大規模維修用品供應廠商Grainger，建立一套整體供應系統，有效掌握間接材料來源，降低整體作業及產品、存貨與配送成本。自許為整體解決方案協力廠商，該公司建構有企業內網路及網際網路，公司員工可以和上萬家供應廠商溝通，即時評估數百萬種產品的價格、存貨現況、技術資訊，更重要的是減少重複作業，大幅提高供應鏈效率，因而降低顧客成本20％，減少存貨60％，作業週期縮短50～80％。IBM和雀巢公司（顧客）簽訂為期五年的IT服務合約，IBM為雀巢的五個資料中心提供伺服器、儲存系統，以及資料庫軟體，五年內累計為雀巢公司降低成本高達十八億美元，贏得喝采。IBM提供整體解決方案，除了幫助雀巢公司大幅降低成本之外，也因此而贏得五年的合約，是一項利己又利人的互惠服務。

顧客所期望的是真正能夠幫助解決問題的服務，而且是整體解決問題的方案，而不是打游擊式的單一服務。幫助顧客解決問

題就是在成就自己，為顧客設想愈多，公司的獲益也愈大。協力廠商在為顧客提供服務時，必須抱持顧客成功我與有榮焉的心情，致力於提供整體解決方案，務實的幫助顧客解決問題。

經理人實力養成

　　公司所提供的產品與服務是否能夠幫顧客解決問題，這是行銷致勝的關鍵。解決顧客所面臨的問題，就是幫助顧客創造價值，而幫助顧客創造價值最有效的方法就是提供整體解決方案。協力廠商提供整體解決方案不僅可以消除顧客的後顧之憂，同時還可以滿足顧客一次購足的需求，是一舉兩得的良方。請思考下列問題：

1. 貴公司提供給顧客哪些整體解決方案？這些方案如何有助於提升顧客競爭力？
2. 和競爭對手比較，顧客對貴公司提供整體解決方案的評價如何？
3. 顧客對貴公司所提供整體解決方案還有哪些尚未滿足的需求？

第八篇
顧客至上篇

第一章　教顧客幫你出點子

　　顧客的智慧往往領先企業，顧客的實際體驗更是廠商行銷策略的風向球。企業經營無異是一場永無止境的顧客爭奪戰，時時以顧客為師，傾聽顧客的聲音，進而比競爭者更有效的滿足顧客的需求，則開創市場就指日可待。

　　Peter Drucker曾提醒公司，在研擬行銷策略時，所要關心的是顧客的感受，而不是公司的產品。因為顧客的智慧往往領先企業，顧客的實際體驗更是廠商行銷策略的風向球。例如沙士加鹽巴，保力達加米酒，啤酒加蕃茄汁，白葡萄酒加蘋果西打，這些在市場上流傳已久的新飲用法，都不是廠商所設計出來的，而是出自於顧客的創新點子。企業經營無異是一場永無止境的顧客爭奪戰，時時以顧客為師，傾聽顧客的聲音，進而比競爭者更有效的滿足顧客的需求，則開創市場一片天就指日可待了。

　　味噌是日本人每天不可或缺的日用食品，生產味噌的公司不計其數，市場競爭非常激烈。日本有一家生產味噌食品的著名廠商，常態性的邀請全國各地的家庭主婦前來參觀公司，並安排精緻的座談會，由受過專業訓練的人員傾聽家庭主婦對味噌產品的心聲與意見，他們發現全國各地的顧客對味噌口味的偏好及使用習慣各不相同，年輕一輩的家庭主婦和年長的家庭主婦的需求也

各異其趣，於是努力開發迎合顧客不同口味需求的味噌產品，因為徹底了解顧客的需求，得以比競爭者更有效的滿足顧客的需求，因而在激烈的競爭中開創一片大藍天。

以顧客為師，傾聽顧客的聲音，把顧客視為積極的夥伴，邀請他們參與公司開發新產品的相關活動，已經受到許多公司的重視，此舉不僅可以收到務實的效果，同時也可以精準的接觸到目標市場。為了從傾聽顧客的心聲中增強公司的競爭力，經理可以朝下列幾個方向努力。

1. 積極和顧客對話

單純的與顧客接觸不足為奇，重要的是要積極和顧客互動及對話。互動及對話除了有助於建立良好的關係之外，更可以從中了解顧客的真正心意及需求，包括顧客使用產品的習慣與狀況，對公司及產品與服務的評價，感到滿意的地方，不滿意的地方及其原因，有哪些尚未滿足的需求，以及對競爭廠商及其產品的評價等。所謂「積極」就是要處心積慮，引導顧客暢所欲言，然後「用心」傾聽，從傾聽中理出公司發展的有利契機。

日本豐田汽車進入美國市場，可以視為一場「小車」和「大車」的競爭，結果是日本的小汽車大獲全勝，此一成功的案例，豐田公司積極和顧客對話居功甚偉。除了調查一般顧客的意見與期望之外，更進一步邀訪競爭者的顧客，尤其是金龜車車主，傾聽他們對競爭車種最不滿意的地方，然後將顧客的寶貴意見納入汽車設計之中，將競爭者的缺失列為優先改善的重點，推出真正迎合顧客需求的汽車，成功的突破重圍，在美國市場大放異彩。

2. 動員顧客的關係

顧客的活動有其地方性與社群性，比較喜歡在熟悉的環境之下和熟識的人互動，在輕鬆自在的社群關係中也比較容易暢所欲言，甚至會把這些人當作購買決策的重要參考群體。行銷經理了解此一特性，在和顧客對話時就可以安排適當的環境，動員及善用顧客的關係，讓他們輕鬆愉快的表達意見，往往可以收到事半功倍的效果。

上述日本味噌公司就是採用這種方法，每次邀請同一地區的家庭主婦前來參觀公司及座談，一方面因為「有伴」而提高參訪的意願，一方面因為「熟識」而樂意暢所欲言。顧客願意參與座談，樂意暢所欲言，行銷經理就可以從中學習到許多寶貴的資訊，這些寶貴的資訊就是競爭致勝的重要因素。

3. 承認顧客多樣性

聞道有先後，術業有專攻，顧客的背景具有多樣性，各有所長，各有專精，即使同一個人也可能有多種才華。尤其是高科技產品，顧客中不乏在各方面具有精明幹練的專業之士。行銷經理在向顧客學習時，最大的挑戰在於承認顧客的多樣性，以及審慎處理多層次的問題，因為愈是精明幹練的顧客群，往往都是積極活躍的代表性人物，也是行銷經理最佳學習對象。

綠洲果汁上市初期，為了凸顯採用新鮮水果製成的事實與形象，包裝紙盒的設計芭樂汁採用鮮綠色為基調，柳橙汁以鮮橙色為主軸，配合純潔的白色襯托設計，整體設計除了具有美感、清爽、新鮮之外，更讓人有一種垂涎欲滴的感覺，非常耀眼。喜宴場合是紙盒果汁很可觀的市場，紅色是喜宴喜氣洋洋的象徵色，

綠洲果汁紙盒上的純白襯托設計沒有受到顧客的青睞，黑松公司警覺到此一現象，趕緊順應顧客的意見，以顧客為師，將襯托的白色調整為具有喜氣的色調，不僅贏得顧客的喜愛，更成為一種常銷型的產品。

4. 顧客化的新價值

顧客喜歡獨一無二的心理愈來愈普遍，追求量身定做的需求也愈來愈殷切，買服飾希望量身定做，買花卉希望融入自己的設計，送禮物講究送到心坎裡，購置房屋希望符合自己期望的格局與隔間。廠商為了要精準的掌握顧客的需求，無不絞盡腦汁思索顧客化的新價值，利用網際網路的線上互動技術，把顧客化的新價值發揮得淋漓盡致，例如線上花店讓顧客自行設計及佈置自己所喜愛的花卉與花瓶，而不只是訂購單上的一個選項而已。

我國皮件製品的知名廠商亞富國際股份有限公司，投入巨資建立一套網際網路即時互動系統，和全球各地的顧客在線上溝通他們所需要的各種皮件產品，更值得一提的是成功的把富有我國傳統文化的圖騰嵌入產品中，小自皮夾、皮包，大至皮箱、旅行箱，一應俱全，即使是一件產品的訂單都可以接受，效率高超，備受喜愛，讓顧客覺得他所購買的不只是皮件產品，而是買到具有顧客化、個性化、差異化、獨一無二之新價值的產品。

顧客是企業的導師，是經理人學習的重要對象，更是企業成敗的最終裁判者。實務經驗愈豐富的經理人，會感覺到需要向顧客學習的地方也愈多，因為他們都深深體驗到從顧客身上學習到無價的知識。經常和顧客對話，善用顧客關係，了解顧客多樣性的特徵，提供顧客化的新價值，有助於使企業在激烈競爭中脫穎而出。

經理人實力養成

　　公司在研擬行銷策略時，所要關心的是顧客的感受，而不是公司的產品。以顧客為師，傾聽顧客的聲音，把顧客視為積極的夥伴，邀請他們參與公司開發新產品的相關活動，已經受到許多公司的重視，此舉不僅可以收到務實的效果，同時也可以精準的接觸到目標市場。請思考下列問題：

1. 貴公司在研發新產品時，如何聽取顧客的聲音？
2. 貴公司有無建立傾聽顧客聲音的機制？如何運作？
3. 產品上市後發現顧客有不同見解，貴公司如何因應？

第二章　新世代消費群的六大趨勢密碼

> 不同世代的人們各有不同的生活方式，生活方式會影響消費行為。新世代消費群的生活觀及消費觀和其他年齡層的消費者有著明顯的差異，在研擬行銷策略之前，必須徹底瞭解目標消費群的生活特徵，有助於行銷的成功。

消費者的生活觀和其消費行為有密切的關係，為了滿足生活所需，消費者都會極盡所能的尋求各種產品與服務，為了享受生活樂趣，消費者也會專注於講究購物的滿足感。行銷經理在發展行銷策略及研擬行銷計畫時，必須瞭解目標消費群的生活習慣，描述他們的休閒／嗜好／興趣、生活觀、消費觀、工作觀、所得運用狀況、對資訊及科技的態度、現階段充實滿足的事。將目標消費群描述得愈清楚、愈詳細，愈有助於掌握消費者的喜好與習性，也愈有助於行銷活動的成功。

要瞭解目標消費群的生活習慣，說來容易，實際執行卻不簡單，因為影響人們生活習慣的因素很多，包括內在因素與外在因素，前者如消費者的動機、需求層級、人格特質等，後者如文化因素、生活環境、購買情境等，不一而足。許多產品或服務都試圖瞄準新世代消費群，並將他們視為重量級消費群。新世代消費群比起X世代、Y世代消費群更年輕、更前衛，生活習慣也更不

一樣，「晚睡晚起」的習慣取代傳統「早睡早起」的觀念；夜愈深，靈感愈靈光，思慮愈清晰，作息時間和上一輩「日出而作，日落而息」的習慣大相逕庭。生活習慣不同，消費行為也隨著大不相同。

　　Popcorn與Marigold在研究文化趨勢時，發現文化趨勢不僅影響人們的消費趨勢，同時也會影響企業未來的發展。他們的研究指出文化趨勢具有下列特徵，引用這些特徵來詮釋新世代消費群的消費行為，有助於經營者洞悉組織的未來環境，也有助於激發行銷經理具有創造性的策略思考。

1. 喜歡孤立

　　新世代消費者的生活觀最明顯的特徵之一在於喜歡孤立，自我意識增強，互動減少，打招呼也省略很多；獨鍾具有個性化的產品，不大容易傾訴心聲；喜歡退避到像家一般安全、舒適的環境，不喜歡受到無謂的干擾；喜歡遠離外界嚴酷競爭的現實，於是有所謂宅男、宅女的出現，他們視自己的房間為活動的天堂，下班或下課後絕大部分時間都耗在自己的房間裡。

　　此一生活趨勢造就了電子商務、網路購物、電視購物、型錄購物、代客購物、外送服務的發展契機。宅男不出門，能知購物事，宅女不出門，照樣可以享受購物的樂趣，是新世代消費群的最佳寫照。

2. 夢幻冒險

　　平淡的生活，緩慢的步調，被新世代消費者視為索然無味，了無新意，他們普遍都喜歡冒某種程度的風險，樂於接受激烈的刺激，更喜歡遠離壓力和無聊，積極享受年輕人追求夢幻、獨

特、刺激的新世代生活方式。

　　韓國樂天世界的企業使命明顯的標榜「夢幻（Magic）、歡樂（Fantasy）、冒險（Adventure）」，正迎合新世代消費群的期望。遊樂場所的摩天輪、海盜船、雲霄飛車、自由落體、空中彈跳，以及其他富有冒險、刺激、速度感的遊樂設施，都是想要滿足新世代消費群追求刺激的需要。有些腦筋動得快的旅行社刻意規劃冒險旅行，特別安排夢幻般的娛樂節目，頗受年輕消費群的青睞。

3. 充滿活力

　　新世代消費群希望活得精采，活得有品味，活得有尊嚴，因此特別注重生活品質與健康管理，希望在享受生活品味之餘，也保持充沛的活力，迎接工作上的任何挑戰。他們喜歡管理自己的健康，不希望將來頻頻和健康照護中心打交道，於是經常透過網路獲取生活與健康的新知，不僅懂得愛護自己，同時也努力照顧自己，使自己隨時保持活力充沛，幹勁十足。

　　此一趨勢促使養生、健身、保健、健檢、休閒、渡假、新鮮食品、有機食品、素食產品與餐廳等產品及產業的蓬勃發展。許多食品及飲料廠商趕搭此一健康、活力列車，紛紛推出各種健康概念產品，搶佔此一市場，統一企業成立聖德科斯公司，銷售各種天然有機產品，就是最好的例子。松青超市特別強調健康概念，標榜「每日蔬果，健康檢查；水果保證，不甜包換：每日鮮魚，漁港直送；百客鮮牛肉，世界限量」，試圖獲取新世代消費群的芳心。

4. 報復快感

新世代消費群喜歡自由自在的享受生活樂趣，不欣賞嚴格限制自由的規範，但是卻喜歡嘗到被禁止的滋味，享受報復的快感，例如醫生說可以吃海鮮，被允許吃冰淇淋，可以抽雪茄，可以飲酒，可以開車，可以上交誼廳等。

為了滿足新世代消費群的消費快感與懷舊情感，有些餐廳佈置得像教室，服務人員打扮得像值日生，點菜稱為上課，試圖勾起學生時代純真的回憶。有些餐廳更佈置得像監獄一般，營造一種被禁止的氣氛，吸引許多新世代消費群的好奇與喜愛。

5. 小小放縱

忙碌不停、飽受壓力是工業社會人們最普遍的生活特徵之一，新世代消費群也不例外，所不同的是他們比較懂得犒賞自己，比較捨得疼愛自己，喜歡享受自己負擔得起的奢侈，給自己一點小放縱，及時行樂，以獲得快速的滿足感。

新世代消費群很多都有過打工的經驗，很早就有職場的歷練，加上經濟來源比較不虞匱乏，比較捨得花錢，消費也顯得大方。喝咖啡、看電影、上夜店、開名車、買名牌產品、住豪華旅館，都是在給自己一點小放縱，對自己好一點。

6. 多元化生活

新世代消費群常常被迫配合日漸忙碌且變化頻繁的生活，包括工作職位的升遷，工作地點的改變，工作伙伴的更迭，工作內容的調整，工作時間的延長，在家裡的地位與角色也會有所變化，因此需要扮演多種不同的角色。

廠商提供多種多樣化的選擇與食物，例如熟食食品，速食調

理包，提供管理第二寓所及準備接待訪客的服務，提供噪音消除設備，電子商務服務，健身及瑜珈運動等，這些需求都充分反應出新世代消費群多元化生活趨勢。

　　不同世代的人們各有不同的生活方式，生活方式是影響人們消費行為最重要的因素之一。新世代消費群是許多產品的重量級消費者，他們的生活觀及消費觀和其他年齡層的消費者有著明顯的差異，行銷經理在研擬行銷策略之前，必須徹底瞭解及正確描述目標消費群的生活特徵，才容易和他們溝通，進而感動他們。

經理人 實力養成

　　行銷經理在發展行銷策略及研擬行銷計畫時，必須瞭解目標消費群的生活習慣，將目標消費群描述得愈清楚、愈詳細，愈有助於掌握消費者的喜好與習性，也愈有助於行銷活動的成功。新世代消費群比起X世代、Y世代消費群更年輕、更前衛，生活習慣也更不一樣，生活習慣不同，消費行為也隨著大不相同。請思考下列問題：

1. 貴公司是否有專責單位負責蒐集及研究消費者行為？如何進行研究？研究結果提供給哪些單位使用？如何提供給相關單位使用？
2. 貴公司在發展行銷策略時，是否用心考量消費者行為？
3. 貴公司所掌握的新世代消費者行為和現實社會相吻合嗎？
4. 新世代消費行為的六個密碼給貴公司帶來什麼啟示？

第三章　與顧客搏感情的精緻行銷

　　隨著經營環境複雜，競爭局勢升高，使得傳統行銷常出現窒礙難行的現象，代之而起的是講究提供細緻服務，與顧客搏感情的精緻行銷。精緻行銷必須從突破傳統中發展獨特優勢，採用競爭者所沒有注意到或忽略的方法，務實的深耕及精耕市場，方可有效能又有效率的達成行銷目標。

　　問對問題等於把問題解決了一大半，找到正確的顧客無異是為行銷活動注入一劑強心針。STP行銷策略中，正確區隔市場，精準瞄準顧客，型塑獨特定位，這是行銷成功的三大基本要項。隨著經營環境複雜，競爭局勢升高，以往行得通的方法，現在不一定有效果，以致傳統行銷常出現窒礙難行的現象，代之而起的是講究提供細緻服務，與顧客搏感情的精緻行銷。

　　精緻行銷又稱為微行銷（Micromarketing），主張企業要贏得市場競爭，除了策略方向正確無誤之外，必須進一步把日常行銷工作做得更徹底，踏實、務實的執行每一項行銷作業，致力於滿足顧客現在及尚未滿足的需求，與顧客建立長久的夥伴關係，奠定贏的基礎。

　　公司要落實精緻行銷必須從深耕及精耕市場著手，深耕市場是要地毯式的訪查市場，找出有可能銷售公司產品的每一個市

場，進而一一爭取進銷公司產品，不能讓大好市場任其荒蕪。精耕市場是要提供精良的產品，輔之以深層而貼心服務，使顧客滿意達到最高境界，不僅成為公司的忠誠顧客，更成為樂意推薦公司及產品的免費推銷員。

美國賓州大學華頓學院教授Paul Green與Abba Krieger指出，精緻行銷時代市場區隔產生很大的改變，其中最明顯者包括愈來愈重視顧客態度與需求等軟性區隔準則；愈來愈注重根據顧客消費目的來區隔市場；愈來愈需要採用讓數據會說話的區隔方法；混合區隔方法的使用愈來愈普遍；區隔方法和新產品開發更緊密結合；更普遍使用電腦模型模擬發展最適當產品線；更審慎考慮競爭者可能採取的報復行動，而採用動態性產品與市場區隔方法；愈來愈重視形態認知與消費者集群區隔方法；重視彈性區隔方法，愈來愈重視購買者的需求。

精緻行銷時代，行銷經理必須從突破傳統中發展自己的獨特優勢，採用競爭者所沒有注意到或忽略的方法，務實的深耕及精耕市場，確實做到彈無虛發，有效能又有效率的達成行銷目標。精緻行銷的具體做法可以朝下列方向著手。

1. 徹底瞭解顧客

顧客不一定要依賴某一家公司，但是公司不能沒有顧客。精緻行銷必須先從瞭解顧客著手，導入科學方法的行銷研究，使用高科技所發展的新技術，精準辨識誰是公司的顧客，誰不是公司的顧客，並將這些知識和公司的廣告與促銷活動相結合，發展更切合當前競爭之所需的行銷策略。

2. 提供顧客之所需

　　公司所提供的產品迎合消費者的需求與偏好,以及提供客製化服務的公司往往是行銷大贏家。傳統行銷偏重銷售公司所生產的產品,為了爭取績效不惜使出高壓行銷手段,雖然極盡所能,但行銷效果不見得盡如預期。精緻行銷主張領先顧客,從滿足顧客需求著手,提供顧客所需要的產品與服務,做到公司所銷售的就是顧客所需要與渴望的產品或服務,發揮行銷的槓桿作用。

3. 精準鎖定目標顧客

　　因為徹底瞭解顧客,所以能夠精準的瞄準目標顧客,因為提供顧客所需要的產品與服務,所以能夠把有限的行銷資源做最有效的應用,精準命中目標。

4. 使用嶄新媒體

　　媒體發展日新月異,新媒體不僅有助於有效接觸到目標顧客,而且費用更低廉,甚至免費。例如有線電視廣告與專業雜誌廣告,可以接觸到特定顧客群,又如人力資源仲介公司與房屋仲介公司免費幫公司登廣告,這些都是拜嶄新媒體之賜,此外也可以利用網路廣告接觸到不同的目標顧客群。

5. 藉助非媒體的力量

　　贊助體育、藝文及其他公益活動,利用節慶場合舉辦事件行銷,甚至採用置入性行銷,藉助這些非媒體的力量,往往可以有效接觸到特定目標顧客群。

6. 在銷售點接觸顧客

　　蘋果電腦前執行長賈伯斯說,消費者只有看到產品才知道他

們要的是什麼。同理，消費者的大多數購買決策都是到商店購物當時才決定，因此各式各樣的店頭廣告，不僅扮演小兵立大功的角色，也是精緻行銷的重要利器。

7. 促銷活動更精緻化

折價券與降價促銷不僅成本昂貴，而且常會影響到公司與品牌形象，先進廠商及高檔品牌都盡量少用這種促銷方法，紛紛改用其他更精緻而有效的方法。例如百貨公司推出貴賓日促銷活動，讓持有貴賓券的貴賓獨享購物的尊榮感；精品廠商只有配合百貨公司週年慶活動才有折扣優惠，而且優惠幅度之大，讓顧客普遍都有物超所值的滿足感。

8. 和零售業攜手合作

零售通路是精緻行銷時代廠商必爭之地，誰掌握通路，誰就是競爭贏家的現象此時更為明顯。零售業者所提供的零售據點，正是消費品廠商和顧客約會的最佳場所，以往通路主導權掌握在生產廠商手上，精緻行銷時代通路主導權由通路商所掌控，因此生產廠商紛紛發展自己的行銷通路或尋求和零售業者合作。例如統一公司自行發展統一超商（7-11）與康是美藥妝連鎖店，光泉公司持有萊爾富便利商店的股權，其他公司尋求在產銷功能上與通路商策略聯盟，另有些廠商配合各通路商的促銷活動，保持良好的合作關係。

精緻行銷除了爭取新顧客之外，更需要保有現有顧客。汽車業的競爭從汽車實體轉移到保固與服務，從五年或五萬公里保固，到五年不限里程，到六年或十五萬公里。假髮業者根據顧客

的個別需求與喜好，如與臉型的配合、髮型、式樣、顏色、長短…，提供客製化設計與服務。銀行理財專員與保險業務員針對顧客的個別需求，提供個人理財規劃與保險方案。這些精緻行銷的作為不僅增加銷售業績，和顧客建立良好關係，更可貴的是構成顧客轉而惠顧競爭者的一道障礙。

　　經營環境愈動盪，企業經營愈需要審慎因應，市場競爭愈激烈，行銷工作愈需要講究精緻化。競爭是一條無止境之路，加上顧客要求水準不斷提高，精緻行銷在未來將扮演更重要的角色。

經理人實力養成

　　STP行銷策略講究正確區隔市場，精準瞄準顧客，型塑獨特定位，這是精緻行銷的基礎。精緻行銷時代，行銷經理必須從突破傳統中發展自己的獨特優勢，採用競爭者所沒有注意到或忽略的方法，務實的深耕及精耕市場，才能有效能又有效率的達成行銷目標。請思考下列問題：

1. 貴公司所採用的STP行銷策略和競爭者有何不同？為什麼？
2. 貴公司最近推出新產品的STP和十年前的作法有何不同？為什麼？
3. 貴公司最近推出新產品的STP，有哪幾項和本文所論述的做法相吻合？哪幾項不吻合？

| 第四章 | 極致區隔掌握顧客需求 |

　　隨著經濟發展及消費者水準提高與生活多元化，企業對顧客的認知也不斷在改變，從早期的無區隔演進到現在的極致區隔，目的在針對目標顧客群的特徵與需求，調整公司的品牌與產品策略，更方便、更友善、更有效的滿足顧客需求，進而提高公司經營績效。

　　人心不同，需求也各異其趣。在完全競爭的市場，選擇具有多樣性，顧客都會挑選符合自己所需的產品或服務，因此出現了差異化產品當道的局面。差異化是指公司所提供的產品或服務，與競爭者有明顯的不同，達到獨一無二的境界。差異化通常反應在產品特質、品牌形象、顧客服務、品質水準或顧客期望的其他指標上。公司把市場區分為許多分眾小市場，以便精準掌握顧客需求，這種操作手法稱為市場區隔或顧客區隔。正確選擇並精準鎖定公司所要服務的顧客，是行銷策略的核心工作。

　　顧客區隔的目的是在針對目標顧客群的特徵與需求，調整公司的品牌與產品策略，更方便、更友善、更有效的滿足顧客需求，進而提高公司經營績效。區隔顧客說來容易，實際做起來並不簡單，主要是因為區隔方法及所牽涉的區隔變數很多，行銷長在做決策過程中經常會有顧此失彼的困擾。行銷長在區隔顧客時

需要考慮的細節很多，例如確認潛在顧客及其需求，根據顧客的共同特徵將其分群，發展服務顧客最有效的方法，檢討及調整行銷策略，迎合顧客的實際需求。

顧客區隔四階段

隨著經濟發展及消費者水準提高與生活多元化，企業對顧客的認知也不斷在改變，從早期的無區隔演進到現在的極致區隔，大略可分為四個階段：

1. 大眾市場時代：消費者屬於大眾化顧客，彼此沒有明顯差異，需求具有一致性及相似性，廠商提供無差異產品即可滿足需求。

2. 區隔市場時代：消費者具有限度且可辨認的需求，可用價格／特性做大略區隔，廠商開始提供有限差異化的產品。

3. 細分區隔時代：消費者需求不斷成長，衍生出許多不同顧客群，尤其是基層顧客群，廠商致力於擴充不同的產品線，試圖滿足多樣化需求。

4. 極致區隔時代：又稱為矩陣區隔或利基區隔，認為消費者的需求是價格、特性、應用導向，於是形成更細緻化的許多顧客群，廠商致力於發展各種利基組合產品。

顧客區隔方法底定後，行銷長需要檢視公司產品特質、價格因素、通路與配銷系統、推廣與服務能力、財務政策，以便精準鎖定所要服務的顧客群。選定的顧客群必須滿足某些條件，例如使公司的競爭策略發揮最大差異化效果，因為區隔明確而達到競爭優勢地位，所區隔的市場規模具有行銷意義，以及即使被競爭

者模仿也不失其有效性。豐田汽車成功進入美國市場主要是奠基於兩個獨特的區隔特徵，第一是豐田省能源汽車所服務的市場是美國傳統汽車所無法滿足者，第二是美國汽車公司所追求的規模經濟效益，無法抵擋豐田汽車滿足顧客多元需求的誘因。

顧客區隔的質變

競爭激烈時代的顧客區隔，不是簡單選擇幾個區隔變數可以竟全功，需要更極致、更精緻、更有創意，才足以精準掌握市場。美國賓州大學華頓學院教授Paul E. Green與Abba E. Krieger指出，近年來顧客區隔產生許多質變，例如：

1. 重視顧客態度與需求的心理區隔變數。
2. 深入瞭解以行銷目的為基礎的區隔方法。
3. 講究科學調查技術，逐漸採用「數字會說話」的區隔方法。
4. 廣泛採用混合區隔方法或多階段區隔方法。
5. 顧客區隔方法和新產品發展緊密結合在一起。
6. 電腦模型的應用越來越普遍，有助於找到產品線最佳組合。
7. 研究動態性產品／區隔模式，有效因應競爭者的報復行動。
8. 深諳行為知覺與消費群組，根據事實資料及公司限制條件區隔顧客。
9. 重視彈性區隔方法，使行銷長有更寬廣空間思考顧客購買行為。

微行銷思維貼心

最近幾年由於顧客區隔方法產生大幅質變，於是出現了一種稱為細緻行銷（Micromarketing）的新區隔觀念。美國商業週刊

專欄作家Anthony Bianco指出，受到競爭壓力的影響，大規模行銷的廠商紛紛發現將顧客區分為更細小單位，甚至個人化行銷，更能夠精準掌握顧客的需求。細緻行銷也稱為微行銷或單一市場行銷（Segment-of-one Marketing），主要是將公司所取得的顧客資訊及所提供的產品與服務緊密結合在一起，建立顧客偏好與購買行為資料庫，然後根據個別顧客或顧客群的特徵與需求，發展最能滿足顧客的產品與服務。

拜電腦科技進步之賜，以往很難做到個別顧客區隔的窘境，如今都可以迎刃而解。根據顧客需求設計產品與服務的觀念雖然不是什麼創舉，但是只有務實徹底執行的公司才有機會成為競爭的贏家。

細緻行銷必須站在顧客立場思考，以滿足顧客個別需求為最高指導原則，因此公司必須有更細膩、更貼心的思維，包括徹底瞭解顧客是誰，提供個別顧客所要的產品或服務，選擇正確的媒體精準瞄準顧客，善用非媒體接觸顧客，在最方便的零售據點與顧客接觸，統合資源集中促銷，和零售商密切合作。保險公司與金融商品業者精通此一原理，根據顧客個別需求經常提供個人化資訊，進而設計個人化保險及理財方案，結果不僅創造更佳業績，同時也因為鎖定正確的目標顧客而大幅降低行銷成本，更可貴的是從中建構堅實的顧客移轉障礙。

顧客爭奪無止境

企業競爭就是一場永無止境的顧客爭奪戰，誰贏得最多顧客的青睞，誰就是競爭的最大贏家。公司要贏得競爭必須力行市場深耕與精耕，市場深耕是要進行地毯式搜索，務實找出所有的可

能顧客，進而爭取成為公司的顧客；市場精耕是要確實保有得來不易的顧客，精準掌握顧客的喜好，和顧客建立永續互動與長久惠顧關係。

百貨公司、大賣場、大飯店、旅行社等業者，透過所建構的電腦資料庫，將顧客做極致區隔，然後針對這些區隔進行細緻行銷，成功贏得顧客青睞。極致區隔的終極目標就是個人化行銷，行銷長潛心於個人化行銷時不要忘了行銷倫理，個人化行銷雖可創造傲人的業績，但是個人資料帶有私密性，必須嚴守機密，不得外洩，不可給顧客帶來困擾，更不能使顧客蒙受任何損失。

經理人實力養成

以往大眾化市場區隔概念逐漸被分眾市場區隔方法所取代，於是公司紛紛把市場區分為許多分眾小市場，這種矩陣區隔法有助於更精準掌握顧客需求。區隔顧客說來容易，實際做起來並不簡單，主要是因為區隔方法及所牽涉的區隔變數很多，行銷長在做決策過程中經常會有顧此失彼的困擾。請思考下列問題：

1. 貴公司使用哪些變數區隔市場？區隔結果有助於精準掌握顧客需求嗎？為什麼？

2. 貴公司使用的市場區隔法還有什麼改進空間？將朝什麼方向改進？

國家圖書館出版品預行編目資料

成功經理人下班後默默學的事 ： 主管不
傳的經理人必修課／林隆儀著. -- 二版.
-- 臺北市：書泉, 2015.06
　　面； 公分
ISBN 978-986-451-008-5（平裝）

1.經理人　2.企業領導　3.職場成功法

494.23　　　　　　　104008034

3M62

成功經理人下班後默默學的事：
主管不傳的經理人必修課

作　　者 ― 林隆儀
發 行 人 ― 楊榮川
總 編 輯 ― 王翠華
主　　編 ― 張毓芬
責任編輯 ― 侯家嵐
文字編輯 ― 錢麗安
封面設計 ― 盧盈良　童安安
出 版 者 ― 書泉出版社
地　　址：106台北市大安區和平東路二段339號4樓
電　　話：(02)2705-5066　　傳　真：(02)2706-6100
網　　址：http://www.wunan.com.tw
電子郵件：shuchuan@shuchuan.com.tw
劃撥帳號：01303853
戶　　名：書泉出版社
台中市駐區辦公室/台中市中區中山路6號
電　　話：(04)2223-0891　　傳　真：(04)2223-3549
高雄市駐區辦公室/高雄市新興區中山一路290號
電　　話：(07)2358-702　　傳　真：(07)2350-236
總 經 銷：朝日文化
進退貨地址：新北市中和區橋安街15巷1號7樓
TEL：(02)2249-7714　　FAX：(02)2249-8715
法律顧問　林勝安律師事務所　林勝安律師
出版日期　2012年8月初版一刷
　　　　　2015年6月二版一刷
定　　價　新臺幣320元